# 公差配合与技术测量

孙学涛 主编

清华大学出版社

北京

## 内 容 简 介

本书根据全国职业院校机械类专业教学计划与教学大纲编写,内容分为5个模块,包括走进机械产品检测、线性尺寸公差与检测、几何公差与检测、表面粗糙度与其检测和现代测量技术。

本书采用新型活页式、工作手册式和融媒体相结合的编写形式,采用任务驱动、理实一体化等教材编写模式,以实际工作中的典型工作任务为主线展开,通过对典型零件的测量,学生能够将理论知识应用到实践中,培养解决实际问题的能力。

本书采用最新国家标准,在讲清概念以及标准应用的同时,着重介绍各种常用的测量方法,编写了众多的操作实训题和实例,并配有丰富的图表,既有利于学生在直观的认知环境下,加深对国家标准的理解,也便于学生在今后的工作中使用和参考。本书既适用于职业院校机械类专业的学生使用,也可作为相关从业人员的培训教材。

**图书在版编目(CIP)数据**

公差配合与技术测量 / 孙学涛主编. -- 北京:
清华大学出版社,2025.6. -- ISBN 978-7-302-68517-3

Ⅰ. TG801

中国国家版本馆 CIP 数据核字第 2025UW5547 号

责任编辑:王  定
封面设计:周晓亮
版式设计:思创景点
责任校对:马遥遥
责任印制:刘  菲

出版发行:清华大学出版社
    网      址:https://www.tup.com.cn,https://www.wqxuetang.com
    地      址:北京清华大学学研大厦 A 座        邮      编:100084
    社 总 机:010-83470000        邮      购:010-62786544
    投稿与读者服务:010-62776969,c-service@tup.tsinghua.edu.cn
    质 量 反 馈:010-62772015,zhiliang@tup.tsinghua.edu.cn
印 装 者:三河市铭诚印务有限公司
经    销:全国新华书店
开    本:185mm×250mm        印    张:15.75        字    数:326 千字
版    次:2025 年 6 月第 1 版        印    次:2025 年 6 月第 1 次印刷
定    价:59.80 元

产品编号:108640-01

# 编 委 会

# 前　言

为贯彻落实《中共中央关于认真学习宣传贯彻党的二十大精神的决定》《习近平新时代中国特色社会主义思想进课程教材指南》《职业院校教材管理办法》等文件精神，陕西省中等职业院校骨干教师与企业一线技术人员一道，以"坚持立德树人、德技并修"为宗旨，坚持"思想政治教育与技术技能培养融合统一"，将专业培养目标与实际工作中的典型工作任务有机结合，共同编写了本书。

本书是一本阐述机械加工有关公差配合与技术测量的知识和技能的教材。编者在多年教学实践的基础上，吸取同类教材的经验，打破传统的章节式架构，采取模块化教学任务，每个任务都设计了学习目标、任务描述、任务分析、制订方案、任务实施、鉴定结论、任务评价、检测相关知识、知识拓展及练习与思考等教学要素，有的任务还设有精技弘德，通过模块课程间灵活合理的搭配，培养学生基础人文素质、基础从业能力及专业职业能力。

本书共分为 5 个模块，包括走进机械产品检测、线性尺寸公差与检测、几何公差与检测、表面粗糙度与检测和现代测量技术。本书根据最新国家标准，在讲清概念以及标准应用的同时，着重介绍各种常用的测量方法，编写了众多操作实训题和实例，并增加了不少图表，以满足教师教学和学生进一步自学的需要。本书的主要特点如下。

（1）根据最新的国家标准，在讲清概念以及标准应用的同时，着重介绍了各种常用的测量方法。

（2）编写了众多操作实训题和实例，既有利于学生在直观的认知环境中，加深对国家标准的理解，也便于在今后的工作中使用和参考。

（3）采用新型活页式、工作手册式和融媒体相结合的编写形式，采用任务驱动、理实一体化等教材编写模式，以实际工作中的典型工作任务为主线展开，通过对典型零件的测量，学生能够将理论知识应用到实践中，培养解决实际问题的能力。

本书由孙学涛任主编并统稿，由张智辉、万小菲、陆军华任副主编，由顾学福任主审。其中，陕西省电子信息学校孙学涛编写模块一，张智辉编写模块二，惠姣编写模块三，万小菲编写模块四，戴泽瑞编写模块五，参与编写工作的还有田文娟、林喜良等骨干教师。

本书在编写过程中得到了西安航空职业技术学院张爱琴的悉心指导和帮助，还得到了杭州中测科技有限公司陆军华、卢新祖、杨世泽的大力协助，在此一并致以衷心的感谢！

由于编者水平有限，书中难免存在不足之处，恳请广大读者批评指正。

本书提供教学大纲、教学课件、电子教案、练习与思考参考答案、模拟试卷，读者可扫下列二维码获取。另外，本书还配有教学视频，读者可扫相应任务的二维码学习。

教学大纲　　　　教学课件　　　　电子教案　　　练习与思考　　　模拟试卷
　　　　　　　　　　　　　　　　　　　　　　　参考答案

编　者

2025 年 2 月 10 日

# 目　　录

# 模块一　走进机械产品检测

🐝学习目标

**知识目标：**

(1)掌握互换性的概念、分类及互换性在设计、制造、使用和维修等方面的重要作用。

(2)掌握互换性与公差、检测的关系。

(3)掌握检测的内容。

**技能目标：**

(1)能够识别具有互换性的零件。

(2)熟悉机械零件检测的主要内容。

**素养目标：**

(1)树立机械标准意识，坚定文化自信。

(2)培养工匠精神，严谨判断公差。

(3)激发创新探索精神，厚植爱国情怀。

## 1.1.1　任务描述

图 1-1 所示为不同规格的螺栓和螺母，请同学们使用钢直尺、游标卡尺和螺纹规等测量工具(以下简称量具)，通过简单的测量和装配，找出螺栓和螺母能够正确旋合在一起的条件。

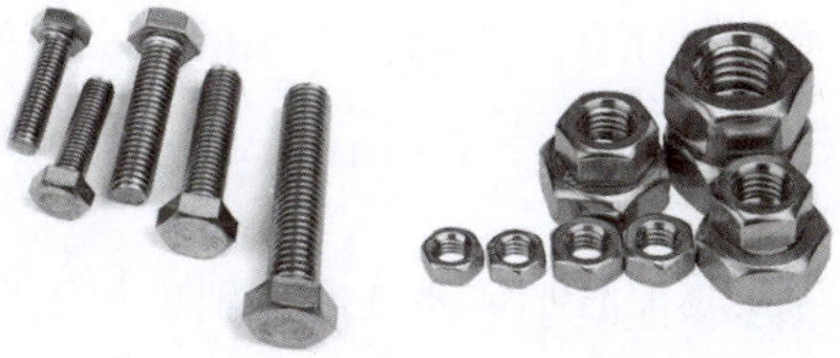

图 1-1　螺栓和螺母

## 1.1.2 任务分析

通过对螺栓与螺母自由旋合的分析，可知同规格的零件可以实现互换。通过对可互换螺栓尺寸的测量，可知零件在加工过程中产生的公差只要在公差范围内即可满足互换性要求。零件的互换性是现代化生产的需求，由公差来保证，而公差的数值由国家标准规定。将公差控制在公差范围内是通过检测手段来实现的，即检测技术是零件加工质量的保障。

## 1.1.3 检测相关知识

### 1. 互换性

在日常生活中，人们经常使用的自行车和手表的零件、生产中使用的各种设备的零件等损坏以后，修理人员很快就可以用同样规格的零件换上，恢复自行车、手表和设备的功能。

互换性的概念
与作用

互换性是指在同一规格的一批零件或部件中，任取其一，不需要挑选、调整或附加修配(如钳工修理)就能进行装配，并能满足机械产品的使用性能要求的一种特性。具有这种特性的零件或部件即具有互换性的零件或部件，如滚动轴承(图 1-2)、螺栓、螺母等。

图 1-2 滚动轴承

1) 互换性的种类

(1)根据使用场合的不同分类。

①内互换。标准部件内部各零件之间的互换性称为内互换。

②外互换。标准部件与其相配零件之间的互换性称为外互换。

例如，滚动轴承的外圈与机座孔、内圈与轴颈的配合为外互换，其外圈、内圈滚道与滚动体间的配合为内互换。

(2)根据互换程度的不同分类。

①完全互换性。零部件在装配时不需要选配或辅助加工即可装成具有规定功能的机器，称为完全互换。

②不完全互换性。零部件在装配时需要选配(但不需要进一步加工)才能装成具有规定功能的机器，称为不完全互换。

提出不完全互换是为了降低零件制造成本。在机械装配时，当机器装配精度要求很高时，若采用完全互换，会使零件公差太小，造成加工困难，成本很高。这时应采用不完全互换，将零件的制造公差放大，并利用选择装配的方法将相配零件按尺寸大小分为若干组，然后按组匹配，即大孔和大轴匹配、小孔和小轴匹配，同组内的各零件实现完全互换，组间则不能互换。为了制造方便和降低成本，内互换零件应采用不完全互换；但是为了使用方便，外互换零件应实现完全互换。

2) 互换性的意义

在机械工业设计、制造、装配、使用和维修的各个环节，互换性都发挥着重要作用。具体互换性的意义见表 1-1。

表 1-1　互换性的意义

| 应用 | 措施 | 效果 |
| --- | --- | --- |
| 机构工业设计 | 采用标准件或通用件 | 简化绘图与计算，缩短设计周期，有利于计算机辅助设计和产品的多样化 |
| 制造、装配 | 采用分散加工、集中装配 | 有利于组织专业化协作生产，有利于实现加工和装配过程的机械化、自动化 |
| 使用和维修 | 易耗品采用标准件、通用件，规范维修操作 | 减少了维修时间，降低了费用，提高了机械的利用率 |

3) 实现互换性的条件

为满足机械制造中零件所具有的互换性，生产零件尺寸应在公差范围内。这就必须对一种零件的形式、尺寸、精度、性能等制定统一的标准。同类产品还需按尺寸大小合理分档，以减少产品的系列，这就是产品标准化。

标准不是一成不变的，随着技术的进步以及生产条件的改善，标准在执行过程中需要不断修改与完善，以更好地服务工业生产。

**2. 极限与配合国家标准简介**

国家标准是随着社会的需求和科学技术的发展而发展的，并随着工业化程度的提高而不断完善。

我国最早的极限与配合国家标准是 1959 年国家科学技术委员会颁布的《公差与配合》(GB 159～174—1959)。该标准属于 OCT 制(苏联)标准，对我国当时国民经济(特别是机械工业)的发展起到了重要作用。20 世纪 70 年代，随着机械工业的迅速发展，我国与世界各国的经济技术交流日益频繁，该标准已不再适用。1979 年，我国颁布了《公差与配合》(GB 1800～1804—1979)。这是以 ISO/R286—1962 等国际标准为基础的新国家标准。

20 世纪 90 年代，随着改革的不断深入，我国工业生产与国际接轨，为使国际交流向纵深方向发展，我国以国际标准 ISO 286-1—1988 为基础颁布了《极限与配合基础》（GB/T 1800.1—1997、GB/T 1800.2—1998、GB/T 1800.3—1998）、《极限与配合 标准公差等级和孔、轴的极限偏差表》（GB/T 1800.4—1999）。

随着国际化进程的加速，2008 年，我国将这四项国家标准修订整合为《产品几何技术规范（GPS）极限与配合》（GB/T 1800.1—2009、GB/T 1800.2—2009）。这两项标准是在跟踪和研究 ISO 286-1—1988 系列标准的基础上发展起来的。它们的修订反映了几十年来国际与我国尺寸公差理论、技术和方法的发展状况。修订后的标准更加适合我国目前的生产发展水平。

随着国内的工业发展向数字化、绿色化、智能化转型，国家标准修订为 GB/T 1800.1—2020 和 GB/T 1800.2—2020，即《产品几何技术规范（GPS）线性尺寸公差 ISO 代号体系》。

掌握和应用极限与配合国家标准，是机械设计和制造的重要环节，是保障零件满足使用性能要求及控制制造成本的重要环节。

### 3. 认识检测技术

零件的检测技术是实现互换性生产的必要条件和手段，是工业生产中进行质量管理、贯彻质量标准必不可少的技术保证。

1）零件的加工质量及其检测

（1）零件的加工质量。在机械切削加工过程中，零件的加工质量主要包括加工精度和表面质量。加工精度和表面质量是判断零件加工质量好坏的主要指标。其中，加工精度的主要指标包括尺寸精度、几何精度，表面质量的主要指标是表面结构要求。

（2）检测。检测是测量与检验的总称。测量是用量具或量仪对零件进行比对，从而确定被测零件量值的过程。检验是判断产品合格性的过程，通常不一定要求测出被测量的具体数值。

只有对零件的加工质量进行检测，才能对合格性做出正确判断。因此，检测工作是生产制造过程中的重要环节，是加强质量控制的重要保障。

2）检测的主要内容

（1）尺寸精度的检测。尺寸精度是由尺寸公差控制的。同一公称尺寸的零件，公差值的大小决定了零件的精确程度，常用游标卡尺、千分尺等量具来测量。若测得值在上极限尺寸与下极限尺寸之间，则零件合格；否则，零件不合格。

（2）几何精度的检测。在机械加工过程中，零件表面形状和零件几何要素间的相互位置关系不可能绝对准确，它们是由几何公差控制的，常用百分表等量具测量。

（3）表面结构参数的检测。零件的表面质量是由表面结构参数控制的，常用表面粗糙度仪、电动轮廓仪和光切显微镜等测量。

（4）特殊几何参数的检测。螺纹、齿轮和链条等产品检测，由于参数不止一个，检测方法也比较复杂，常用螺纹规、公法线千分尺等工具测量。

在机械加工过程中，对加工、检测人员的技术要求包括：看懂图样中的几何图形与技术要求，能根据被测几何量选择合适的量具进行检测，达到控制零件质量的目的。

### 4. 检测技术的发展

我国早在商代就有了象牙尺，秦朝统一了度量衡，出现了互换性的萌芽；东汉时期制造的铜质卡尺，使互换性生产成为可能。

19 世纪中叶有了游标卡尺，其加工精度达到 0.1mm。20 世纪初有了千分尺，其加工精度达到 0.01mm。20 世纪中叶各种光学仪器出现。图 1-3 所示为 20 世纪的检测设备，它们使零件的加工精度以约每 10 年提高 1 个数量级的速度飞跃。

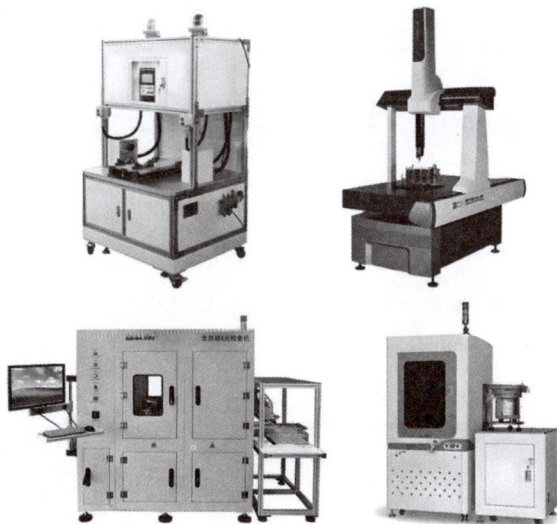

图 1-3 检测设备

(1)1940 年有了机械式比较仪，使加工精度达到 $1\mu m$。

(2)1950 年有了光学比较仪，使加工精度达到 $0.2\mu m$。

(3)1960 年有了电感式测量仪和图度仪，使加工精度达到 $0.1\mu m$。

(4)1969 年有了激光干涉仪，使加工精度达到 $0.01\mu m$。

(5)1982 年有了扫描隧道显微镜(STM)，使分辨率达到了纳米级。

检测技术这一强劲的动力源泉，不仅为机械工业的蓬勃发展注入了源源不断的活力，更是在国防工业的腾飞之路上扮演着举足轻重的角色。以我国的载人航天工程为例，从神舟系列飞船的逐梦苍穹之旅，到空间站建设的稳步推进，其间所运用的测试设备浩如烟海，数以万计。每一台设备、每一次检测，都如同在编织一张精密的安全防护网，严格把关航天器各个部件的性能、系统的稳定性，确保航天员能够安全无畏地穿梭于浩瀚宇宙，向着星辰大海奋勇进发，为我国载人航天事业的辉煌成就筑牢坚实的根基。

随着近代科学技术的发展，几何尺寸和几何误差的测量已从一维坐标测量、二维坐标测量发展到三维物体测量。常用的三维轮廓测量法有三维坐标法、干涉法、莫尔等高线法及相位法等。

由于企业的规模不同，其基础设施及检测设备也不尽相同。考虑到经济性，以上这些新技术、新仪器还不能普遍应用于实际生产，大量的机械式测量工具和光学测量仪器在大部分企业中还发挥着主导作用，但它们并不能完全满足现代生产的需求，有待科技工作者不断研究新方法，研发新技术，研制新仪器。

## 1.1.4 练习与思考

1. 什么是互换性？为什么说互换性已成为现代机械制造业中的普遍原则？试列举互换性应用实例。

2. 生产中常用的互换件有哪几种？采用不完全互换的条件和意义是什么？

3. 选择题。

(1)互换性的零件应是(　　)。

    A. 相同规格的零件　　　　　　　　B. 不同规格的零件

    C. 相互配合的零件　　　　　　　　D. 上述三种都不对

(2)互换性按互换(　　)的不同可分为完全互换和不完全互换。

    A. 方法　　　　　B. 性质　　　　　C. 程度　　　　　D. 效果

(3)某种零件，在装配时需要进行修配，则此种零件(　　)。

    A. 具有完全互换性　　　　　　　　B. 具有不完全互换性

    C. 不具有互换性　　　　　　　　　D. 上述三种都不对

(4)检测是互换性生产的(　　)。

    A. 保障　　　　　B. 措施　　　　　C. 基础　　　　　D. 原则

## 精技弘德

### 从标准化——国产大飞机 C919 质量把控的核心力量看制度自信与创新精神

在全球航空产业的激烈竞争中，国产大飞机 C919 成功翱翔蓝天。这不仅是我国航空工业的骄傲，更是我国高端制造业崛起的重要标志。C919 卓越的质量背后，标准化发挥着不可替代的核心作用，是国产大飞机 C919 质量把控的核心力量。它贯穿 C919 从设计、生产到检测认证的全过程，为飞机的高质量提供了坚实的保障。未来，随着 C919 不断发展和完善，持续推进标准化工作，将进一步提升其质量和性能，助力我国航空工业在全球市场取得更大的突破。

# 模块二　线性尺寸公差与检测

尺寸精度的高低直接影响零件的安装、配合、使用和寿命，本模块以2023年现代加工技术赛项斯特林风扇中的典型零件为检测对象，进行零件尺寸精度的检测。

## 任务一　叶片连接轴的尺寸精度与检测

要实现叶片连接轴尺寸精度的精准检测，需要深入理解尺寸和偏差的术语及其定义，了解游标卡尺的结构与分度原理，掌握游标卡尺的读数和使用方法。

### 学习目标

**知识目标：**

(1)理解尺寸和偏差的术语及其定义。

(2)理解一般公差的含义。

(3)了解游标卡尺的结构与分度原理。

(4)掌握游标卡尺的读数和使用方法。

**技能目标：**

(1)能查询一般公差的极限偏差数值表。

(2)能正确分析任务。

(3)能规范使用游标卡尺进行测量。

(4)具有制订检测零件方案的能力。

**素养目标：**

(1)培养严谨细致和精益求精的工匠精神。

(2)加强团队协作精神，强化集体主义观念。

(3)严谨对待检测过程，严守职业准则。

## 2.1.1 任务描述

实习车间加工了一批叶片连接轴，在装配过程中却发现有一些连接轴无法安装上叶片，还有一些叶片能安装上去却并不牢固，容易掉下来。请同学们通过使用车间现有的量具，对这批连接轴进行检测，分析叶片不易安装的原因。

## 2.1.2 任务分析

风扇是标准件，尺寸精度都在公差范围内，是厂家检测合格的零件，所以问题在于叶片连接轴的尺寸精度是否在公差范围内，检测叶片连接轴的尺寸精度就是解决问题的关键。图 2-1 所示为叶片连接轴尺寸精度检测流程，图 2-2 所示为叶片连接轴图纸，图 2-3 所示为叶片连接轴实物图。

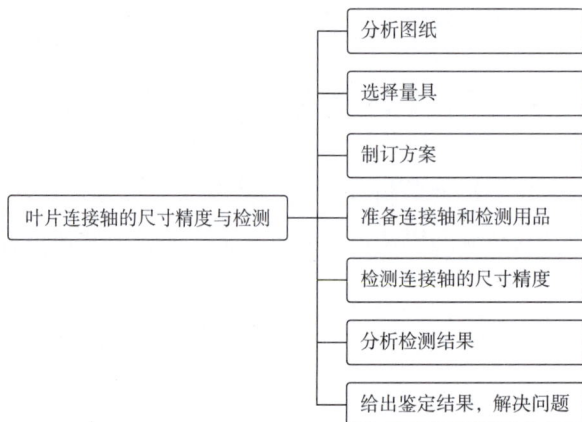

图 2-1　叶片连接轴尺寸精度检测流程

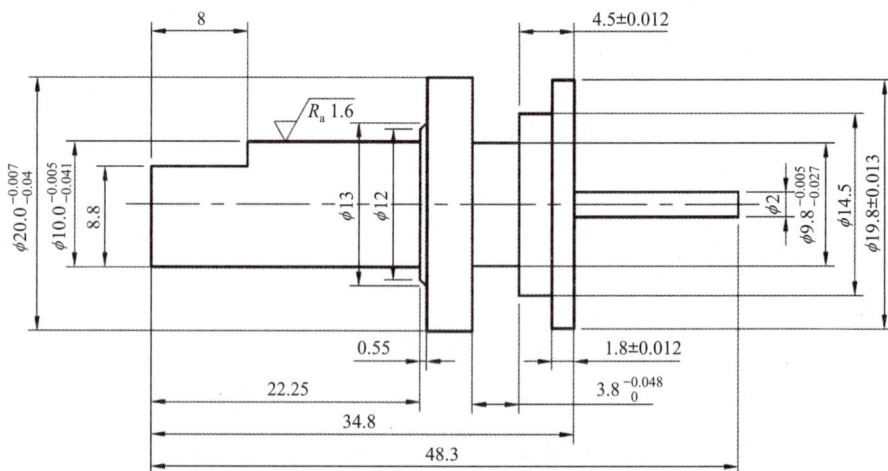

图 2-2　叶片连接轴图纸

图 2-3 叶片连接轴实物图

### 1. 分析图纸

通过对叶片连接轴图纸(图 2-2)进行分析可知：叶片连接轴的直径尺寸为 $\phi 14.5\text{mm}$、$\phi 13\text{mm}$、$\phi 12\text{mm}$、$\phi 2\text{mm}$，长度尺寸为 48.3mm、34.8mm、22.25mm、8mm、0.55mm，高度尺寸为 8.8mm，在公称尺寸后面都没有标准极限偏差数值，属于一般公差要求。对于一般公差要求，需要根据一般公差的公差等级和公称尺寸的大小，查询线性尺寸的极限偏差数值表，找出相应的极限偏差数值。

与风扇安装相关的尺寸是叶片连接轴右端的直径尺寸 $\phi 2\text{mm}$，它的尺寸精度关系到风扇安装的松紧程度，所以同学们在测量时要对这个尺寸的检测加以重视。

### 2. 选择量具

测量或检验零件尺寸时，必须按照零件尺寸的精度要求，选用相应的量具。根据本次测量任务中零件的公称尺寸和公差要求，我们选用分度值为 0.02mm、测量范围为 0～200mm 的游标卡尺。本次使用的游标卡尺为四用游标卡尺＊Ⅱ型(0～200mm，分度值为 0.02mm)，如图 2-4 所示，执行标准为《游标、带表和数显卡尺》(GB/T 21389—2008)。

常用量具
综述

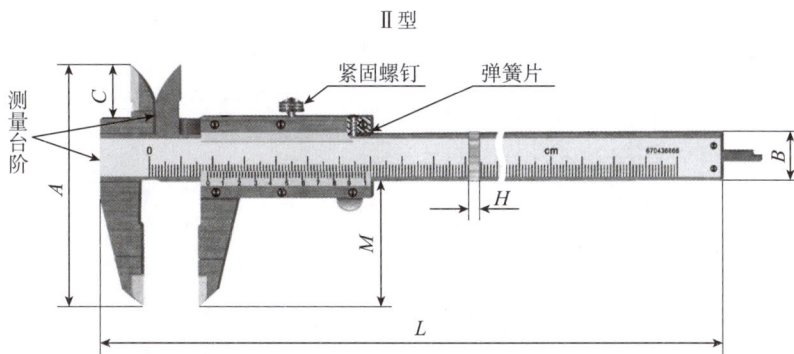

图 2-4 游标卡尺

## 2.1.3 制订方案

一般公差的极限偏差数值可根据公差等级和公称尺寸的大小在一般公差的极限偏

差列表中查得。本次测量任务尺寸的公差值可以按照公差等级 m 查表得到，将查到的数据填写到表 2-1 中。

表 2-1　叶片连接轴测量方案(单位：mm)

| 检测项目 | 尺寸 | 极限偏差数值 | 极限尺寸数值 | 量具 |
|---|---|---|---|---|
| 直径 | 13 | | | |
| | 2 | | | |
| | 14.5 | | | |
| 长度 | 8 | | | |
| | 22.25 | | | |
| | 0.55 | | | |
| | 34.8 | | | |
| | 48.3 | | | |
| 高度 | 8.8 | | | |

## 2.1.4　任务实施

(1)准备好叶片连接轴和游标卡尺。

(2)用全棉布清洁叶片连接轴和游标卡尺等。

(3)按图 2-5 所示的测量方法，分别测量叶片连接轴的外径尺寸、长度尺寸和高度尺寸。

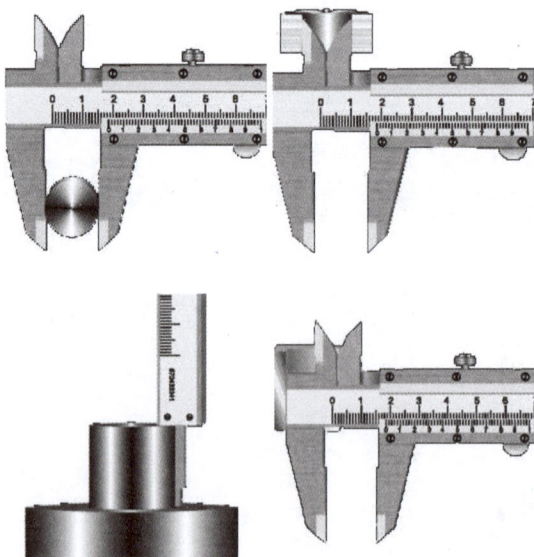

图 2-5　游标卡尺检测

（4）做好测量记录，填写表 2-2。

表 2-2　叶片连接轴测量记录表（单位：mm）

| 检测项目 | 尺寸 | 第一次测量 | 第二次测量 | 第三次测量 | 平均值 |
|---|---|---|---|---|---|
| 直径 | 3 | | | | |
| | 2 | | | | |
| | 14.5 | | | | |
| 长度 | 8 | | | | |
| | 22.25 | | | | |
| | 0.55 | | | | |
| | 34.8 | | | | |
| | 48.3 | | | | |
| 高度 | 8.8 | | | | |

（5）检测结束，清洁并整理游标卡尺。

## 2.1.5　鉴定结论

（1）将检测数据的平均值填写到表 2-3 中，处理检测数据。

表 2-3　检测数据表（单位：mm）

| 检测项目 | 尺寸 | 极限尺寸数值 | 测量平均值 | 结论 |
|---|---|---|---|---|
| 直径 | 13 | 12.8～13.2 | | |
| | 2 | 1.9～2.1 | | |
| | 14.5 | 14.3～14.7 | | |
| 长度 | 8 | 7.8～8.2 | | |
| | 22.25 | 21.95～22.55 | | |
| | 0.55 | 0.45～0.65 | | |
| | 34.8 | 34.5～35.1 | | |
| | 48.3 | 48.0～48.6 | | |
| 高度 | 8.8 | 8.6～9.0 | | |

（2）给出鉴定结论，解决问题，完成任务。

## 2.1.6　任务评价

任务结束后，根据本次任务的完成情况，认真填写表 2-4。

表 2-4　任务评价表

| 项目 | 自我评价 | | | 小组评价 | | | 教师评价 | | | 增值评价 | | |
|---|---|---|---|---|---|---|---|---|---|---|---|---|
| | 9～10 | 6～8 | 1～5 | 9～10 | 6～8 | 1～5 | 9～10 | 6～8 | 1～5 | 9～10 | 6～8 | 1～5 |
| | 占总评的 10% | | | 占总评的 20% | | | 占总评的 30% | | | 占总评的 40% | | |
| 量具校验 | | | | | | | | | | | | |
| 规范检测 | | | | | | | | | | | | |
| 检测报告 | | | | | | | | | | | | |
| 整理现场 | | | | | | | | | | | | |
| 职业素养 | | | | | | | | | | | | |
| 小计 | | | | | | | | | | | | |
| 总评 | | | | | | | | | | | | |

## 2.1.7　检测相关知识

### 1. 孔和轴的定义及特点

1）孔

孔是指工件的圆柱形内尺寸要素及非圆柱形内尺寸要素（由两个平行平面或切面形成的包容面），如图 2-6（a）所示。图 2-6（b）（c）所示的键槽和方形孔两个非圆柱形内尺寸要素都视为孔。因为方形孔是由两个单一尺寸确定的包容面，键槽是由两个平行平面所构成的包容面，所以方形孔和键槽都是孔。

孔、轴与尺寸的术语定义

图 2-6　孔

孔的特点如下：

（1）装配后孔是包容面。

(2)加工过程中,零件实体材料变少,而孔的尺寸由小变大。

2)轴

轴是指工件的圆柱形外尺寸要素及非圆柱形外尺寸要素(由两个平行平面或切面形成的被包容面),如图 2-7(a)(b)所示。图 2-7(c)所示的横截面为长方形的轴,是非圆柱形外尺寸要素,它是由两个单一尺寸确定的,所以为轴。

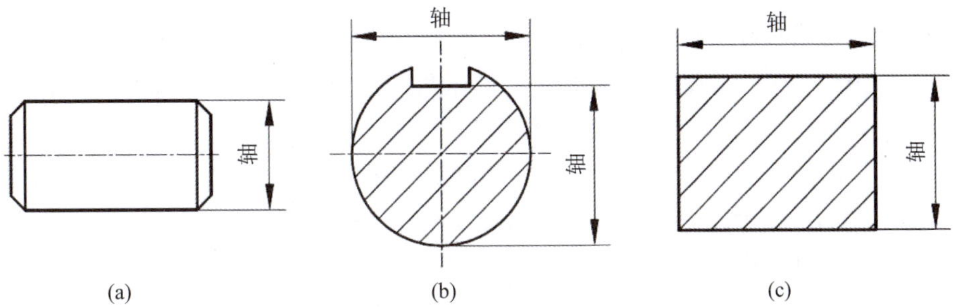

图 2-7　轴

轴的特点如下:

(1)装配后轴是被包容面。

(2)加工过程中,零件的实体材料变少,而轴的尺寸由大变小。

## 2. 尺寸的术语及定义

1)尺寸

尺寸是指以特定单位表示线性尺寸值的数值。

国标规定:在机械工程中,一般均采用毫米(mm)作为尺寸的特定单位。例如,一个孔的直径是 50mm,深为 200mm,则 50 和 200 都是尺寸。图样上标注的尺寸,凡是采用特定计量单位的均不用标出单位,只标注数值。除孔、轴的直径外,半径、长、宽、高和中心距等都称为尺寸。

2)公称尺寸

公称尺寸是由图样规范确定的理想形状要素的尺寸,是指设计时给定的尺寸。公称尺寸可以是一个整数或一个小数,如 32、15、8.75、0.5 等。设计时应尽量把公称尺寸圆整成标准尺寸。

孔的公称尺寸用"$L$"表示,轴的公称尺寸用"$l$"表示。

3)实际(组成)要素

实际(组成)要素是指由接近实际(组成)要素所限定的工件实际表面的组成要素部分,是加工时获得的尺寸。

孔的实际(组成)要素用"$L_a$"表示,轴的实际(组成)要素用"$l_a$"表示。

4）提取组成要素的局部尺寸

提取组成要素的局部尺寸是一切提取组成要素上两对应点之间距离的统称，在实际测量中，它指一个孔或轴的任意横截面中的任一距离，即在任意两相对点之间测得的尺寸。

由于零件表面有几何误差，同一表面不同位置、不同部位的实际（组成）要素也不一定相同。

5）极限尺寸

极限尺寸是指尺寸要素允许的两个极限。两个极限尺寸中，较大的一个称为上极限尺寸，较小的一个称为下极限尺寸。上极限尺寸和下极限尺寸是控制加工尺寸的两个尺寸界线。

孔的上极限尺寸用"$L_{max}$"表示，轴的上极限尺寸用"$l_{max}$"表示；孔的下极限尺寸用"$L_{min}$"表示，轴的下极限尺寸用"$l_{min}$"表示。合格零件的实际（组成）要素必须大于或等于下极限尺寸，且小于或等于上极限尺寸。

在机械加工中，因为有各种误差的存在，要把同一规格零件的同一尺寸准确地加工成同一数值是不可能的。从使用的角度来看，也没有这种必要，所以极限尺寸是为了方便加工和满足使用要求而确定的。

### 3. 偏差的术语及其定义

1）尺寸偏差

某一尺寸减去其公称尺寸所得的代数差称为尺寸偏差（以下简称偏差）。

偏差与公差

2）上极限偏差

上极限尺寸减去其公称尺寸所得的代数差称为上极限偏差。

孔的上极限偏差用"ES"表示，轴的上极限偏差用"es"表示，如图 2-8 所示，其计算公式为

$$ES = L_{max} - L \tag{2-1}$$

$$es = l_{max} - l \tag{2-2}$$

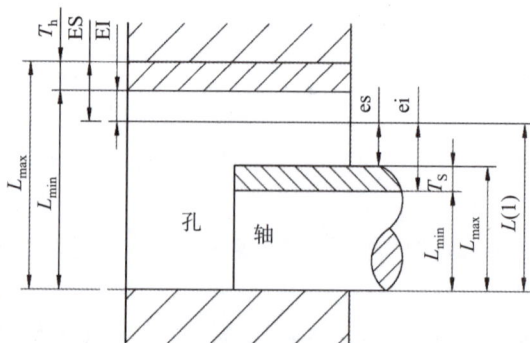

图 2-8　尺寸的偏差与公差

3）下极限偏差

下极限尺寸减去其公称尺寸所得的代数差称为下极限偏差。

孔的下极限偏差用"EI"表示，轴的下极限偏差用"ei"表示，如图 2-8 所示，其计算公式为

$$EI = L_{min} - L \qquad (2-3)$$

$$ei = l_{min} - l \qquad (2-4)$$

4）极限偏差

上极限偏差、下极限偏差统称极限偏差。

5）实际偏差

实际(组成)要素减去其公称尺寸所得的代数差称为实际偏差。

由于极限尺寸和实际(组成)要素有可能大于、小于或等于公称尺寸，所以极限偏差和实际偏差可以为正值、负值或零。显然，合格零件的实际偏差应控制在极限偏差范围以内。

6）尺寸公差

尺寸公差(简称公差)是指允许尺寸的变动量。尺寸公差的大小应等于上极限尺寸与下极限尺寸代数差的绝对值，或上极限偏差与下极限偏差代数差的绝对值。公差是一个没有符号的绝对值。零件在加工过程中，零件尺寸很难加工到公称尺寸，实际(组成)要素与公称尺寸总有一个差值，只要差值在允许的范围内即合格。这个允许的范围就是公差。孔的公差用"$T_h$"表示，轴的公差用"$T_s$"表示。

孔、轴公差公式如下：

$$T_h = |L_{max} - L_{min}| = |ES - EI| \qquad (2-5)$$

$$T_s = |l_{max} - l_{min}| = |es - ei| \qquad (2-6)$$

【例 2-1】孔的尺寸为 $50^{+0.048}_{+0.009}$ mm，求孔的公差 $T$。

解：根据公式得

$$L_{max} = L + ES = 50 + (+0.048) = 50.048 (mm)$$

$$L_{min} = L + EI = 50 + (+0.009) = 50.009 (mm)$$

$$T_h = |L_{max} - L_{min}| = |50.048 - 50.009| = 0.039 (mm)$$

$$T_h = |ES - EI| = (+0.048) - (+0.009) = 0.039 (mm)$$

由上述内容可知，公差和极限偏差是两个不同的概念。公差大小决定允许尺寸的变动范围。公差值是绝对值，没有正负号，也不能为零。极限偏差决定极限尺寸相对其公称尺寸的位置(在公差带图中)，极限偏差值可以是正值、负值或零。

**4. 未注公差的线性尺寸和角度尺寸的公差**

构成零件的所有要素总是具有一定的尺寸和几何形状。由于尺寸误差和几何特征(形状、方向、位置、跳动)误差的存在，为保证零件的使用功能就必须对它们加以限制，否则将会损害零件功能。因此，零件在图样上表达的所有要素都有一定的公差要求。

对功能上无特殊要求的要素可给出一般公差。一般公差是指在车间通常加工条件下可保证的公差。采用一般公差的尺寸，在该尺寸后不需注出其极限偏差数值。

1）未注公差尺寸的适用范围

（1）线性尺寸，如外尺寸、内尺寸、阶梯尺寸、直径、半径、距离、倒圆半径和倒角高度等。

（2）角度尺寸，包括通常不注出角度值的角度尺寸。

2）一般公差的公差等级和极限偏差数值

一般公差分为 f（精密级）、m（中等级）、c（粗糙级）和 v（最粗级）共四个等级。下面按未注公差的线性尺寸和角度尺寸分别给出了各公差等级的极限偏差数值。

（1）线性尺寸。表 2-5 为线性尺寸的极限偏差数值，规定了不同尺寸分段的倒圆半径和倒角高度尺寸的极限偏差数值。

表 2-5　线性尺寸的极限偏差数值（单位：mm）

| 公差等级 | 公称尺寸分段 | | | | | | | |
|---|---|---|---|---|---|---|---|---|
| | 0.5～3 | >3～6 | >6～30 | >30～120 | >120～400 | >400～1000 | >1000～2000 | >2000～4000 |
| 精密级 f | ±0.05 | ±0.05 | ±0.1 | ±0.15 | ±0.2 | ±0.3 | ±0.5 | — |
| 中等级 m | ±0.1 | ±0.1 | ±0.2 | ±0.3 | ±0.5 | ±0.8 | ±1.2 | ±2 |
| 粗糙级 c | ±0.2 | ±0.3 | ±0.5 | ±0.8 | ±1.2 | ±2 | ±3 | ±4 |
| 最粗级 v | — | ±0.5 | ±1 | ±1.5 | ±2.5 | ±4 | ±6 | ±8 |

极限偏差的具体数值根据公差等级和公称尺寸的大小在一般公差的极限偏差列表中查得。例如，公差等级为 m、尺寸为 100mm，查得其极限偏差为 +0.3 mm。

（2）角度尺寸。表 2-6 为角度尺寸的极限偏差数值，其值按角度短边长度确定，圆锥角按圆锥素线长度确定。

表 2-6　角度尺寸的极限偏差数值（单位：mm）

| 公差等级 | 长度分段 | | | | |
|---|---|---|---|---|---|
| | ～10 | >10～50 | >50～120 | >120～400 | >400 |
| 精密级 f | ±1° | ±30′ | ±20′ | ±10′ | ±5′ |
| 中等级 m | | | | | |
| 粗糙级 c | ±1°30′ | ±1° | ±30′ | ±15′ | ±10′ |
| 最粗级 v | ±3° | ±2° | ±1° | ±30′ | ±20′ |

3）一般公差的图样表示方法

国标规定，一般公差在图样标题栏附近或技术要求、技术文件（如企业标准）中注出标准号及公差级代号。例如，选取中等级时标注为 GB/T 1804-m，其中，GB/T

1804 为标准号，m 为公差等级代号。

### 5. 游标卡尺

游标卡尺是一种中等精度的量具，利用游标原理进行读数，其结构简单、使用方便、测量范围大，是应用较广泛的通用量具。常见的游标类卡尺有游标卡尺、深度游标卡尺、高度游标卡尺、齿厚游标卡尺等。

游标卡尺读数与使用

游标卡尺可以用来测量工件的内外尺寸，包括长度、宽度、厚度、内径和外径，也可以用来测量孔距、高度和深度等。按游标的分度值来分类，游标卡尺可分为 0.1mm、0.05mm、0.02mm 三种。

**1）游标卡尺的结构**

游标卡尺主要由主尺、游标、深度尺、内测量爪、外测量爪、紧固螺钉和凸钮组成。如图 2-9 所示，游标用紧固螺钉固定在主尺上，可在尺身上平稳移动。外测量爪用来测量外表面尺寸，内测量爪用来测内表面尺寸，深度尺用来测量深度。游标卡尺的规格可分为 0～150mm、0～200mm、0～300mm 和 0～500mm 等。

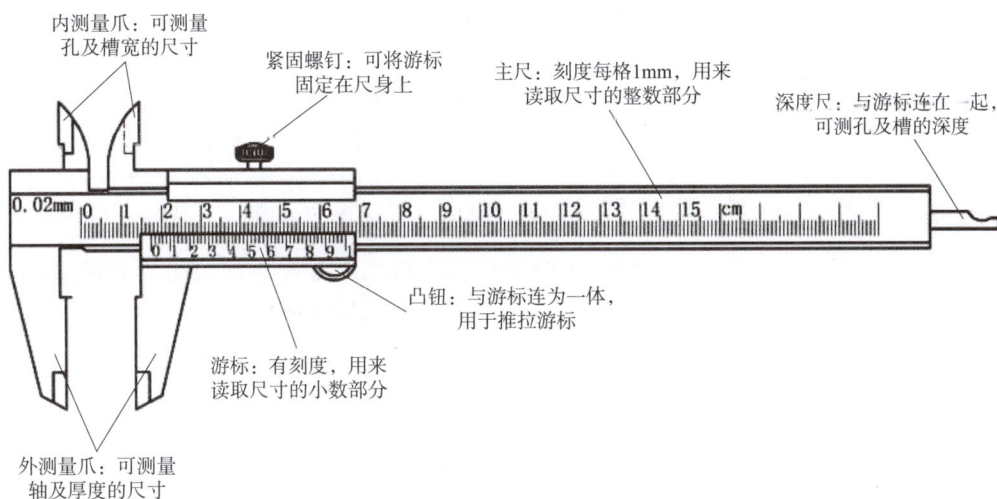

**图 2-9 游标卡尺结构**

**2）游标卡尺的刻线原理**

以精度为 0.02mm 的游标卡尺为例，游标卡尺的主尺上刻有间隔为 1mm 的刻度，每 10 个格写一个数字；游标上共有 50 个格，每格刻线的距离为 0.98mm。两量爪合并时，游标上 50 格的长度刚好等于主尺上的 49mm，即主尺每格尺寸与游标每格尺寸之差为 1－49/50＝0.02mm。

**3）游标卡尺的读数方法**

以精度为 0.02mm 的游标卡尺为例，读取数据一般分为三个步骤，如图 2-10 所示。

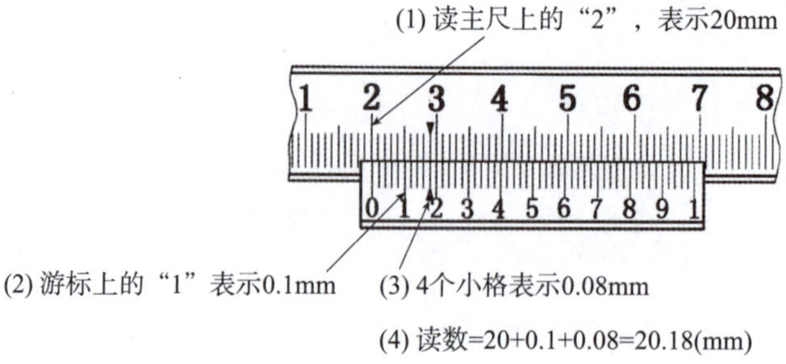

(1) 读主尺上的"2"，表示20mm
(2) 游标上的"1"表示0.1mm    (3) 4个小格表示0.08mm
(4) 读数=20+0.1+0.08=20.18(mm)

图 2-10　游标卡尺读数方法

(1)读出游标零刻线左边主尺上最近刻度的毫米数，即测量结果的整数部分。图 2-10 所示为 20mm。

(2)读出游标上与主尺对齐的刻线数，再乘以分度值，即测量结果的小数部分。图 2-10 所示为一个大格和四个小格，小格部分为 $4 \times 0.02$mm＝0.08(mm)。

(3)把读出的整数部分与小数部分相加，即测量尺寸。图 2-10 所示被测尺寸为 28mm＋0.10mm＋0.08mm＝20.18(mm)。

4)使用游标卡尺的注意事项

(1)测量前必须了解测量的安全要领，防止刮碰、砸伤事故的发生。

(2)去除零件上的毛刺及污物。

(3)测量前将游标卡尺擦净并检查游标卡尺测量面的刃口是否平直，再校对游标卡尺的零位。

校对零位的方法：先用干净棉丝或软质白细布将两个外测量爪的测量面擦净，右手大拇指慢慢推动凸轮，使两个测量面接触后，看游标的零刻线与主尺的零刻线是否对齐。若对齐，则说明该游标卡尺的零位正确；若不对齐，则需要检修或在测量结果中加修正值。

(4)检测力度要适中，尽量不要将游标卡尺从零件上拔下再读数，否则会磨损检测面和造成检测误差。若要取出游标卡尺读数，测量到位后应将紧固螺钉拧紧并顺着零件滑出，不得歪斜。即使这样，还是容易出现误差。

(5)读数时，双眼要在垂直于游标刻线面的方向去读，以减少读数误差。

(6)检测时，不要让游标卡尺歪斜，否则会造成检测误差。

(7)游标卡尺的测量爪部位较锐利，操作时应小心。

(8)检测结束后，使用全棉布擦净游标卡尺，放回量具盒。

## 2.1.8　知识拓展

### 1. 高度游标卡尺

高度游标卡尺是指用于测量零件高度的卡尺(简称高度尺)，如图 2-11 所示。

1)高度游标卡尺的使用

高度游标卡尺结构如图 2-12 所示。高度游标卡尺主要由尺身微调装置、立柱、微进给螺母、微调锁紧装置、尺框架固螺钉、底座、基面、尺面、划线器、测量面、划线器支架、划线器安装盒、划线器紧固螺钉、游标刻度、滑尺和尺身刻度等部分构成，它可以用于测量零件的高度和精密划线。

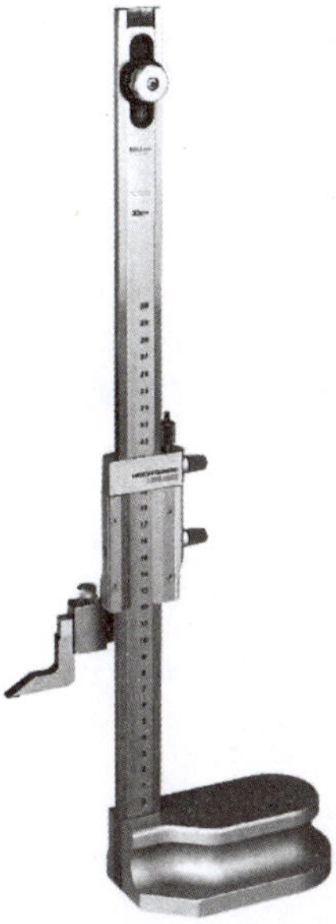

图 2-11　高度游标卡尺 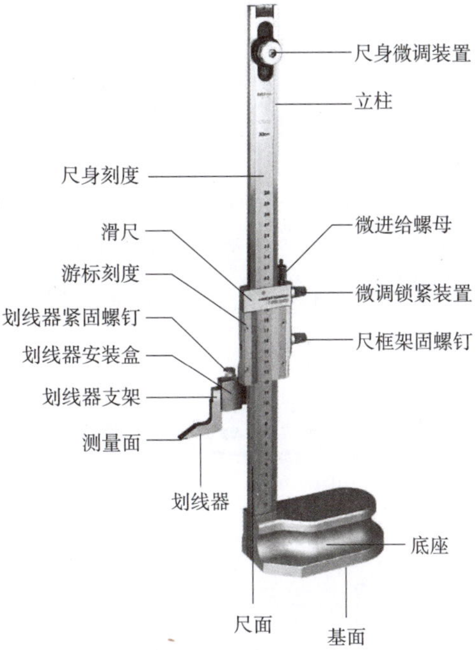　　　　　　图 2-12　高度游标卡尺结构

2)高度游标卡尺的应用

使用高度游标卡尺划偏心线[图 2-13(a)]、划拨叉轴[图 2-13(b)]、划箱体[图 2-13(c)]。

3)高度游标卡尺的使用注意事项

(1)测量前应擦净工件测量表面和高度游标卡尺的主尺、游标、测量爪，检查测量爪是否磨损。

(2)使用前调整测量爪，使测量面与基座的底平面位于同一平面，检查主尺、游标零刻线是否对齐。测量工件高度时，应将测量爪轻微摆动，在最大部位读取数值。

(3)读数时，应使视线正对刻线；用力要均匀，测力 3～5N，以保证测量准确性。

(4)使用过程中，注意清洁高度游标卡尺测量爪的测量面。

(5)不能用高度游标卡尺测量锻件、铸件表面与运动工件的表面，以免损坏卡尺。

(6)长时间不使用的高度游标卡尺，应擦净上油放入盒中保存。

(a)　　　　　　　　(b)　　　　　　　　(c)

图 2-13　高度游标卡尺的应用

### 2. 深度游标卡尺

深度游标卡尺如图 2-14 所示。深度游标卡尺主要用于测量零件的深度尺寸或台阶高低和槽的深度，它的读数方法和高度游标卡尺完全一样。

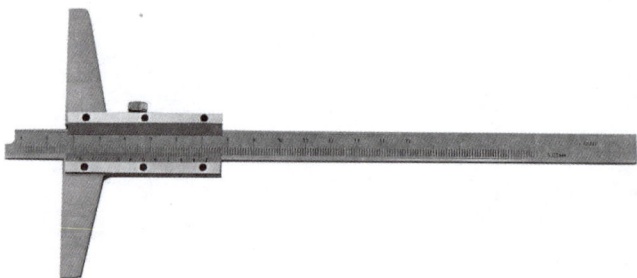

图 2-14　深度游标卡尺

测量时，先把测量基座轻轻压在工件的基准面上，深度游标卡尺两个端面必须接触工件的基准面。测量台阶时，测量基座的端面一定要压紧基准面，再移动尺身，直到尺身的端面接触工件的测量面(台阶面)，然后用紧固螺钉固定游标，提起卡尺，读出深度尺寸。

多台阶小直径的内孔深度测量，要注意尺身的端面是否在要测量的台阶上。当基准面是曲线时，测量基座的端面必须放在曲线的最高点上，这时测量出的深度尺寸才是工件的实际尺寸，否则会出现测量误差。

## 2.1.9　练习与思考

### 1. 填空题

(1)游标卡尺主要由_____、_____、深度尺、内测量爪、外测量爪、紧固螺钉和凸钮组成。

(2)如果按游标的分度值来分类，游标卡尺可分_____、_____和_____三种。

(3)精度为 0.02mm 的游标卡尺的游标上共有_____个格，每格刻线的距离为_____ mm。

（4）某一尺寸减去其公称尺寸所得的代数差称为_____。

（5）_____和_____是控制加工尺寸的两个尺寸界线。

（6）孔 $\phi 45^{+0.034}_{+0.009}$ mm 的公称尺寸为_____ mm，上极限偏差为_____ mm，下极限偏差为_____ mm，上极限尺寸为_____ mm，下极限尺寸为_____ mm，公差值为_____ mm。

（7）轴 $\phi 45^{-0.009}_{-0.025}$ mm 的公称尺寸为_____ mm，上极限偏差为_____ mm，下极限偏差为_____ mm，上极限尺寸为_____ mm，下极限尺寸为_____ mm，公差值为_____ mm。

（8）公差的大小应等于_____与_____代数差的绝对值，或_____与_____代数差的绝对值。

（9）_____的大小决定了允许尺寸的变动范围。_____是绝对值，没有正负号，也不能为零。

（10）_____决定了极限尺寸相对其公称尺寸的位置，_____可以是正值、负值或零。

## 2. 判断题

（1）国标规定，轴只指圆柱形的外表面。　　　　　　　　　　　　（　　）

（2）零件装配后孔为包容面，轴为被包容面。　　　　　　　　　　（　　）

（3）零件的实际尺寸即零件的真值。　　　　　　　　　　　　　　（　　）

（4）零件的极限偏差可以是正值、负值或零。　　　　　　　　　　（　　）

（5）零件的实际尺寸越接近其公称尺寸，其精度越高。　　　　　　（　　）

（6）某一尺寸减其公称尺寸的代数差是极限偏差。　　　　　　　　（　　）

（7）零件的极限偏差是用来控制实际偏差的。　　　　　　　　　　（　　）

（8）公差通常为正值，在个别情况下也可以为负值或零。　　　　　（　　）

（9）零件同一表面上不同位置的实际尺寸一定相等。　　　　　　　（　　）

（10）将某轴的直径正好加工到其公称尺寸，则此轴必然是合格件。（　　）

## 3. 选择题

（1）在切削过程中，轴的尺寸（　　　）。

　　A. 由小变大　　　　B. 由大变小　　　　C. 不会变化　　　　D. 无规律变化

（2）在切削过程中，孔的尺寸（　　　）。

　　A. 由小变大　　　　B. 由大变小　　　　C. 不会变化　　　　D. 无规律变化

（3）公称尺寸是（　　　）。

　　A. 加工时得来的　　　　　　　　　　B. 测量时得出的

　　C. 装配后得来的　　　　　　　　　　D. 设计时直接给定的

（4）实际偏差是（　　　）。

　　A. 设计时给定的　　　　　　　　　　B. 直接测量得到的

C. 通过测量，计算求得的  　　　　　D. 加工者自己设定的

(5)国标规定，在机械加工中，通常用(　　)作为尺寸的特定单位。

    A. m　　　　　　B. cm　　　　　　C. mm　　　　　　D. $\mu$m

(6)上极限尺寸与公称尺寸的关系是(　　)。

    A. 前者小于后者　　　　　　　　B. 前者等于后者

    C. 前者大于后者　　　　　　　　D. 两者之间的大小无法确定

(7)孔的上极限偏差用(　　)表示。

    A. ES　　　　　　B. EI　　　　　　C. es　　　　　　D. ei

(8)轴的下极限偏差用(　　)表示。

    A. ES　　　　　　B. EI　　　　　　C. es　　　　　　D. ei

(9)上极限尺寸减其公称尺寸所得的代数差称为(　　)。

    A. 上极限偏差　　B. 下极限偏差　　C. 基本偏差　　D. 极限偏差

(10)下列说法正确的是(　　)。

    A. 上极限偏差总是大于下极限偏差

    B. 上极限偏差的绝对值一定大于下极限偏差的绝对值

    C. 尺寸偏差越大，说明该尺寸与公称尺寸相差越大

    D. 尺寸偏差的绝对值越大，说明该尺寸与其公称尺寸相差越大

**4. 综合题**

分析图 2-15 所示的自行车前轴零件图，选用合适的量具，并制订检测方案，检测该轴的直径尺寸和长度尺寸。

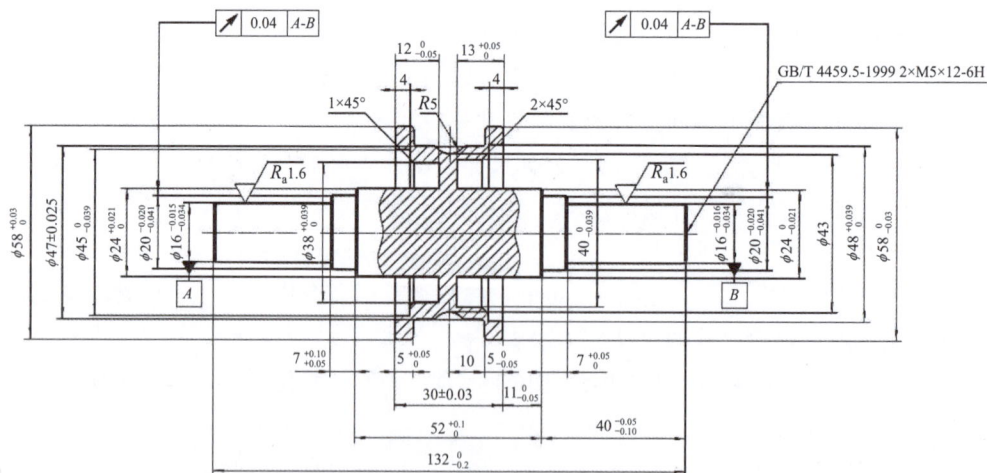

图 2-15　自行车前轴零件图

## 任务二 支撑座连接轴的尺寸精度与检测

要实现对支撑座连接轴尺寸精度的精确检测，就需要透彻理解标准公差和极限尺寸等基本概念，了解外径千分尺的构造和测量原理，并能够正确使用外径千分尺。

### 🎓 学习目标

**知识目标：**

(1) 理解标准公差的术语及其定义。

(2) 掌握极限尺寸的计算方法。

(3) 了解外径千分尺的结构与分度原理。

(4) 掌握外径千分尺的读数和使用方法。

**技能目标：**

(1) 能准确快速地查阅标准公差数值表。

(2) 能正确规范地使用外径千分尺进行测量。

(3) 能合理制订检测零件外径尺寸精度的方案。

(4) 能正确处理检测数据并分析检测结果。

**素养目标：**

(1) 精细测量，锻造工匠品质。

(2) 制订方案，提升问题解决能力。

(3) 攻克难关，培育协作精神。

### 2.2.1 任务描述

实习车间加工了一批支撑座连接轴，在装配过程中发现有一些连接轴无法安装到支撑座内孔中，还有一些连接轴虽然能安装到支撑座内孔中，但是却出现明显的晃动。请通过车间现有的量具，对这批支撑座连接轴进行检测，分析其无法安装的原因。

### 2.2.2 任务分析

底板零件是经过质检员检测合格的零件，底板上内孔的尺寸精度都是在公差范围之内的，问题在于支撑座连接轴的尺寸精度是否在公差范围之内，检测支撑座连接轴的尺寸精度为解决本次装配问题的关键。图 2-16 所示为支撑座连接轴的尺寸精度检测流程，图 2-17 所示为支撑座连接轴图纸，图 2-18 所示为支撑座连接轴实物图。

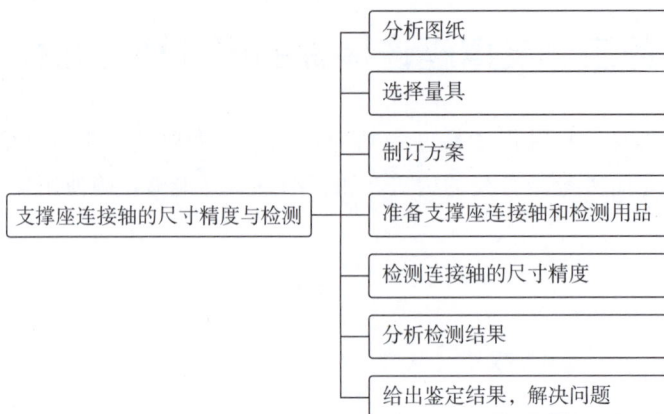

图 2-16　支撑座连接轴的尺寸精度检测流程

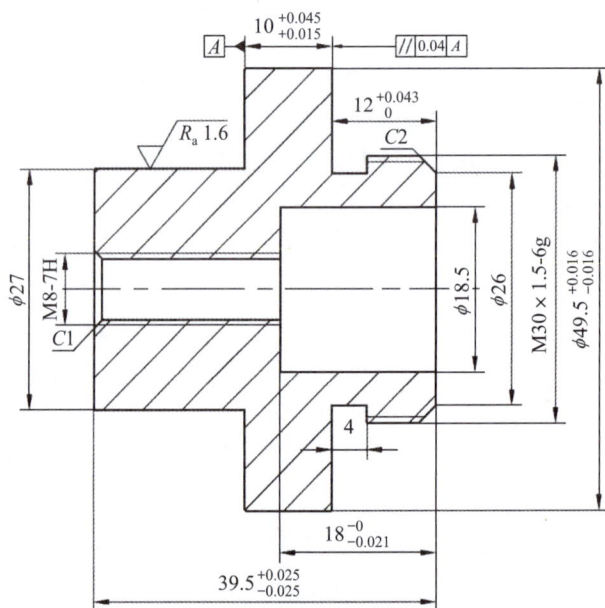

图 2-17　支撑座连接轴图纸

图 2-18　支撑座连接轴实物图

### 1. 分析图纸

因为支撑座连接轴要安装到支撑座的内孔中，所以主要考虑支撑座连接轴的外部尺寸，主要检测支撑座连接轴的外径[$27_{-0.04}^{-0.007}$ mm、26mm、(49.5±0.016)mm]和长度[$10_{+0.015}^{+0.045}$ mm、$12_{0}^{+0.043}$ mm、(39.5±0.025)mm]。其中，与支撑座安装相关的尺寸是连接轴左端的尺寸$27_{-0.04}^{-0.007}$ mm，因为$27_{-0.04}^{-0.007}$ mm的尺寸精度关系到支撑座连接轴安装的松紧程度，所以要对这个尺寸的检测尤为重视。

### 2. 选择量具

支撑座连接轴外径为26mm，长度为10mm、12 mm、39.5mm，尺寸公差均大于0.03mm，使用精度为0.02mm的游标卡尺即可。上述尺寸的检测，量具可使用四用游标卡尺＊Ⅱ型，测量范围为0～200mm，精度为0.02mm。

而对于外径27mm、49.5mm，公称尺寸为25～50mm，考虑到外径27mm的重要性，选用精度为0.01mm，测量范围为25～50mm的外径千分尺，如图2-19所示。

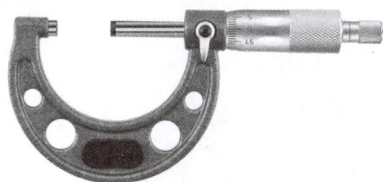

图 2-19　外径千分尺

## 2.2.3　制订方案

已根据零件的公称尺寸及其极限偏差数值，计算出极限尺寸数值，请同学们根据尺寸的精度要求，选择合适量具进行测量，将测量结果填入表2-7。

表 2-7　支撑座连接轴测量方案(单位：mm)

| 检测项目 | 尺寸 | 极限偏差数值 | 极限尺寸数值 | 量具 |
|---|---|---|---|---|
| 外径 | 27 | −0.007<br>−0.04 | 26.96～26.993 | |
| | 49.5 | ±0.016 | 49.484～49.516 | |
| | 26 | ±0.3 | 25.7～26.3 | |
| 长度 | 10 | +0.045<br>+0.015 | 10.015～10.045 | |
| | 12 | +0.043<br>0 | 12～12.043 | |
| | 39.5 | ±0.025 | 39.475～39.525 | |

## 2.2.4  任务实施

(1)准备好支撑座连接轴、工作台和外径千分尺等。

(2)清洁支撑座连接轴被测表面、外径千分尺及工作台。

(3)校对零位。图 2-20 所示为 0～25mm 外径千分尺校准,采用标准样块(校块)或量块,使其与外径千分尺 15mm 刻度零位对齐,当测微螺杆与测砧接触后,微分筒上的零刻线应与固定套筒上的水平线对齐。同学们可参考 0～25mm 外径千分尺的校准方法,对 25～50mm 外径千分尺进行校准。

(4)图 2-21 所示为螺母套筒的直径测量。将工件平放在工作台上,左手握尺架,右手转动微分筒,使测微螺杆的测量面和被测面接近,再改为转动测力装置,直到听见"咔、咔"声时停止,然后读数。如果取下读数,则应将锁紧装置锁紧后取出外径千分尺。参考螺母套筒的直径测量方法,进行支撑座连接轴的测量。

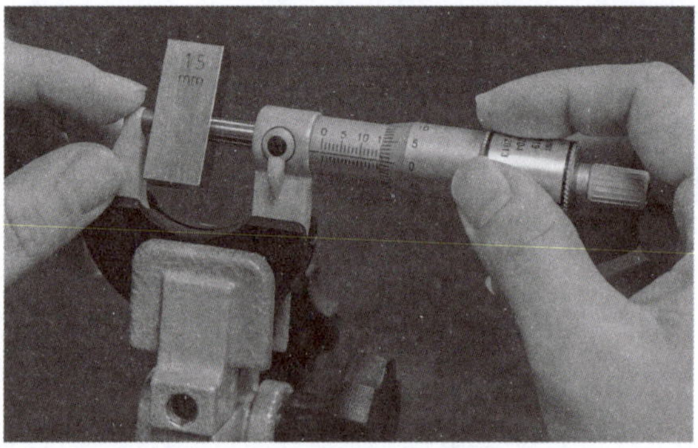

图 2-20  0～25mm 外径千分尺校准 　　　　图 2-21  螺母套筒的直径测量

(5)测量完毕,将外径千分尺擦净,放回盒内,外径千分尺回位时不要摇转微分筒。

(6)做好支撑座连接轴测量记录,填写表 2-8。

表 2-8  支撑座连接轴测量记录表(单位:mm)

| 检测项目 | 尺寸 | 第一次测量 | 第二次测量 | 第三次测量 | 平均值 |
|---|---|---|---|---|---|
| 外径 | 27 | | | | |
| | 49.5 | | | | |
| | 26 | | | | |
| 长度 | 10 | | | | |
| | 12 | | | | |
| | 39.5 | | | | |

## 2.2.5　鉴定结论

(1)将检测数据的平均值填写到表 2-9 中，处理检测数据。

表 2-9　检测数据表(单位：mm)

| 检测项目 | 尺寸 | 极限尺寸数值 | 测量平均值 | 结论 |
|---|---|---|---|---|
| 直径 | 27 | 26.96~26.993 | | |
| | 49.5 | 49.484~49.516 | | |
| | 26 | 25.7~26.3 | | |
| 长度 | 10 | 10.015~10.045 | | |
| | 12 | 12~12.043 | | |
| | 39.5 | 39.475~39.525 | | |

(2)给出鉴定结论，解决问题，完成任务。

## 2.2.6　任务评价

任务结束后，根据本次任务的完成情况，认真填写表 2-10。

表 2-10　任务评价表

| 项目 | 自我评价 | | | 小组评价 | | | 教师评价 | | | 增值评价 | | |
|---|---|---|---|---|---|---|---|---|---|---|---|---|
| | 9~10 | 6~8 | 1~5 | 9~10 | 6~8 | 1~5 | 9~10 | 6~8 | 1~5 | 9~10 | 6~8 | 1~5 |
| | 占总评的 10% | | | 占总评的 20% | | | 占总评的 30% | | | 占总评的 40% | | |
| 量具校验 | | | | | | | | | | | | |
| 规范检测 | | | | | | | | | | | | |
| 检测报告 | | | | | | | | | | | | |
| 整理现场 | | | | | | | | | | | | |
| 职业素养 | | | | | | | | | | | | |
| 小计 | | | | | | | | | | | | |
| 总评 | | | | | | | | | | | | |

## 2.2.7　检测相关知识

### 1. 标准公差

国标规定，公差带是由大小和位置两个要素构成的。其中，大小由

标准公差
概述及查表法

· 27 ·

标准公差来确定，而位置由基本偏差来确定。在孔、轴配合中，由于公差带的大小和位置不同，可以形成不同性质和不同精度的配合。

图 2-22 所示为公差带大小和位置。通常取靠近零刻线的偏差为基本偏差，并由其确定公差带的位置。图(a)与图(b)、图(c)与图(d)公差带的位置相同，但公差带大小不同；图(a)与图(c)公差带的位置不同，但公差带大小相同；图(a)与图(d)公差带的位置和大小都不同。还可以这样说明：图(a)与图(b)基本偏差相等，标准公差不相等；图(a)与图(c)基本偏差不相等，标准公差相等；图(a)与图(d)基本偏差不相等，标准公差也不相等。

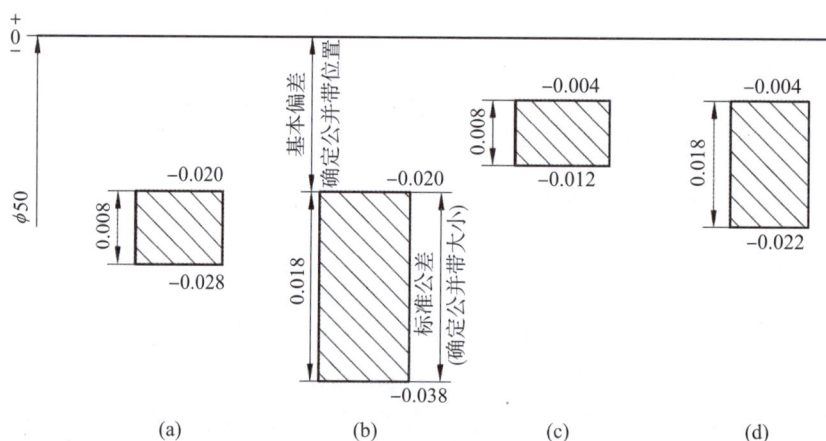

图 2-22　公差带大小和位置

1)标准公差的定义

标准公差是极限与配合制中所规定的任一公差。标准公差用"IT"表示。国标规定的标准公差数值见表 2-11。

表 2-11　国标规定的标准公差数值

| 基本尺寸 mm | | 公差等级 | | | | | | | | | | | | | | | | |
|---|---|---|---|---|---|---|---|---|---|---|---|---|---|---|---|---|---|---|
| | | IT1 | IT2 | IT3 | IT4 | IT5 | IT6 | IT7 | IT8 | IT9 | IT10 | IT11 | IT12 | IT13 | IT14 | IT15 | IT16 | IT17 | IT18 |
| 大于 | 至 | μm | | | | | | | | | | | mm | | | | | | |
| ～ | 3 | 0.8 | 1.2 | 2 | 3 | 4 | 6 | 10 | 14 | 25 | 40 | 60 | 0.1 | 0.14 | 0.25 | 0.4 | 0.6 | 1 | 1.4 |
| 3 | 6 | 1 | 1.5 | 2.5 | 4 | 5 | 8 | 12 | 18 | 30 | 48 | 75 | 0.12 | 0.18 | 0.3 | 0.48 | 0.75 | 1.2 | 1.8 |
| 6 | 10 | 1 | 1.5 | 2.5 | 4 | 6 | 9 | 15 | 22 | 36 | 58 | 90 | 0.15 | 0.22 | 0.36 | 0.58 | 0.9 | 1.5 | 2.2 |
| 10 | 18 | 1.2 | 2 | 3 | 5 | 8 | 11 | 18 | 27 | 43 | 70 | 110 | 0.18 | 0.27 | 0.43 | 0.7 | 1.1 | 1.8 | 2.7 |
| 18 | 30 | 1.5 | 2.5 | 4 | 6 | 9 | 13 | 21 | 33 | 52 | 84 | 130 | 0.21 | 0.33 | 0.52 | 0.84 | 1.3 | 2.1 | 3.3 |
| 30 | 50 | 1.5 | 2.5 | 4 | 7 | 11 | 16 | 25 | 39 | 62 | 100 | 160 | 0.25 | 0.39 | 0.62 | 1 | 1.6 | 2.5 | 3.9 |

（续表）

| 基本尺寸 mm | | 公差等级 | | | | | | | | | | | | | | | | | |
|---|---|---|---|---|---|---|---|---|---|---|---|---|---|---|---|---|---|---|---|
| | | IT1 | IT2 | IT3 | IT4 | IT5 | IT6 | IT7 | IT8 | IT9 | IT10 | IT11 | IT12 | IT13 | IT14 | IT15 | IT16 | IT17 | IT18 |
| 50 | 80 | 2 | 3 | 5 | 8 | 13 | 19 | 30 | 46 | 74 | 120 | 190 | 0.3 | 0.46 | 0.74 | 1.2 | 1.9 | 3 | 4.6 |
| 80 | 120 | 2.5 | 4 | 6 | 10 | 15 | 22 | 35 | 54 | 87 | 140 | 220 | 0.35 | 0.54 | 0.87 | 1.4 | 2.2 | 3.5 | 5.4 |
| 120 | 180 | 3.5 | 5 | 8 | 12 | 18 | 25 | 40 | 63 | 100 | 160 | 250 | 0.4 | 0.63 | 1 | 1.6 | 2.5 | 4 | 6.3 |
| 180 | 250 | 4.5 | 7 | 10 | 14 | 20 | 29 | 46 | 72 | 115 | 185 | 290 | 0.46 | 0.72 | 1.15 | 1.85 | 2.9 | 4.6 | 7.2 |
| 250 | 315 | 6 | 8 | 12 | 16 | 23 | 32 | 52 | 81 | 130 | 210 | 320 | 0.52 | 0.81 | 1.3 | 2.1 | 3.2 | 5.2 | 8.1 |
| 315 | 400 | 7 | 9 | 13 | 18 | 25 | 36 | 57 | 89 | 140 | 230 | 360 | 0.57 | 0.89 | 1.4 | 2.3 | 3.6 | 5.7 | 8.9 |
| 400 | 500 | 8 | 10 | 15 | 20 | 27 | 40 | 63 | 97 | 155 | 250 | 400 | 0.63 | 0.97 | 1.55 | 2.5 | 4 | 6.3 | 9.7 |
| 500 | 630 | 9 | 11 | 16 | 22 | 32 | 44 | 70 | 110 | 175 | 280 | 440 | 0.7 | 1.1 | 1.75 | 2.8 | 4.4 | 7 | 11 |
| 630 | 800 | 10 | 13 | 18 | 25 | 36 | 50 | 80 | 125 | 200 | 320 | 500 | 0.8 | 1.25 | 2 | 3.2 | 5 | 8 | 12.5 |
| 800 | 1000 | 11 | 15 | 21 | 28 | 40 | 56 | 90 | 140 | 230 | 360 | 560 | 0.9 | 1.4 | 2.3 | 3.6 | 5.6 | 9 | 14 |
| 1000 | 1250 | 13 | 18 | 24 | 33 | 47 | 66 | 105 | 165 | 260 | 420 | 660 | 1.05 | 1.65 | 2.6 | 4.2 | 6.6 | 10.5 | 16.5 |
| 1250 | 1600 | 15 | 21 | 29 | 39 | 55 | 78 | 125 | 195 | 310 | 500 | 780 | 1.25 | 1.95 | 3.1 | 5 | 7.8 | 12.5 | 19.5 |
| 1600 | 2000 | 18 | 25 | 35 | 46 | 65 | 92 | 150 | 230 | 370 | 600 | 920 | 1.5 | 2.3 | 3.7 | 6 | 9.2 | 15 | 23 |

国标对公差带的两个要素都进行了标准化，从而得到多种大小不等、位置不同的公差带，可以满足不同的使用要求，同时能达到简化统一、方便生产的目的。

2) 标准公差的等级

在极限与配合制中，标准公差的等级是指用于确定尺寸精确程度的等级。标准公差等级代号由符号 IT 和数字组成，标准公差共分 20 级，数字部分用 01，0，1，2，3，4，5，6，7，8，9，10，11，12，13，14，15，16，17，18 表示。其中 01 级最高，18 级最低。这样标准公差等级分为 IT01，IT0，IT1～IT18。IT01～IT11 为配合公差等级，IT12～IT18 为非配合公差等级。例如，6 级标准公差记作 IT6，读作公差等级 6 级。当公称尺寸相同时，随着公差等级的降低，相应的标准公差依次增大，即

$$高 \longleftarrow 公差等级 \longrightarrow 低$$

$$IT01、IT0、IT1……IT18$$

$$小 \longleftarrow 标准公差 \longrightarrow 大$$

显然，同一公称尺寸的孔与轴，其标准公差值的大小因标准公差等级的不同而不同。也就是说，标准公差等级高，标准公差数值小；标准公差等级低，标准公差数值大。另外，同一标准公差等级的孔与轴，公称尺寸不同，其标准公差数值的大小也不同。公称尺寸小，标准公差数值小；公称尺寸大，标准公差数值大。总之，标准公差的数值既与标准公差等级有关，又与公称尺寸有关。

3）标准公差数值表说明

在生产中，使用的公称尺寸是很多的，如果每一个公称尺寸都对应一个公差值，势必形成一个相当庞大的公差数值表，给生产带来很多麻烦和困难。为了应用上的方便，减少公差数值的数量，统一公差数值，简化公差表。国标对公称尺寸进行了分段，对于同一公称尺寸段落内的所有公称尺寸，在相同公差等级下，规定具有相同的公差数值。

国标中，公称尺寸为 0～500mm 的分为 13 段，即≤3、>3～6、>6～10、>10～18、>18～30、>30～50、>50～80、>80～120、>120～180、>180～250、>250～315、>315～400、>400～500。

极限与配合对公称尺寸 0～500mm 规定了 IT01，IT0，…，IT18 共 20 个标准公差等级。

标准公差等级 IT01 和 IT0 在工业中很少用到，所以在表中没有给出这两个标准公差等级的标准公差数值，必要时可查阅相关资料。

4）公差等级的选用

公差等级高，零件的精度高，使用性能好，但加工难度大，易产生不合格产品，生产成本高；公差等级低，零件的精度低，使用性能差，但加工容易，生产成本低。因此，要同时考虑零件的使用要求和加工经济性这两个因素，合理选用公差等级。

公差等级的选用原则：在满足零件使用要求的前提下，尽可能选择较低的公差等级，目的在于解决零件的使用性能要求和制造成本之间的矛盾。

常用配合精度为 IT5～IT13。其中，IT5～IT7 为高级精度，IT8～IT10 为中等精度，IT11～IT13 为低级精度。

**2. 外径千分尺**

外径千分尺常（简称千分尺）是比游标卡尺更精密的长度测量仪器。

1）外径千分尺的结构和用途

外径千分尺由固定的尺架、测砧、测微螺杆、锁紧装置、螺纹轴套、固定套筒、微分筒、螺母、接头、测力装置等组成，其结构图如图 2-23 所示。外径千分尺用于测量精密零件的外径、长度和厚度等尺寸。常用的外径千分尺的测量范围有 0～25mm、25～50mm、50～75mm 等，每隔 25mm 为一挡，直到 500mm。

*外径千分尺的*
*读数与使用*

2）外径千分尺的刻线原理

固定套筒上有一条水平线，这条水平线上、下各有一列间距为 1mm 的刻度线，上面的刻度线恰好在下面两相邻刻度线中间。活动套筒套在固定套筒上且与测微螺杆连为一体。当测微螺杆和活动套筒一起转动一周时，就沿轴向移动一个螺距，即 0.5mm。在活动套筒圆锥形边缘上刻有 50 等分的刻度线，把活动套筒分为 50 格，因此活动套管每转动 1 格（1/50 周），测微螺杆就沿轴向移动 $1/50 \times 0.5\text{mm}=0.01(\text{mm})$，所以千

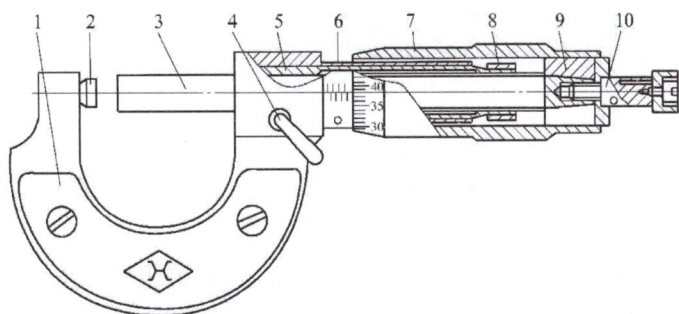

图 2-23　外径千分尺结构图

1—尺架；2—测砧；3—测微螺杆；4—锁紧装置；5—螺纹轴套；6—固定套筒；
7—微分筒；8—螺母；9—接头；10—测力装置

分尺的精度是 0.01mm。

3）外径千分尺的读数方法

在实际测量时，外径千分尺的读数分为三步。

(1)读出固定套筒上微分筒左边毫米刻线数值(包括整毫米数和 0.5mm 部分)。

(2)读出微分筒上与固定套筒的主刻线对齐的刻线数值，再乘以 0.01mm。

(3)如果微分筒上的刻线没有对齐主刻线，这时可以估读一位，估读的这一位数字放在千分位，也是有效数值。因此，对于精度为 0.01mm 的百分尺，习惯称其为千分尺。三部分读数相加，即被测零件的尺寸。例如，如图 2-24 所示，被测尺寸为 $10\text{mm}+44\times0.01\text{mm}+0.002\text{mm}=10.442(\text{mm})$。

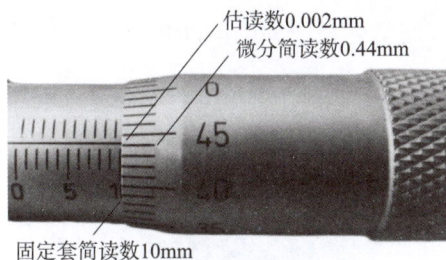

估读数0.002mm
微分筒读数0.44mm
固定套筒读数10mm

图 2-24　外径千分尺读数

4）使用外径千分尺的注意事项

(1)测量时要握住隔热装置处，将外径千分尺放正并注意温度的影响。

(2)使用时和使用后都要避免发生掉碰。

(3)不能用外径千分尺测量毛坯件及未加工表面。

(4)不能在工件转动时进行测量。

(5)不能把外径千分尺当作其他工具使用。

(6)不能用砂纸或硬的金属刀具去污或除锈。

(7)外径千分尺不能和其他工具混放，若长时间不用，要擦净、上油，放进盒内，防锈防尘。

（8）大型的外径千分尺使用后要平放在盒内，以免变形。

## 2.2.8 知识拓展

螺旋测微量具是一种较为精密的量具，常见的有以下八种类型。

### 1. 外径千分尺

图 2-25 所示为外径千分尺，主要用来测量工件的外圆直径、长度、厚度等各种外形尺寸。

### 2. 内测千分尺

图 2-26 所示为内测千分尺，主要用来测量中小孔径、槽宽等内尺寸。

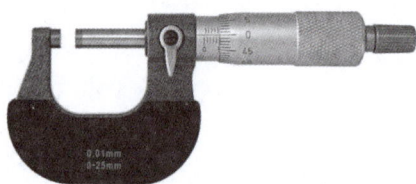

图 2-25 外径千分尺

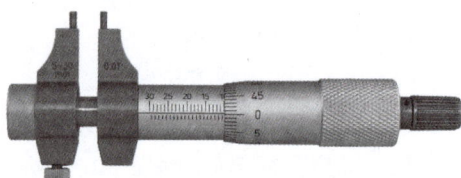

图 2-26 内测千分尺

### 3. 深度千分尺

图 2-27 所示为深度千分尺，主要用来测量孔深、槽深等尺寸。

### 4. 叶片千分尺

图 2-28 所示为叶片千分尺，主要用来测量外径千分尺难以测量的沟和槽等尺寸。

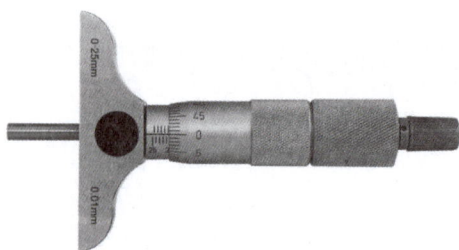

图 2-27 深度千分尺

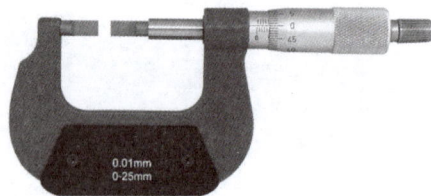

图 2-28 叶片千分尺

### 5. 螺纹千分尺

图 2-29 所示为螺纹千分尺，主要用来测量螺纹中径尺寸。

### 6. 壁厚千分尺

图 2-30 所示为壁厚千分尺，主要用来测量精度较高的管形件的壁厚。

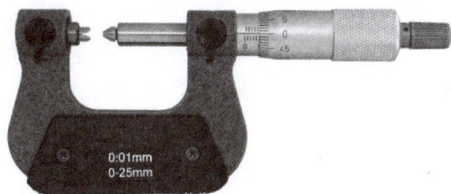

图 2-29 螺纹千分尺

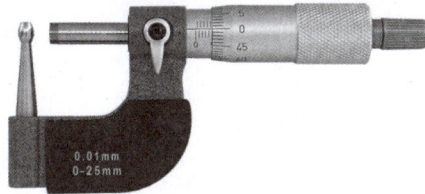

图 2-30 壁厚千分尺

### 7. 公法线千分尺

图 2-31 所示为公法线千分尺，主要用来测量齿轮的公法线长度。

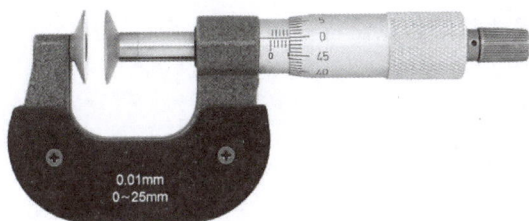

图 2-31 公法线千分尺

### 8. 三爪式内测千分尺

图 2-32 所示为三爪式内测千分尺，主要用来测量中小孔径的尺寸。

图 2-32 三爪式内测千分尺

## 2.2.9 练习与思考

### 1. 填空题

(1) 外径千分尺由尺架、测砧、测微螺杆、锁紧装置、螺纹轴套、_____、
_____、螺母、接头、测力装置等组成。

(2) 常用的外径千分尺的测量范围有_____、_____和_____等，每隔
_____为一挡，直到 500mm。

(3) 标准公差等级代号由_____和_____组成。

(4) 标准公差值的大小主要与_____和_____有关。

(5) 公差等级的选用应在满足零件的使用要求的条件下，尽量选取_____的公差等级。

**2. 判断题**

(1)公差大的一定比公差小的公差等级低。 （　　）

(2)无论公称尺寸是否相同，公差值小的尺寸精度高。 （　　）

(3)IT11～IT13 属于低级精度。 （　　）

(4)公差等级代号数字越大，精度越高。 （　　）

(5)标准公差确定了公差带的位置。 （　　）

(6)公差数值越大，零件尺寸精度越高。 （　　）

(7)同一公差等级的孔和轴的标准公差数值一定相等。 （　　）

(8)IT 表示标准公差，标准公差从 IT01 至 IT18 共分 18 级。 （　　）

(9)在尺寸精度的标准公差等级中，IT18 公差值最大，精度最低。 （　　）

(10)用外径千分尺测量时，只需将被测件的表面擦干净，即使是毛坯也可测量。

（　　）

**3. 选择题**

(1)关于外径千分尺的特点，下列说法中错误的是（　　）。

    A. 使用灵活，读数准确         B. 测量精度比游标卡尺高

    C. 测量范围广         D. 可用来测量毛坯件

(2)对标准公差的论述，下列说法中错误的是（　　）。

    A. 在任何情况下，公差越大，标准公差必定越大

    B. 公称尺寸相同，公差等级越低，标准公差越大

    C. 标准公差的大小与公差和公差等级有关，与该公差表示的是孔还是轴无关

    D. 某一基本尺寸段＞50～80mm，则基本尺寸为 60mm 和 75mm 的同等级的标准公差数值相同

(3)线性尺寸的一般公差规定了（　　）4 个公差等级。

    A. a、b、c、d     B. f、m、c、v     C. f、g、h、i     D. 1、2、3、4

(4)在机械制造中，中等精度是指（　　）。

    A. IT5～IT6     B. IT6～IT7     C. IT8～IT9     D. IT10～IT13

(5)同一公差等级的两个尺寸，其公差数值（　　）。

    A. 相等     B. 不相等     C. 不一定相等     D. 不能相等

**4. 综合题**

分析图 2-33 所示自行车立柱零件图，选用合适的量具，并制订检测方案，检测该轴的直径尺寸。

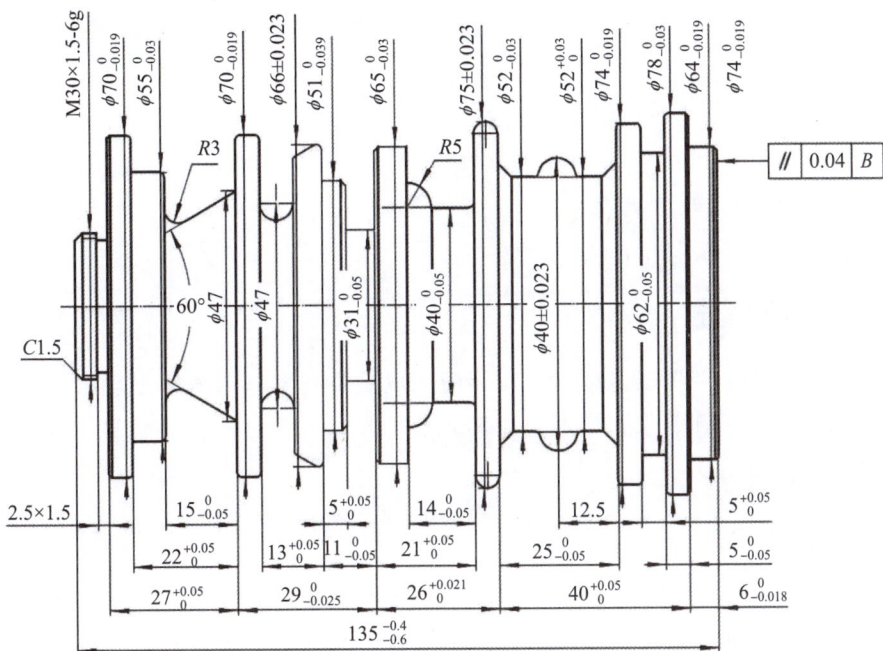

图 2-33　自行车立柱零件图

# 任务三　燃烧缸的尺寸精度与检测

要准确地检测燃烧缸的尺寸精度，需要理解基本偏差的术语及其定义。内径百分表是检测燃烧缸内径尺寸精度的重要量具，因此需要了解其结构与读数原理，并能够正确使用。

## 学习目标

**知识目标：**

(1)理解基本偏差的术语及其定义。

(2)了解内径百分表的结构与读数原理。

(3)掌握内径百分表的读数和使用方法。

(4)掌握内测千分尺和内径百分表的不同之处。

**技能目标：**

(1)能准确快速地查阅基本偏差数值表。

(2)能正确规范地使用内径百分表进行测量。

(3)能正确规范地使用内测千分尺进行测量。

(4)能合理制订检测零件内孔尺寸精度的方案。

(5)能正确处理检测数据并分析检测结果。

**素养目标：**

(1)提升专业认同感，提高职业素养。

(2)增强问题解决能力，提升攻坚克难能力。

(3)注重操作细节，铸就严谨品格。

## 2.3.1 任务描述

实习车间加工了一批燃烧缸，但在装配完成后进行测试时发现燃烧缸加热后无法正常运转或转速达不到要求。请通过车间现有的量具，对这一批燃烧缸进行检测，分析其无法运转的原因。

## 2.3.2 任务分析

顶板零件和活塞 1 都是经过质检员检测合格的零件，顶板上内孔尺寸精度和活塞 1 的外圆尺寸精度都在公差范围之内，所以问题在于燃烧缸的尺寸精度是否在公差范围之内，检测燃烧缸的尺寸精度就是解决问题的关键。图 2-34 所示为燃烧缸的尺寸精度检测流程，图 2-35 所示为燃烧缸图纸，图 2-36 所示为燃烧缸实物图。

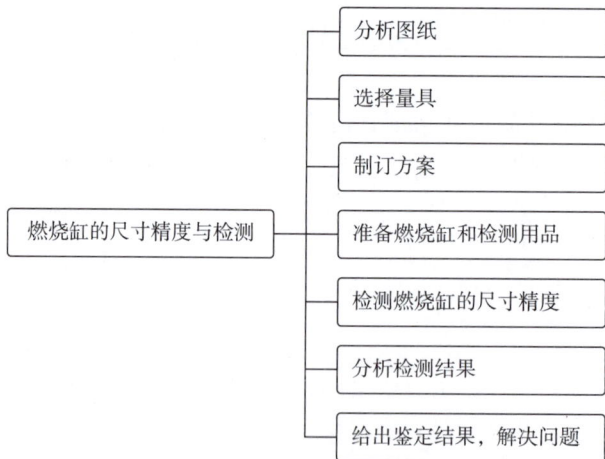

图 2-34 燃烧缸的尺寸精度检测流程

### 1. 分析图纸

燃烧缸上的尺寸较多，有燃烧缸的端盖外径为（39±0.016）mm，端盖四周的安装孔（4×3.2mm），端盖有 3 个，相互之间距离为 2.4mm，其中中间的端盖厚度为1.7mm，两边的端盖厚度为 2.5mm，燃烧缸外径[（22.2±0.021）mm]和内径（20$_0^{+0.033}$ mm），深度(33mm)，总体长度(34mm)。

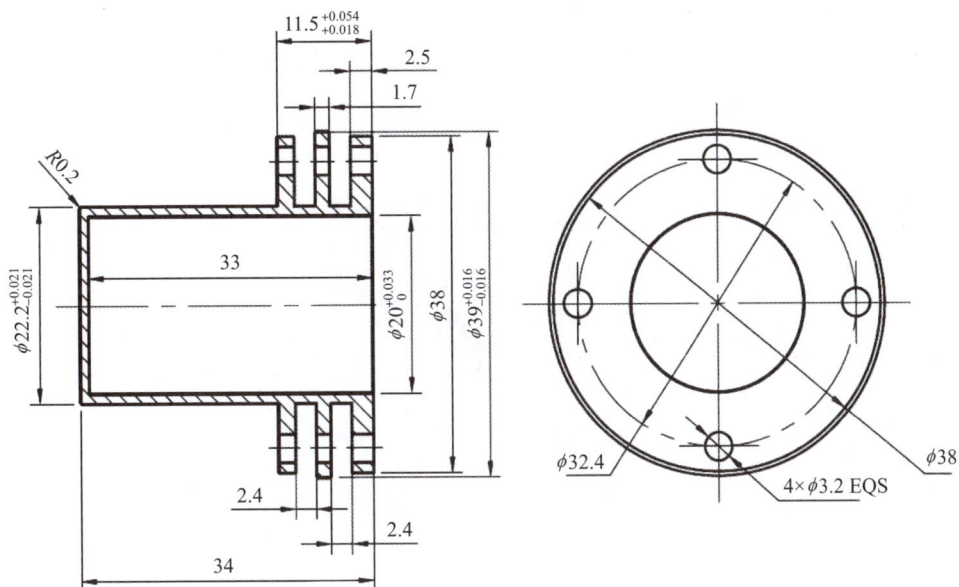

图 2-35 燃烧缸图纸

图 2-36 燃烧缸实物图

我们需重点检测燃烧缸的外径[(22.2±0.021)mm]和内径($20^{+0.033}_{0}$mm)，尤其是内径($20^{+0.033}_{0}$mm)，它与活塞1相配合做活塞运动，所以这个尺寸精度关系到燃烧缸加热后的转速。

**2. 选择量具**

燃烧缸的端盖厚度为1.7mm、2.5mm，端盖之间的间距为2.4mm，燃烧缸深度为33mm，总体长度为34mm，属于一般公差，选用精度为0.02mm、测量范围为0～200mm的游标卡尺进行测量即可。

燃烧缸外径为(22.2±0.021)mm，公称尺寸为0～25mm，可选用精度为0.01mm、测量范围为0～25mm的外径千分尺进行测量；燃烧缸的端盖外径为(39±

0.016)mm，公称尺寸为 25～50mm，可选用精度为 0.01mm、测量范围为 25～50mm 的外径千分尺进行测量。

燃烧缸的内径为 $20^{+0.033}_{0}$ mm，而且深度较大，使用内测千分尺无法对内孔较深的部分进行测量，所以本次测量任务选用精度为 0.01mm、测量范围为 18～35mm 的内径百分表，如图 2-37 所示。

图 2-37　内径百分表

## 2.3.3　制订方案

一般公差极限偏差的具体数值根据公差等级和公称尺寸的大小在一般公差的极限偏差列表中查找，其余尺寸的极限偏差可在零件图中找到，请同学们根据查询到的数值填写表 2-12。

表 2-12　燃烧缸测量方案(单位：mm)

| 检测项目 | 尺寸 | 极限偏差数值 | 极限尺寸数值 | 量具 |
| --- | --- | --- | --- | --- |
| 长度 | 34 | | | |
| | 2.4 | | | |
| | 1.7 | | | |
| | 2.5 | | | |
| | 33 | | | |
| | 11.5 | | | |
| 外径 | 22.2 | | | |
| | 39 | | | |
| 内径 | 20 | | | |

## 2.3.4　任务实施

(1)准备好工作台、燃烧缸、内径百分表和外径千分尺。

(2)清洁内径百分表、外径千分尺、燃烧缸和工作台等。

(3)根据被测孔的公称尺寸,选择合适的可换测头装在量脚上并用螺母固定,使其尺寸比公称尺寸大 0.5mm 左右(可用游标卡尺测量测头间的大致距离)

(4)将内径百分表装入量杆,并使内径百分表预压 0.2～0.5mm。

(5)如图 2-38 所示,将外径千分尺调节至被测孔的公称尺寸,并锁紧外径千分尺。然后把内径百分表测头置于外径千分尺的两测量面间,找到最小值,将内径百分表调到零位。

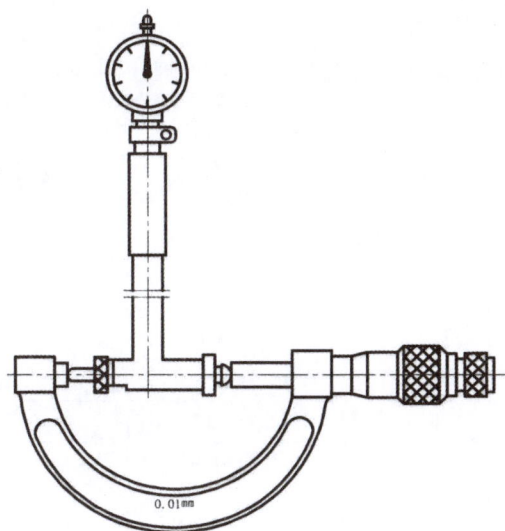

图 2-38　内径百分表校准

(6)将调整好的内径百分表测头插入被测孔,沿孔的轴线方向测量几个截面,每个截面要等分测量 3～4 个数值(注意:测量各点时,找到该点的最小读数),并记下所有读数,填写表 2-13。

表 2-13　燃烧缸测量记录表(单位:mm)

| 检测项目 | 尺寸 | 第一次测量 | 第二次测量 | 第三次测量 | 平均值 |
|---|---|---|---|---|---|
| 内径 | 20 | | | | |
| 外径 | 22.2 | | | | |
| | 39 | | | | |

（续表）

| 检测项目 | 尺寸 | 第一次测量 | 第二次测量 | 第三次测量 | 平均值 |
| --- | --- | --- | --- | --- | --- |
| 长度 | 34 | | | | |
| | 2.4 | | | | |
| | 1.7 | | | | |
| | 2.5 | | | | |
| | 33 | | | | |
| | 11.5 | | | | |

（7）检测结束，将内径百分表整理好放回盒内。

## 2.3.5 鉴定结论

（1）将检测数据的平均值填写到表 2-14 中，处理检测数据。

表 2-14 检测数据表（单位：mm）

| 检测项目 | 尺寸 | 极限尺寸数值 | 测量平均值 | 结论 |
| --- | --- | --- | --- | --- |
| 内径 | 20 | +0.033  0 | | |
| 外径 | 22.2 | ±0.021 | | |
| | 39 | ±0.016 | | |
| 长度 | 34 | 33.7～34.3 | | |
| | 2.4 | 2.3～2.5 | | |
| | 1.7 | 1.6～1.8 | | |
| | 2.5 | 2.4～2.6 | | |
| | 33 | 32.7～33.3 | | |
| | 11.5 | 11.3～11.7 | | |

（2）给出鉴定结论，解决问题，完成任务。

## 2.3.6 任务评价

任务结束后，根据本次任务的完成情况，认真填写表 2-15。

表 2-15 任务评价表

| 项目 | 自我评价 | | | 小组评价 | | | 教师评价 | | | 增值评价 | | |
| --- | --- | --- | --- | --- | --- | --- | --- | --- | --- | --- | --- | --- |
| | 9～10 | 6～8 | 1～5 | 9～10 | 6～8 | 1～5 | 9～10 | 6～8 | 1～5 | 9～10 | 6～8 | 1～5 |
| | 占总评的 10% | | | 占总评的 20% | | | 占总评的 30% | | | 占总评的 40% | | |
| 量具校验 | | | | | | | | | | | | |

（续表）

| 项目 | 自我评价 | | | 小组评价 | | | 教师评价 | | | 增值评价 | | |
|---|---|---|---|---|---|---|---|---|---|---|---|---|
| | 9～10 | 6～8 | 1～5 | 9～10 | 6～8 | 1～5 | 9～10 | 6～8 | 1～5 | 9～10 | 6～8 | 1～5 |
| | 占总评的10% | | | 占总评的20% | | | 占总评的30% | | | 占总评的40% | | |
| 规范检测 | | | | | | | | | | | | |
| 检测报告 | | | | | | | | | | | | |
| 整理现场 | | | | | | | | | | | | |
| 职业素养 | | | | | | | | | | | | |
| 小计 | | | | | | | | | | | | |
| 总评 | | | | | | | | | | | | |

## 2.3.7　检测相关知识

### 1. 基本偏差

1）基本偏差的确定

基本偏差是指靠近零线的那个偏差，它可以是上极限偏差，也可以是下极限偏差。

标准公差与
基本偏差

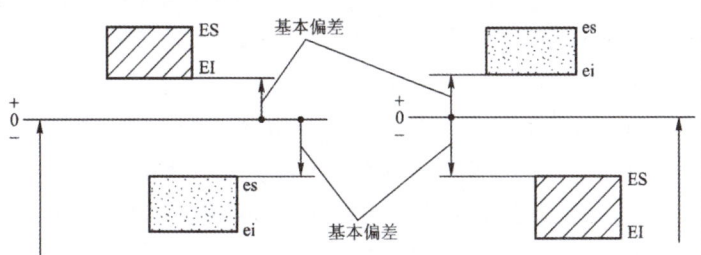

为了满足不同配合性质的需要，国标对孔、轴公差带位置予以标准化。当公差带在零线上方时，其下极限偏差为基本偏差；当公差带在零线下方时，其上极限偏差为基本偏差。基本偏差示意图如图 2-39 所示。

图 2-39　基本偏差示意图

2）基本偏差代号

国标规定了孔、轴各 28 种公差带的位置，分别用不同的拉丁字母表示。基本偏差代号用拉丁字母按顺序排列表示，大写的字母代表孔，小写的字母代表轴。为避免混淆，基本偏差代号不用字母 I、L、O、Q、W（i、1、o、q、w），同时增加 CD、EF、FG、JS、ZA、ZB、ZC（cd、ef、fg、js、za、zb、zc）7 个双字母，共 28 个。基本偏差系列如图 2-40 所示。

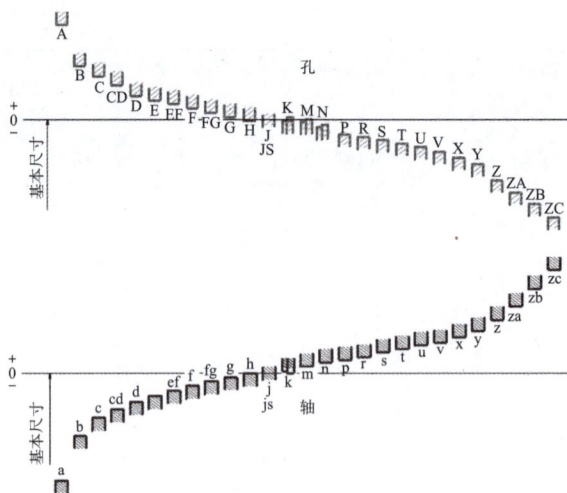

图 2-40 　基本偏差系列

3）基本偏差表

国标对轴、孔的基本偏差值也做了规定：公称尺寸≤500mm 的轴的基本偏差数值见表 2-16（详见附表 1），公称尺寸≤500mm 的孔的基本偏差数值见表 2-17（详见附表 2）。

由图 2-40 和表 2-16 可以看出：

（1）a～h 段基本偏差是上极限偏差（es），为负值，其绝对值依次减小，其中 h 的上极限偏差 es＝0。当公称尺寸大于 10mm 时，未列出 cd、ef、fg 3 个基本偏差。js 的基本偏差为上极限偏差或下极限偏差。因为 js 的标准公差带对称分布在零线两侧，即 es＝＋IT/2 或 ei＝－IT/2，所以代号 js 的基本偏差认为是上极限偏差或下极限偏差都可以。因此，在图 2-40 中 js 并没标出基本偏差的位置封线（两端都开口），在表中偏差＝±IT$_n$/2。

（2）j～zc 段基本偏差是下极限偏差（ei），j 是负值，k～zc 是正值，其绝对值依次增大。原则上，基本偏差与公差等级无关，但有少数基本偏差对不同的公差等级使用不同的数值。例如，j 在 5、6 级时使用一种数值，在 7 级时使用一种数值，8 级只在公称尺寸不大于 3mm 时有数值，公称尺寸大于 3mm 时不用这个基本偏差。图 2-40 中没有单独列出 j 的具体位置，这是因为 js 将逐渐取代 j。图 2-40 中 k 表示两个位置，这是因为 k 在 4～7 级范围内使用一种数值，而其他公差等级的基本偏差值是零。

由图 2-40 和表 2-17 可以看出：

（1）A～H 段基本偏差是下极限偏差（EI），为正值，其绝对值依次减小，其中 H 的下极限偏差 EI＝0。当公称尺寸大于 10mm 时，未列出 CD、EF、FG 3 个基本偏差。JS 的基本偏差为上极限偏差或下极限偏差，因为 JS 的标准公差带对称分布在零线两侧，即 ES＝＋IT/2 或 EI＝－IT/2，所以代号 JS 的基本偏差认为是上极限偏差或者是下极限偏差都可以。因此，图 2-40 中的 JS 并没有标出基本偏差的位置封线（两端都开口），在表中偏差＝±IT$_n$/2。

表 2-16 轴的基本偏差值（单位：μm）

说明：js 栏 偏差 = $\pm IT_n/2$，式中 $IT_n$ 是 IT 值数。j 栏按公差等级 IT5和IT6、IT7、IT8 分列；k 栏按 IT4~IT7、≤IT5 >IT6 分列。a~h 为上极限偏差 es，j~zc 为下极限偏差 ei。

| 公称尺寸/mm 大于 | 至 | a | b | c | cd | d | e | ef | f | fg | g | h | j IT5和IT6 | j IT7 | k IT4~IT7 | k ≤IT5>IT6 | m | n | p | r | s | t | u | v | x | y | z | za | zb | zc |
|---|---|---|---|---|---|---|---|---|---|---|---|---|---|---|---|---|---|---|---|---|---|---|---|---|---|---|---|---|---|---|
| — | 3 | -270 | -140 | -60 | -34 | -20 | -14 | -10 | -6 | -4 | -2 | 0 | -2 | -4 | 0 | 0 | +2 | +4 | +6 | +10 | +14 | | +18 | | +20 | | +26 | +32 | +40 | +60 |
| 3 | 6 | -270 | -140 | -70 | -46 | -30 | -20 | -14 | -10 | -6 | -4 | 0 | -2 | -4 | +1 | 0 | +4 | +8 | +12 | +15 | +19 | | +23 | | +28 | | +35 | +42 | +50 | +80 |
| 6 | 10 | -280 | -150 | -80 | -56 | -40 | -25 | -18 | -13 | -8 | -5 | 0 | -2 | -5 | +1 | 0 | +6 | +10 | +15 | +19 | +23 | | +28 | | +34 | | +42 | +52 | +67 | +97 |
| 10 | 14 | -290 | -150 | -95 | | -50 | -32 | | -16 | | -6 | 0 | -3 | -6 | +1 | 0 | +7 | +12 | +18 | +23 | +28 | | +33 | | +40 | | +50 | +64 | +90 | +130 |
| 14 | 18 | -290 | -150 | -95 | | -50 | -32 | | -16 | | -6 | 0 | -3 | -6 | +1 | 0 | +7 | +12 | +18 | +23 | +28 | | +33 | +39 | +45 | | +60 | +77 | +108 | +150 |
| 18 | 24 | -300 | -160 | -110 | | -65 | -40 | | -20 | | -7 | 0 | -4 | -8 | +2 | 0 | +8 | +15 | +22 | +28 | +35 | | +41 | +47 | +54 | +63 | +73 | +98 | +136 | +188 |
| 24 | 30 | -300 | -160 | -110 | | -65 | -40 | | -20 | | -7 | 0 | -4 | -8 | +2 | 0 | +8 | +15 | +22 | +28 | +35 | +41 | +48 | +55 | +64 | +75 | +88 | +118 | +160 | +218 |
| 30 | 40 | -310 | -170 | -120 | | -80 | -50 | | -25 | | -9 | 0 | -5 | -10 | +2 | 0 | +9 | +17 | +26 | +34 | +43 | +48 | +60 | +68 | +80 | +94 | +112 | +148 | +200 | +274 |
| 40 | 50 | -320 | -180 | -130 | | -80 | -50 | | -25 | | -9 | 0 | -5 | -10 | +2 | 0 | +9 | +17 | +26 | +34 | +43 | +54 | +70 | +81 | +97 | +114 | +136 | +180 | +242 | +325 |
| 50 | 65 | -340 | -190 | -140 | | -100 | -60 | | -30 | | -10 | 0 | -7 | -12 | +2 | 0 | +11 | +20 | +32 | +41 | +53 | +66 | +87 | +102 | +122 | +144 | +172 | +226 | +300 | +405 |
| 65 | 80 | -360 | -200 | -150 | | -100 | -60 | | -30 | | -10 | 0 | -7 | -12 | +2 | 0 | +11 | +20 | +32 | +43 | +59 | +75 | +102 | +120 | +146 | +174 | +210 | +274 | +360 | +480 |
| 80 | 100 | -380 | -220 | -170 | | -120 | -72 | | -36 | | -12 | 0 | -9 | -15 | +3 | 0 | +13 | +23 | +37 | +51 | +71 | +91 | +124 | +146 | +178 | +214 | +258 | +335 | +445 | +585 |
| 100 | 120 | -410 | -240 | -180 | | -120 | -72 | | -36 | | -12 | 0 | -9 | -15 | +3 | 0 | +13 | +23 | +37 | +54 | +79 | +104 | +144 | +172 | +210 | +256 | +310 | +400 | +525 | +690 |
| 120 | 140 | -460 | -260 | -200 | | -145 | -85 | | -43 | | -14 | 0 | -11 | -18 | +3 | 0 | +15 | +27 | +43 | +63 | +92 | +122 | +170 | +202 | +248 | +300 | +365 | +470 | +620 | +800 |
| 140 | 160 | -520 | -280 | -210 | | -145 | -85 | | -43 | | -14 | 0 | -11 | -18 | +3 | 0 | +15 | +27 | +43 | +65 | +100 | +134 | +190 | +228 | +280 | +340 | +415 | +535 | +700 | +900 |
| 160 | 180 | -580 | -310 | -230 | | -145 | -85 | | -43 | | -14 | 0 | -11 | -18 | +3 | 0 | +15 | +27 | +43 | +68 | +108 | +146 | +210 | +252 | +310 | +380 | +465 | +600 | +780 | +1000 |
| 180 | 200 | -660 | -340 | -240 | | -170 | -100 | | -50 | | -15 | 0 | -13 | -21 | +4 | 0 | +17 | +31 | +50 | +77 | +122 | +166 | +236 | +284 | +350 | +425 | +520 | +670 | +880 | +1150 |
| 200 | 225 | -740 | -380 | -260 | | -170 | -100 | | -50 | | -15 | 0 | -13 | -21 | +4 | 0 | +17 | +31 | +50 | +80 | +130 | +180 | +258 | +310 | +385 | +470 | +575 | +740 | +960 | +1250 |
| 225 | 250 | -820 | -420 | -280 | | -170 | -100 | | -50 | | -15 | 0 | -13 | -21 | +4 | 0 | +17 | +31 | +50 | +84 | +140 | +196 | +284 | +340 | +425 | +520 | +640 | +820 | +1050 | +1350 |
| 250 | 280 | -920 | -480 | -300 | | -190 | -110 | | -56 | | -17 | 0 | -16 | -26 | +4 | 0 | +20 | +34 | +56 | +94 | +158 | +218 | +315 | +385 | +475 | +580 | +710 | +920 | +1200 | +1500 |
| 280 | 315 | -1050 | -540 | -330 | | -190 | -110 | | -56 | | -17 | 0 | -16 | -26 | +4 | 0 | +20 | +34 | +56 | +98 | +170 | +240 | +350 | +425 | +525 | +650 | +790 | +1000 | +1300 | +1700 |
| 315 | 355 | -1200 | -600 | -360 | | -210 | -125 | | -62 | | -18 | 0 | -18 | -28 | +4 | 0 | +21 | +37 | +62 | +108 | +190 | +268 | +390 | +475 | +590 | +730 | +900 | +1150 | +1500 | +1900 |
| 355 | 400 | -1350 | -680 | -400 | | -210 | -125 | | -62 | | -18 | 0 | -18 | -28 | +4 | 0 | +21 | +37 | +62 | +114 | +208 | +294 | +435 | +530 | +660 | +820 | +1000 | +1300 | +1650 | +2100 |
| 400 | 450 | -1500 | -760 | -440 | | -230 | -135 | | -68 | | -20 | 0 | -20 | -32 | +5 | 0 | +23 | +40 | +68 | +126 | +232 | +330 | +490 | +595 | +740 | +920 | +1100 | +1450 | +1850 | +2400 |
| 450 | 500 | -1650 | -840 | -480 | | -230 | -135 | | -68 | | -20 | 0 | -20 | -32 | +5 | 0 | +23 | +40 | +68 | +132 | +252 | +360 | +540 | +660 | +820 | +1000 | +1250 | +1600 | +2100 | +2600 |

注：1. 摘自《产品几何技术（GPS）线性尺寸公差 ISO 代号体系 第 1 部分：公差、偏差和配合的基础》（GB/T 1800.1—2020）。

2. 当公称尺寸小于或等于 1mm 时，基本偏差 a 和 b 均不采用。公差带 js7~js11，若 $IT_n$ 值是奇数，则取偏差 $= \pm\dfrac{IT_n-1}{2}$。

## 表 2-17 孔的基本偏差值（单位：μm）

基本偏差数值中：下极限偏差 EI 适用于所有标准公差等级；上极限偏差 ES 中 J 栏按 IT6/IT7/IT8，K、M、N 栏按 ≤IT8/>IT8，P 至 ZC 栏为 ≤IT7。JS 栏偏差 = ±$IT_n/2$（式中 $IT_n$ 是 IT 值数）。P 至 ZC（≤IT7）：在大于 IT7 的相应数值上增加一个 Δ 值。

| 公称尺寸/mm 大于 | 至 | A | B | C | CD | D | E | EF | F | FG | G | H | J IT6 | J IT7 | J IT8 | K ≤IT8 | K >IT8 | M ≤IT8 | M >IT8 | N ≤IT8 | N >IT8 | P | R | S | T | U | V | X | Y | Z | ZA | ZB | ZC | Δ IT3 | IT4 | IT5 | IT6 | IT7 | IT8 |
|---|---|---|---|---|---|---|---|---|---|---|---|---|---|---|---|---|---|---|---|---|---|---|---|---|---|---|---|---|---|---|---|---|---|---|---|---|---|---|---|
| — | 3 | +270 | +140 | +60 | +34 | +20 | +14 | +10 | +6 | +4 | +2 | 0 | +2 | +4 | +6 | 0 | 0 | -2 | -2 | -4 | -4 | -6 | -10 | -14 |  | -18 |  | -20 |  | -26 | -32 | -40 | -60 | 0 | 0 | 0 | 0 | 0 | 0 |
| 3 | 6 | +270 | +140 | +70 | +46 | +30 | +20 | +14 | +10 | +6 | +4 | 0 | +5 | +6 | +10 | -1+Δ | 0 | -4+Δ | -4 | -8+Δ | 0 | -12 | -15 | -19 |  | -23 |  | -28 |  | -35 | -42 | -50 | -80 | 1 | 1.5 | 1 | 3 | 4 | 6 |
| 6 | 10 | +280 | +150 | +80 | +56 | +40 | +25 | +18 | +13 | +8 | +5 | 0 | +5 | +8 | +12 | -1+Δ | 0 | -6+Δ | -6 | -10+Δ | 0 | -15 | -19 | -23 |  | -28 |  | -34 |  | -42 | -52 | -67 | -97 | 1 | 1.5 | 2 | 3 | 6 | 7 |
| 10 | 14 | +290 | +150 | +95 |  | +50 | +32 |  | +16 |  | +6 | 0 | +6 | +10 | +15 | -1+Δ | 0 | -7+Δ | -7 | -12+Δ | 0 | -18 | -23 | -28 |  | -33 |  | -40 |  | -50 | -64 | -90 | -130 | 1 | 2 | 3 | 3 | 7 | 9 |
| 14 | 18 | +290 | +150 | +95 |  | +50 | +32 |  | +16 |  | +6 | 0 | +6 | +10 | +15 | -1+Δ | 0 | -7+Δ | -7 | -12+Δ | 0 | -18 | -23 | -28 |  | -33 | -39 | -45 |  | -60 | -77 | -108 | -150 | 1 | 2 | 3 | 3 | 7 | 9 |
| 18 | 24 | +300 | +160 | +110 |  | +65 | +40 |  | +20 |  | +7 | 0 | +8 | +12 | +20 | -2+Δ | 0 | -8+Δ | -8 | -15+Δ | 0 | -22 | -28 | -35 |  | -41 | -47 | -54 | -63 | -73 | -98 | -136 | -188 | 1.5 | 2 | 3 | 4 | 8 | 12 |
| 24 | 30 | +300 | +160 | +110 |  | +65 | +40 |  | +20 |  | +7 | 0 | +8 | +12 | +20 | -2+Δ | 0 | -8+Δ | -8 | -15+Δ | 0 | -22 | -28 | -35 | -41 | -48 | -55 | -64 | -75 | -88 | -118 | -160 | -218 | 1.5 | 2 | 3 | 4 | 8 | 12 |
| 30 | 40 | +310 | +170 | +120 |  | +80 | +50 |  | +25 |  | +9 | 0 | +10 | +14 | +24 | -2+Δ | 0 | -9+Δ | -9 | -17+Δ | 0 | -26 | -34 | -43 | -48 | -60 | -68 | -80 | -94 | -112 | -148 | -200 | -274 | 1.5 | 3 | 4 | 5 | 9 | 14 |
| 40 | 50 | +320 | +180 | +130 |  | +80 | +50 |  | +25 |  | +9 | 0 | +10 | +14 | +24 | -2+Δ | 0 | -9+Δ | -9 | -17+Δ | 0 | -26 | -34 | -43 | -54 | -70 | -81 | -97 | -114 | -136 | -180 | -242 | -325 | 1.5 | 3 | 4 | 5 | 9 | 14 |
| 50 | 65 | +340 | +190 | +140 |  | +100 | +60 |  | +30 |  | +10 | 0 | +13 | +18 | +28 | -2+Δ | 0 | -11+Δ | -11 | -20+Δ | 0 | -32 | -41 | -53 | -66 | -87 | -102 | -122 | -144 | -172 | -226 | -300 | -405 | 2 | 3 | 5 | 6 | 11 | 16 |
| 65 | 80 | +360 | +200 | +150 |  | +100 | +60 |  | +30 |  | +10 | 0 | +13 | +18 | +28 | -2+Δ | 0 | -11+Δ | -11 | -20+Δ | 0 | -32 | -43 | -59 | -75 | -102 | -120 | -146 | -174 | -210 | -274 | -360 | -480 | 2 | 3 | 5 | 6 | 11 | 16 |
| 80 | 100 | +380 | +220 | +170 |  | +120 | +72 |  | +36 |  | +12 | 0 | +16 | +22 | +34 | -3+Δ | 0 | -13+Δ | -13 | -23+Δ | 0 | -37 | -51 | -71 | -91 | -124 | -146 | -178 | -214 | -258 | -335 | -445 | -585 | 2 | 4 | 5 | 7 | 13 | 19 |
| 100 | 120 | +410 | +240 | +180 |  | +120 | +72 |  | +36 |  | +12 | 0 | +16 | +22 | +34 | -3+Δ | 0 | -13+Δ | -13 | -23+Δ | 0 | -37 | -54 | -79 | -104 | -144 | -172 | -210 | -254 | -310 | -400 | -525 | -690 | 2 | 4 | 5 | 7 | 13 | 19 |
| 120 | 140 | +460 | +260 | +200 |  | +145 | +85 |  | +43 |  | +14 | 0 | +18 | +26 | +41 | -3+Δ | 0 | -15+Δ | -15 | -27+Δ | 0 | -43 | -63 | -92 | -122 | -170 | -202 | -248 | -300 | -365 | -470 | -620 | -800 | 3 | 4 | 6 | 7 | 15 | 23 |
| 140 | 160 | +520 | +280 | +210 |  | +145 | +85 |  | +43 |  | +14 | 0 | +18 | +26 | +41 | -3+Δ | 0 | -15+Δ | -15 | -27+Δ | 0 | -43 | -65 | -100 | -134 | -190 | -228 | -280 | -340 | -415 | -535 | -700 | -900 | 3 | 4 | 6 | 7 | 15 | 23 |
| 160 | 180 | +580 | +310 | +230 |  | +145 | +85 |  | +43 |  | +14 | 0 | +18 | +26 | +41 | -3+Δ | 0 | -15+Δ | -15 | -27+Δ | 0 | -43 | -68 | -108 | -146 | -210 | -252 | -310 | -380 | -465 | -600 | -780 | -1000 | 3 | 4 | 6 | 7 | 15 | 23 |
| 180 | 200 | +660 | +340 | +240 |  | +170 | +100 |  | +50 |  | +15 | 0 | +22 | +30 | +47 | -4+Δ | 0 | -17+Δ | -17 | -31+Δ | 0 | -50 | -77 | -122 | -166 | -236 | -284 | -350 | -425 | -520 | -670 | -880 | -1150 | 3 | 4 | 6 | 9 | 17 | 26 |
| 200 | 225 | +740 | +380 | +260 |  | +170 | +100 |  | +50 |  | +15 | 0 | +22 | +30 | +47 | -4+Δ | 0 | -17+Δ | -17 | -31+Δ | 0 | -50 | -80 | -130 | -180 | -258 | -310 | -385 | -470 | -575 | -740 | -960 | -1250 | 3 | 4 | 6 | 9 | 17 | 26 |
| 225 | 250 | +820 | +420 | +280 |  | +170 | +100 |  | +50 |  | +15 | 0 | +22 | +30 | +47 | -4+Δ | 0 | -17+Δ | -17 | -31+Δ | 0 | -50 | -84 | -140 | -196 | -284 | -340 | -425 | -520 | -640 | -820 | -1050 | -1350 | 3 | 4 | 6 | 9 | 17 | 26 |
| 250 | 280 | +920 | +480 | +300 |  | +190 | +110 |  | +56 |  | +17 | 0 | +25 | +36 | +55 | -4+Δ | 0 | -20+Δ | -20 | -34+Δ | 0 | -56 | -94 | -158 | -218 | -315 | -385 | -475 | -580 | -710 | -920 | -1200 | -1550 | 4 | 4 | 7 | 9 | 20 | 29 |
| 280 | 315 | +1050 | +540 | +330 |  | +190 | +110 |  | +56 |  | +17 | 0 | +25 | +36 | +55 | -4+Δ | 0 | -20+Δ | -20 | -34+Δ | 0 | -56 | -98 | -170 | -240 | -350 | -425 | -525 | -650 | -790 | -1000 | -1300 | -1700 | 4 | 4 | 7 | 9 | 20 | 29 |
| 315 | 355 | +1200 | +600 | +360 |  | +210 | +125 |  | +62 |  | +18 | 0 | +29 | +39 | +60 | -4+Δ | 0 | -21+Δ | -21 | -37+Δ | 0 | -62 | -108 | -190 | -268 | -390 | -475 | -590 | -730 | -900 | -1150 | -1500 | -1900 | 4 | 5 | 7 | 11 | 21 | 32 |
| 355 | 400 | +1350 | +680 | +400 |  | +210 | +125 |  | +62 |  | +18 | 0 | +29 | +39 | +60 | -4+Δ | 0 | -21+Δ | -21 | -37+Δ | 0 | -62 | -114 | -208 | -294 | -435 | -530 | -660 | -820 | -1000 | -1300 | -1650 | -2100 | 4 | 5 | 7 | 11 | 21 | 32 |
| 400 | 450 | +1500 | +760 | +440 |  | +230 | +135 |  | +68 |  | +20 | 0 | +33 | +43 | +66 | -5+Δ | 0 | -23+Δ | -23 | -40+Δ | 0 | -68 | -126 | -232 | -330 | -490 | -595 | -740 | -920 | -1100 | -1450 | -1850 | -2400 | 5 | 5 | 7 | 13 | 23 | 34 |
| 450 | 500 | +1650 | +840 | +480 |  | +230 | +135 |  | +68 |  | +20 | 0 | +33 | +43 | +66 | -5+Δ | 0 | -23+Δ | -23 | -40+Δ | 0 | -68 | -132 | -252 | -360 | -540 | -660 | -820 | -1000 | -1250 | -1600 | -2100 | -2600 | 5 | 5 | 7 | 13 | 23 | 34 |

注：
1. 摘自《产品几何技术（GPS）线性尺寸公差 ISO 代号体系 第 1 部分：公差、偏差和配合的基础》（GB/T 1800.1—2020）。

2. 当公称尺寸小于或等于 1mm 时，基本偏差 A 和 B 及大于 IT8 的 N 均不采用。公差带 JS7~JS11，若 $IT_n$ 值数是奇数，则取偏差 = $\pm\dfrac{IT_n-1}{2}$。

3. 对小于或等于 IT8 的 K、M、N 和小于或等于 IT7 的 P 至 ZC，所需 Δ 值从表内右侧选取。例如，18~30mm 段的 K7，Δ=8μm，所以 ES=-2+8=+6（μm）；18~30mm 段的 S6，Δ=4μm，所以 ES=-35+4=-31（μm）。特殊情况：250~315mm 段的 M6，ES=-9μm（代替 -11μm）。

（2）J～ZC 段基本偏差是上极限偏差（ES），J 是正值，K～ZC 是负值，其绝对值依次增大。由表 2-17 可以看出，从 J～ZC 段，孔的基本偏差数值因公差等级不同而不同。由于 JS 将取代 J，故只保留 6、7、8 这 3 个公差等级。

孔的基本偏差是从轴的基本偏差换算得来的，A～H 段孔的基本偏差与 a～h 段轴的基本偏差的绝对值相等，但符号相反，呈对称关系。因此，条件相同时，孔和轴正好对称分布在零线的两侧，即孔的基本偏差是轴的基本偏差相对零线的倒影。但是，J～ZC 则不完全如此。

基本偏差系列图只表示公差带的位置，并不能表示公差带的大小，因此，在图中只画出公差带基本偏差一端（用直线封堵），而另一端是开口的。显然，公差带的另一端取决于各级标准公差的大小。

附表 3、附表 4 为公称尺寸≤500mm 的轴、孔的极限偏差。查这两个表可得到轴、孔的上、下极限偏差值。

### 2. 内径百分表

内径百分表是用相对法测量内孔的一种常用量具，一般用于精密加工、质量检测等领域。

1）内径百分表的结构

内径百分表由指示表和专用表架组成，用于测量孔的直径和孔的几何误差，特别适合进行深孔的测量。杠杆式内径百分表结构如图 2-41 所示。

内径百分表的
读数与使用

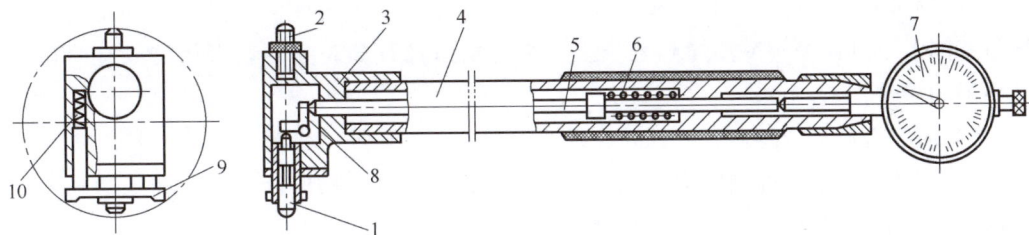

**图 2-41　杠杆式内径百分表结构**

1—活动测头；2—可换测头；3—测头主体；4—套管；5—传动杆；
6—弹簧；7—百分表；8—杠杆；9—定位装置；10—弹簧

图 2-41 所示杠杆式内径百分表主体件是一个三通管，在一端装有活动测头，另一端装可换测头，管口的一端通过直管安装百分表，弹簧是控制测量力的。杠杆式内径百分表的测量杆与传动杆始终接触。测量时，活动测头被零件压缩而移动，使等臂杠杆回转，并通过传动杆推动百分表的测量杆，使百分表指针回转，将测量结果反映到内径百分表上。

粗加工时，最好先用游标卡尺测量。因为内径百分表同其他精密量具一样属于贵重仪器，其精度直接影响零件的加工精度和使用寿命，而粗加工时零件加工表面粗糙不平，易磨损测头，所以进行精加工时才能使用内径百分表。

2）内径百分表的测量原理

用内径百分表测量孔径是一种相对的测量方法。测量前应根据被测孔径的大小，在外径千分尺或其他精度较高的量具上调整好尺寸。因此，在内径百分表上测得的数值是被测孔径的实际（组成）要素与标准尺寸之差。使用内径百分表时，若指针正好指在零线上，说明被测孔径与标准孔径尺寸相等；若指针顺时针方向偏转，则表示被测孔径小于标准孔径；反之则表示被测孔径大于标准孔径。

内径百分表备有一套长短不同的测头，可根据被测孔径大小选择更换。

3）内径百分表的对表方法

（1）应根据被测孔径的公称尺寸选用固定测头的长度，并将测头装入测量杆的螺孔，锁紧螺母。

（2）装拆表头要松开直管上端的锁紧螺母，将指示表装入直管。这时要给指示表的指针一个预压力，使其压缩一圈左右，不可硬性插入或拔出，装好后应紧固。

（3）将外径千分尺调节至被测孔的公称尺寸，并锁紧外径千分尺。

（4）校表。把内径百分表测头置于外径千分尺的两测量面间并轻轻摆动，找到最小值处，转动表盘把内径百分表指针调到零位。

4）使用内径百分表的注意事项

（1）测量前，应检查测量杆活动的灵活性：轻轻推动测量杆时，测量杆在套筒内的移动应灵活，没有任何卡阻现象，每次当手松开后指针能回到原来的刻度位置。

（2）测量时，不可用力过大或过快地按压活动测头。不可使测量杆的行程超过它的测量范围，不可让表头突然撞到零位上，不可用内径百分表测量表面粗糙或有明显凹凸不平的零件。

（3）内径百分表应轻拿轻放，并经常校对零位，防止尺寸变动。

（4）读数时，应正确判断实际偏差的正、负值，表针按顺时针方向偏转未达到零点的读数为正值，超过零点的读数为负值。

## 2.3.8　知识拓展

### 1. 内测千分尺

内测千分尺是根据螺旋副传动原理进行读数的通用内尺寸测量工具。作为一种精密测量工具，内测千分尺主要用于光滑孔内径的检查。

1）内测千分尺的用途和结构

内测千分尺如图 2-42 所示。内测千分尺主要用于小于 50mm 的内径的测量。内测千分尺由主尺、副尺、粗调、微调、锁紧螺钉、测量头、校准块、钥匙组成。图 2-42 所示内测千分尺的测量范围为 5～30mm、精度为 0.01mm。

内测千分尺

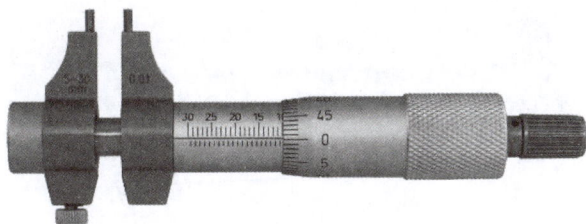

图 2-42　内测千分尺

2）内测千分尺的使用方法

（1）使用前观察外观有无影响测量的缺陷，如锈蚀、磨损、读数模糊等；转动粗调及微调部分，检查转动是否灵活，确保无卡阻现象，锁紧螺钉止动可靠，擦拭干净测量头及校准块。

（2）校零。使测量头处于最小位置，把校准块的中心孔垂直放入测量头，先转动粗调，目测校准块与测量头快接触时，再转动微调，直到内部棘轮发出"咔、咔"声为止，拧紧锁定螺钉，检查副尺的零刻线是否对准主尺 5mm。如果没对准，则使用钥匙转动主尺来调整对零。注意：对零时，务必先锁紧螺钉，否则副尺可能会意外转动，导致调零失败，最终测量数据误差就会变大。温度不同校零会有误差，建议在 20℃的环境中校零。

（3）不同序号的内测千分尺对应不同的校准块（校准块是指计量部门对该内测千分尺校准后的一个试块，是根据之前内测千分尺的具体使用情况而确定的精度），校准块不能混用。

（4）对部件进行测量。将部件内孔表面清洁干净，把测量部件内孔垂直放入测量头，先转动粗调，目测部件与测量头快接触时，再转动微调，直到内部棘轮发出"咔、咔"声为止，拧紧锁定螺钉，取下测量部件，正视量具读数。

（5）将内测千分尺归零。测量完毕及时归零，是为了让内部机构处于自然非受力状态，提高精度，延长工具使用寿命。

（6）使用结束后，将内测千分尺放入专用盒子。

## 2. 三点内径千分尺

1）三点内径千分尺的用途和结构

三点内径千分尺（图 2-43）也称三爪内测千分尺，因为测量头能伸出三个接触点或测量爪而得名。三点内径千分尺主要用于盲孔和通孔的精密测量，配有接长杆可用于深孔的测量。三点内径千分尺主要由测量头、测量座、调整螺钉、量杆和量具组成。图 2-43 所示为三点内径千分尺，其测量范围为 70～100mm、精度为 0.01mm。

三爪孔径千分尺的概述及读数方法

图 2-43　三点内径千分尺

2）三点内径千分尺的使用方法

为适应不同孔径尺寸的测量，可以装上接长杆。三点内径千分尺与接长杆是成套供应的，分度值为 0.01mm。连接时，只需将保护帽旋去，将接长杆的右端（具有内螺纹）旋在千分尺的左端即可。接长杆可以一个接一个地连接起来，测量范围最大可达到5000mm，但 50mm 以下的尺寸不能测量。选取接长杆时，尽可能选取数量最少的接长杆来组成所需的尺寸，以减少累积误差。在连接接长杆时，应按尺寸大小排列，尺寸最大的接长杆应与微分头连接。

三点内径千分尺上没有测力装置，测量压力的大小完全靠手的感觉。测量时，把三点内径千分尺调整到所测量的尺寸后，轻轻放入孔内试测其接触的松紧程度是否合适。一端不动，另一端左、右、前、后摆动。左右摆动时，必须细心地放在被测孔的直径方向，以点接触，即测量孔径的最大尺寸处（最大读数处）；前后摆动时，应在测量孔径的最小尺寸处（最小读数处）。只有按照这两个要求与孔壁轻轻接触，才能读出直径的正确数值。测量时，用力把三点内径千分尺压过孔径是错误的。这样做不但使测量面过早磨损，而且细长的测量杆弯曲变形后，既损伤量具精度，又使测量结果不准确。

3）三点内径千分尺的读数

三点内径千分尺的读数方法与外径千分尺一样，只不过外径千分尺是从左向右读，而三点内径千分尺是从右向左读。

## 2.3.9　练习与思考

### 1. 填空题

（1）内径百分表主要由可换测头、表体、直管、推杆弹簧、_____、_____、紧固螺母、推杆、等臂直角杠杆、活动测头、定位护桥、护桥弹簧等构成。

（2）基本偏差用_____表示，_____代表孔，_____代表轴。

（3）孔的基本偏差从_____至_____为下极限偏差，它们的绝对值依次_____。从_____至_____为上极限偏差，它们的绝对值依次_____。

（4）轴的基本偏差从_____到_____为上极限偏差，它们的绝对值依次减小；从_____到_____为下极限偏差，它们的数值依次_____。

（5）当公差带在零线上方时，其_____为基本偏差；当公差带在零线下方时，其

_____为基本偏差。

### 2. 判断题

(1)基本偏差可以是上偏差，也可以是下偏差，因此一个公差带的基本偏差可能出现两个。　　　　　　　　　　　　　　　　　　　　　　　　　　　　（　　）

(2)由于基本偏差为靠近零线的偏差，一般以数值小的偏差作为基本偏差。（　　）

(3)代号 H 和 h 的基本偏差数值都等于零。　　　　　　　　　　　（　　）

(4)代号 JS 和 js 形成的公差带为完全对称公差带，因此其上、下偏差相等。

　　　　　　　　　　　　　　　　　　　　　　　　　　　　　　　（　　）

(5)基本偏差的大小通常都与公差等级有关。　　　　　　　　　　　（　　）

### 3. 选择题

(1)基本偏差是（　　）。

  A. 上偏差　　　　　　　　　　　　　B. 下偏差

  C. 上偏差和下偏差　　　　　　　　　D. 上偏差或下偏差

(2)基本偏差代号为拉丁字母，大写为孔，小写为轴，共（　　）个。

  A. 25　　　　　　　　　　　　　　　B. 26

  C. 27　　　　　　　　　　　　　　　D. 28

(3)基本偏差表中的等级字母表示（　　）。

  A. 公差等级　　　　　　　　　　　　B. 尺寸等级

  C. 材料等级　　　　　　　　　　　　D. 基本偏差等级

(4)下列关于基本偏差的论述中，完全正确的是（　　）。

  A. 基本偏差数值大小取决于基本偏差代号

  B. 轴的基本偏差为下极限偏差

  C. 基本偏差的数值与公差等级有关

  D. 孔的基本偏差为上极限偏差

(5)下列关于基本偏差的叙述中，完全正确的是（　　）。

  A. 基本偏差只能是正值

  B. 基本偏差是指靠近零线的偏差，可以是上极限偏差，也可以是下极限偏差

  C. 孔和轴的基本偏差都用拉丁字母表示，大写字母表示轴，小写字母表示孔

  D. 根据国标规定，孔和轴的基本偏差各有 27 个

### 4. 综合题

分析图 2-44 所示的灯体零件图，选用合适的量具，并制订检测方案，检测该灯体的外径尺寸和内径尺寸。

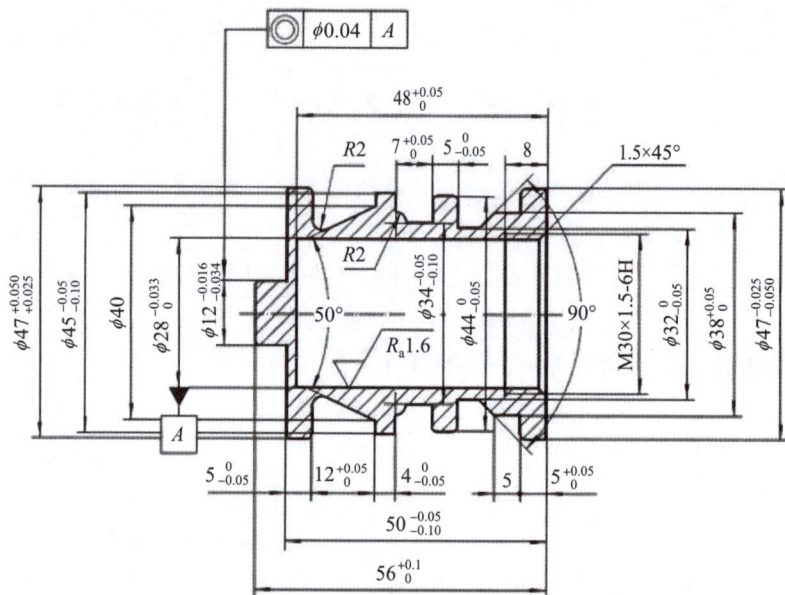

图 2-44　灯体零件图

# 任务四　活塞的尺寸精度与检测

为实现对活塞尺寸精度的精确检测，深入理解基本偏差的术语及其定义是基础。万能角度尺是检测活塞相关角度及锥度尺寸的重要工具，了解其结构与读数原理是正确使用的前提。

## 学习目标

**知识目标：**

(1)理解基本偏差的术语及其定义。

(2)了解万能角度尺的结构与读数原理。

(3)掌握万能角度尺的读数和使用方法。

(4)掌握锥度尺寸合格性的判断方法。

**技能目标：**

(1)能准确快速地识读零件图上的角度尺寸。

(2)能正确规范地使用万能角度尺进行测量。

(3)能合理制订检测零件锥度的方案。

(4)能正确处理锥度检测数据并分析检测结果。

**素养目标：**

(1)激发创新精神，树立家国情怀。

(2)协作攻克检测难题，培育团队合作精神。

(3)秉承科学严谨的学习态度，恪守职业操守。

## 2.4.1 任务描述

实习车间加工了一批活塞，在装配好后，发现活塞在工作过程中的运动速度较慢。请利用车间现有的量具，对这批活塞进行检测，分析其运动速度较慢的原因。

## 2.4.2 任务分析

燃烧缸零件是经过质检员检测合格的零件，其内孔的尺寸精度都是在公差范围之内的，工作时运动速度慢，可能有两种原因：一是燃烧室的容积不够，导致燃烧释放的能量不够；二是活塞的外直径与缸体配合的问题。本问题在于活塞的头部锥度与直径是否在公差范围之内，因此检测活塞头部的锥度是解决问题的关键。图2-45所示为活塞的尺寸精度检测流程，图2-46所示为活塞图纸，图2-47所示为活塞实物图。

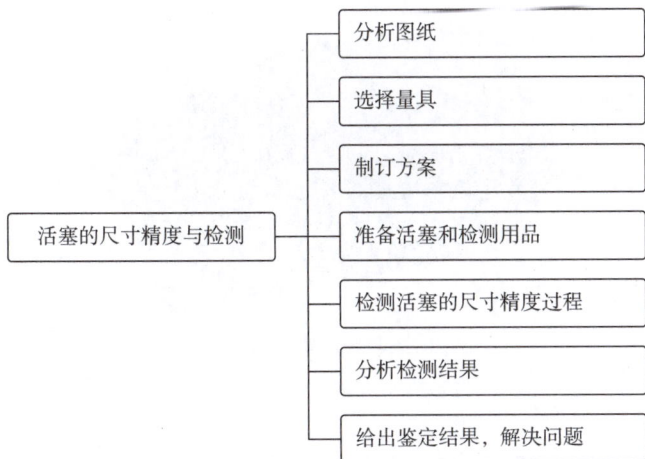

图 2-45 活塞的尺寸精度检测流程

### 1. 分析图纸

活塞上的尺寸较多：活塞上的两个矩形槽，槽宽为2mm，两个槽的间距为2mm；活塞外径为(18.5±0.021)mm，长度为30.3mm。

我们要重点检测活塞的外径(18.5±0.021)mm和头部锥度(140.732°)，尤其是锥度，因为它关系到活塞工作时运动的速度。

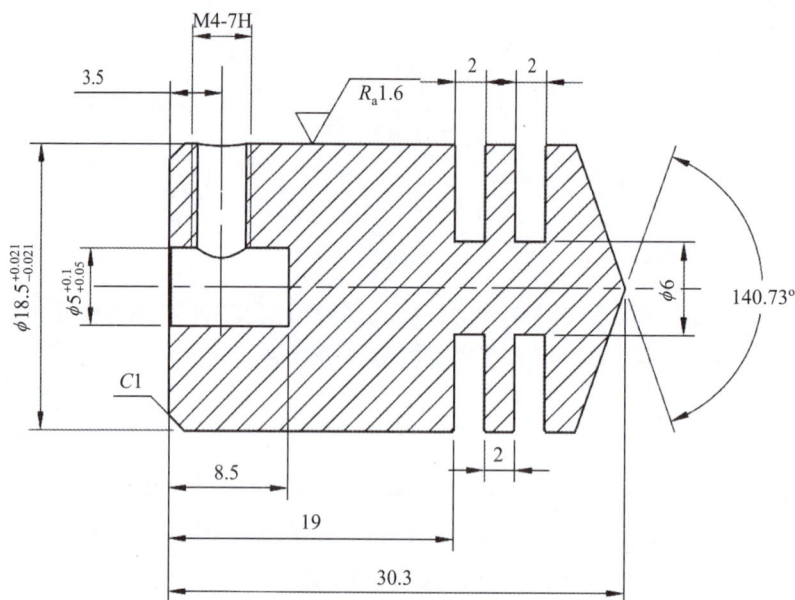

图 2-46 活塞图纸

图 2-47 活塞实物图

## 2. 选择量具

槽的间距为 2mm，活塞长度为 30.3mm，属于一般公差，可选用精度为 0.02mm、测量范围为 0～200mm 的游标卡尺进行测量。

活塞的外径为（18.5±0.021）mm，公称尺寸为 0～25mm，可选用精度为 0.01mm、测量范围为 0～25mm 的外径千分尺进行测量。

对于活塞头部锥度（140.732°），角度较大，可选用精度为 2′ 的万能角度尺（图 2-48）进行测量。

图 2-48 万能角度尺

## 2.4.3 制订方案

一般公差极限偏差的具体数值根据公差等级和公称尺寸的大小可在一般公差的极限偏差列表中查得，其余尺寸公差值可在零件图中查询。请同学们根据查询的数值填写表 2-18。

表 2-18 活塞测量方案(单位:mm)

| 检测项目 | 尺寸 | 极限偏差数值 | 极限尺寸数值 | 量具 |
|---|---|---|---|---|
| 长度 | 30.3 | | | |
| | 2 | | | |
| 外径 | 18.5 | | | |
| 锥度 | 140.732° | | | |

## 2.4.4 任务实施

(1)准备好活塞和万能角度尺。

(2)用全棉布清洁万能角度尺和活塞等。

(3)检查、校对万能角度尺。

(4)根据被测角度的大小，调整好万能角度尺。

(5)松开万能角度尺锁紧装置，使其两个测量边与被测零件的角度边贴紧，目测无可见光隙透过，锁紧后读数，做好测量记录，填写表 2-19。

表 2-19  活塞测量记录表(单位:mm)

| 检测项目 | 尺寸 | 第一次测量 | 第二次测量 | 第三次测量 | 平均值 |
|---|---|---|---|---|---|
| 长度 | 30.3 | | | | |
| | 2 | | | | |
| 外径 | 18.5 | | | | |
| 锥度 | 140.732° | | | | |

(6)测量完毕后,应把万能角度尺擦拭干净,然后放回盒内。如果万能角度尺长时间不用,需要涂抹防锈油。

## 2.4.5  鉴定结论

(1)将检测数据的平均值填到表 2-20 中,处理检测数据。

表 2-20  检测数据表(单位:mm)

| 检测项目 | 尺寸 | 极限尺寸数值 | 测量平均值 | 结论 |
|---|---|---|---|---|
| 直径 | 30.3 | 30.0~30.3 | | |
| | 2 | 1.9~2.1 | | |
| 长度 | 18.5 | 18.479~18.521 | | |
| 高度 | 140.732° | 139.732°~ 141.732° | | |

(2)给出鉴定结论,解决问题,完成任务。

## 2.4.6  任务评价

任务结束后,根据本次任务的完成情况,认真填写表 2-21。

表 2-21  任务评价表

| 项目 | 自我评价 | | | 小组评价 | | | 教师评价 | | | 增值评价 | | |
|---|---|---|---|---|---|---|---|---|---|---|---|---|
| | 9~10 | 6~8 | 1~5 | 9~10 | 6~8 | 1~5 | 9~10 | 6~8 | 1~5 | 9~10 | 6~8 | 1~5 |
| | 占总评的10% | | | 占总评的20% | | | 占总评的30% | | | 占总评的40% | | |
| 量具校验 | | | | | | | | | | | | |
| 规范检测 | | | | | | | | | | | | |
| 检测报告 | | | | | | | | | | | | |
| 整理现场 | | | | | | | | | | | | |
| 职业素养 | | | | | | | | | | | | |

（续表）

| 项目 | 自我评价 | | | 小组评价 | | | 教师评价 | | | 增值评价 | | |
|---|---|---|---|---|---|---|---|---|---|---|---|---|
| | 9～10 | 6～8 | 1～5 | 9～10 | 6～8 | 1～5 | 9～10 | 6～8 | 1～5 | 9～10 | 6～8 | 1～5 |
| | 占总评的 10% | | | 占总评的 20% | | | 占总评的 30% | | | 占总评的 40% | | |
| 小计 | | | | | | | | | | | | |
| 总评 | | | | | | | | | | | | |

## 2.4.7　检测相关知识

### 1. 公差带的术语及其定义

1）公差带

表示零件的尺寸相对其公称尺寸所允许的变动范围，称为公差带。用图表示的公差带称为公差带图如图 2-49 所示。公差带图包括公差带的大小和公差带位置两部分。

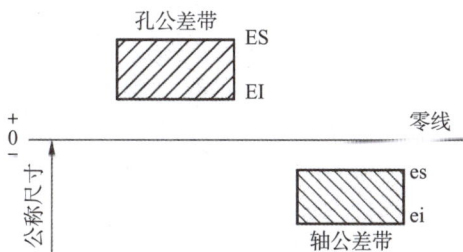

**图 2-49　公差带图**

在公差带图中，公差带为由代表上极限偏差和下极限偏差或上极限尺寸和下极限尺寸的两条直线所限定的一个区域。

上、下极限偏差之间的宽度表示公差带的大小，即公差值。

公差带的大小是由标准公差确定的，公差带的位置是由基本偏差确定的。

2）零线

在公差带图中，表示公称尺寸的一条直线称为零线，以其为基准确定偏差和公差。画公差带图时，先画出零线，然后根据上、下极限偏差的大小分别画出孔、轴的公差带。画孔、轴公差带时均需绘出剖面线，孔、轴公差带的剖面线相反。因为公差数值与零件尺寸的数值相差很大，难以用相同比例画出，为了简化和方便分析，通常只将公差部分按比例放大画出（放大比例为 500∶1 或 1000∶1），而不必画出孔和轴的全部。这对研究零件公差和分析零件配合性质是十分方便和清晰的。

常用尺寸公差带与配合

### 2. 万能角度尺

1）万能角度尺的用途和结构

万能角度尺又被称为角度规、游标角度尺和万能量角器，是测量工件内外角或进行划线的一种角度量具。万能角度尺适用于机械加工中的内、外角度测量，可测 0°～320° 的外角及 40°～130° 的内角。万能角度尺结构如图 2-50 所示。

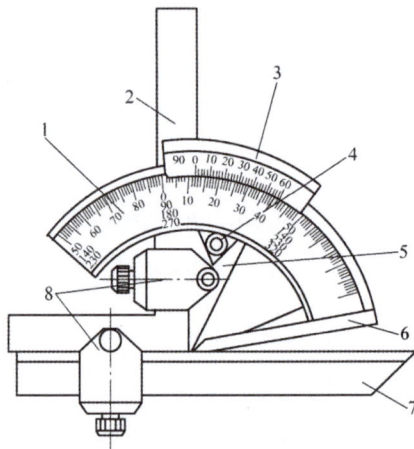

图 2-50  万能角度尺结构

1—主尺；2—角尺；3—游标尺；4—制动头；5—扇形板；6—基尺；7—直尺；8—卡块

2）万能角度尺的刻线原理

万能角度尺的读数机构是根据游标原理制成的。主尺刻线每格为 1°，游标的刻线取主尺的 29° 等分为 30 格，因此游标刻线角格为 29°/30 = 58′，即主尺与游标一格的差值为 60′−58′ = 2′，也就是说，万能角度尺读数准确度为 2′。

3）万能角度尺的使用方法

测量时，根据产品被测部位的情况，先调整好角尺或直尺的位置，用卡块上的螺钉把它们紧固好，再调整基尺测量面与其他有关测量面之间的夹角。这时，要先松开制动头上的螺母，移动主尺做粗调整；然后转动扇形板背面的微动装置做细调整，直到两个测量面与被测表面密切贴合为止；最后拧紧制动器上的螺母，把角度尺取下来读数。

（1）测量 0°～50° 范围内的角度。如图 2-51 所示，把角尺和直尺全部装上，把产品的被测部位放在基尺和直尺的测量面之间进行测量。

（2）测量 50°～140° 范围内的角度。如图 2-52 所示，将角尺卸掉，把直尺装上，使它与扇形板连在一起。把工件的被测部位放在基尺和直尺的测量面之间进行测量。也可以不拆下角尺，只把直尺和卡块卸掉；把角尺拉到下边，直到角尺短边与长边的交线和基尺的尖棱对齐为止；把工件的被测部位放在基尺和角尺短边的测量面之间进行测量。

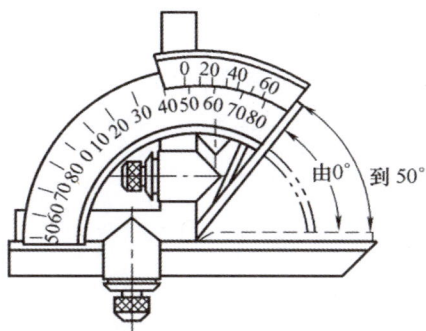

图 2-51 0°～50°角度测量

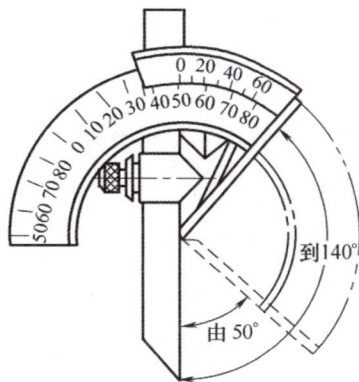

图 2-52 50°～140°角度测量

(3)测量 140°～230°范围内的角度。如图 2-53 所示，把直尺和卡块卸掉，只装角尺，但要把角尺推上去，直到角尺短边与长边的交线和基尺的尖棱对齐为止；把工件的被测部位放在基尺和角尺短边的测量面之间进行测量。

(4)测量 230°～320°范围内的角度。如图 2-54 所示，把角尺、直尺和卡块全部卸掉，只留下扇形板和主尺(带基尺)；把产品的被测部位放在基尺和扇形板测量面之间进行测量。

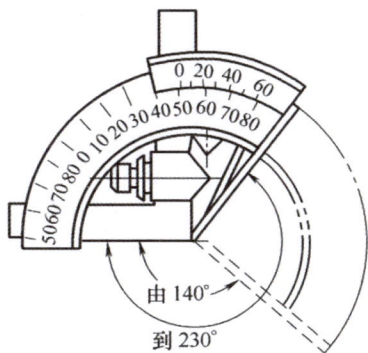

图 2-53 140°～230°角度测量

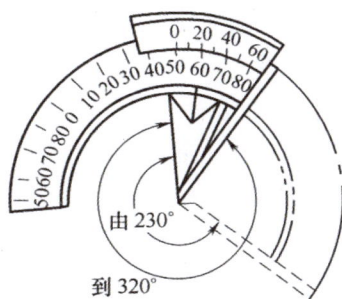

图 2-54 230°～320°角度测量

4)万能角度尺的读数方法

万能角度尺的读数方法与游标卡尺完全相同，先读出游标零刻线前的角度，再从游标上读出角度"分"的数值，两者相加就是被测零件的角度数值。

5)使用万能角度尺的注意事项

（1）使用前，先将万能角度尺擦拭干净，再检查各部件之间相互移动是否平稳可靠，止动后的读数是否不动，然后对零位。

（2）测量时，放松制动器上的螺母，移动主尺座做粗调整，再转动游标背面的手把做精细调整，直到使角度尺的两测量面与被测工件的工作面密切接触为止。

（3）拧紧制动器上的螺母加以固定，即可进行读数。

（4）测量完毕后，应用汽油或酒精把万能角度尺洗净，用干净纱布仔细擦干，涂抹防锈油，然后装入匣内。

## 2.4.8　知识拓展

### 1. 90°角尺

1）90°角尺的用途

90°角尺是常用的直角测量工具，分为宽座角尺和刀口形角尺等，如图 2-55 所示。其中，刀口形角尺是一种高准确度的角度计量标准器具，主要用于检验直角、垂直度和平行度误差，如仪器、机床等纵横向导轨的垂直误差，平行度误差等。刀口形角尺是检验和画线工作中常用的量具。

2）90°角尺的使用方法

（1）使用前，应检查 90°角尺各工作面和边缘是否被碰伤。将工作面和被测表面擦洗干净。

（2）测量时，应注意 90°角尺安放位置，不要歪斜。观察角尺工作面与工件贴合间隙的透光情况：看不见透光，间隙小于 $0.5\mu m$；看见白光，间隙大于 $3\mu m$；看见蓝光，间隙大于 $0.5\mu m$ 或小于 $3\mu m$；或用塞尺塞。

（3）使用和存放时，应注意防止角尺工作边弯曲变形。

### 2. 角度样板

1）角度样板的用途

图 2-56 所示为角度样板，它常用在角度和锥度的测量中，属于直接检测的工具，也常用于检验螺纹车刀、成形刀具及零件上的斜面或倒角等。

2）角度样板的使用方法

刃磨螺纹车刀时，为了保证磨出准确的刀尖角，可用角度样板测量。测量时应将刀尖角与角度样板贴合，角度样板与车刀底面平行，对准光源用透光法检查，仔细观察两边的间隙，并进行修磨。

安装螺纹车刀时，刀尖对准工件中心，用角度样板对刀，以保证刀尖角的角平分线与工件的轴线相垂直，这样车出的牙形角才不会偏斜。

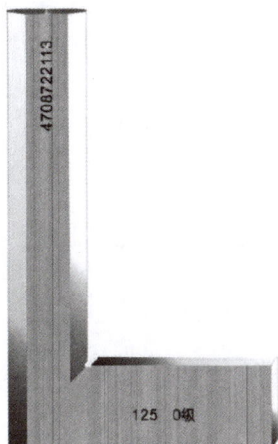

图 2-55 90°角尺

图 2-56 角度样板

## 2.4.9 练习与思考

**1. 填空题**

(1)万能角度尺由主尺、_____、_____、制动头、扇形板、基尺、直尺和卡块组成。

(2)万能角度尺读数准确度为_____。

(3)公差带两要素是指公差带的_____和_____。公差带的大小由_____决定，公差带的位置由_____决定。

(4)在公差带图中，表示公称尺寸的一条直线称为_____，以其为基准确定偏差和公差。

(5)画孔、轴公差带时均须绘出_____，孔、轴公差带的剖面线_____。

**2. 判断题**

(1)万能角度尺是利用游标读数原理来直接测量工件角或进行划线的一种角度量具。

( )

(2)万能角度尺使用后，应用汽油或酒精将其洗净，以防生锈。 ( )

(3)公差带图上孔、轴的剖面线方向相同。 ( )

(4)用图表示的公差带称为公差带图。 ( )

(5)公差带表示零件的尺寸相对其公称尺寸所允许的变动范围。 ( )

**3. 选择题**

(1)公差带在零线上方，其基本偏差为( )。

    A. 上极限偏差                B. 下极限偏差

    C. 零                      D. 上极限偏差或下极限偏差

（2）公差带在零线下方，其基本偏差为（　　）。

  A. 上极限偏差        B. 下极限偏差

  C. 零            D. 上极限偏差或下极限偏差

（3）决定尺寸公差带大小的是（　　）。

  A. 公差等级         B. 基本尺寸

  C. 实际偏差         D. 基本偏差

（4）对于尺寸公差带，代号为 P～ZC 的基本偏差为（　　）。

  A. 上偏差，正值       B. 上偏差，负值

  C. 下偏差，正值       D. 下偏差，负值

（5）对于尺寸公差带，代号为 p～zc 的基本偏差为（　　）。

  A. 上偏差，正值       B. 上偏差，负值

  C. 下偏差，正值       D. 下偏差，负值

**4. 综合题**

分析图 2-57 所示的灯嘴零件图，选用合适的量具，并制订检测方案，检测灯嘴的锥度尺寸精度。

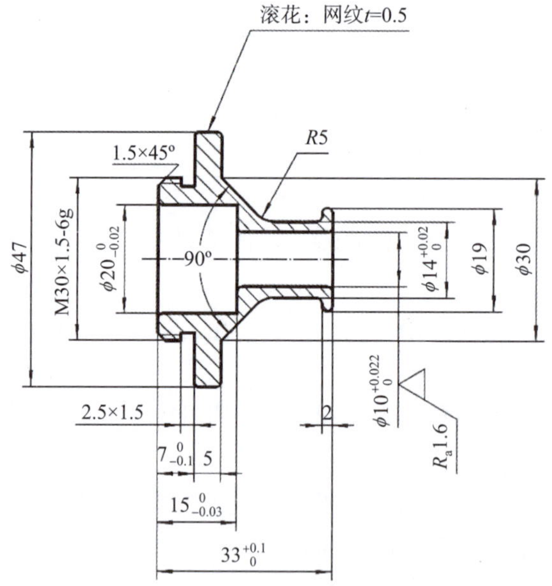

图 2-57　灯嘴零件图

# 任务五　顶板的尺寸精度与检测

要实施顶板尺寸精度的精确检测，理解配合的术语及定义是基础。对于大批量顶板

的尺寸精度检测工作，使用光滑极限量规和螺纹量规等专用量具能够提高测量效率。

### 学习目标

**知识目标：**

(1)理解配合的术语及定义。

(2)认识零件图上各种螺纹的标记。

(3)掌握量块的选用方法。

(4)了解光滑极限量规的种类。

(5)掌握螺纹极限偏差的计算方法。

**技能目标：**

(1)会查询螺纹中径极限偏差数值表和公差数值表。

(2)能正确规范地使用量块进行测量。

(3)能正确规范地使用塞规进行测量。

(4)能正确规范地使用螺纹塞规进行测量。

(5)会用螺纹千分尺测量普通螺纹。

**素养目标：**

(1)深度领会配合要义，厚植专业自信。

(2)专注精细操作，雕琢工匠匠心。

(3)严守质量关卡，铸就职业品德。

## 2.5.1  任务描述

实习车间加工了一大批顶板，通过使用车间现有的量具，尽快完成这批顶板的尺寸精度检测。

## 2.5.2  任务分析

因为顶板数量多，要求检测的时间紧，要使用适合批量检测的量具，如量块、光滑极限量规和螺纹量规等。图 2-58 所示为顶板的尺寸精度检测流程，图 2-59 所示为顶板图纸，图 2-60 所示为顶板实物图。

### 1. 分析图纸

顶板上的尺寸较多：有 4 个矩形槽，每个槽的槽长为 24mm，槽宽为 $13^{+0.043}_{0}$mm，槽的间距为 2mm；顶板上有孔，孔径分别为 $2 \times \phi 10.5$mm、$2 \times \phi 14$mm、$4 \times \phi 8.5$mm、$2 \times \phi 27^{+0.033}_{0}$mm、$\phi 17^{+0.018}_{0}$mm。

M30×1.5-7H 的含义：公称直径(螺纹大径)为 30mm、螺距为 1.5mm、中径和顶径公差带代号为 7H，中等旋合长度的普通右旋细牙内螺纹。

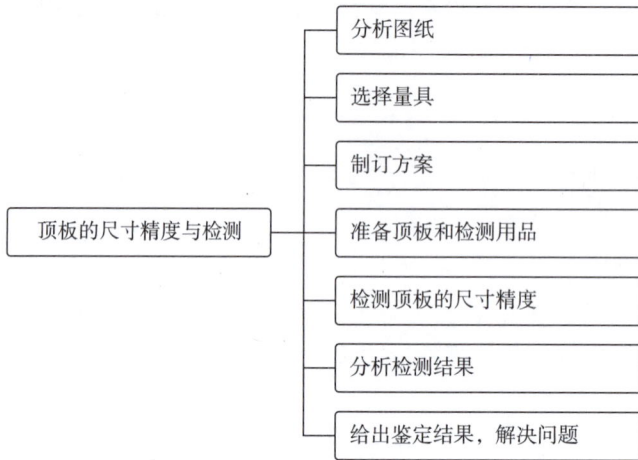

图 2-58　顶板的尺寸精度检测流程

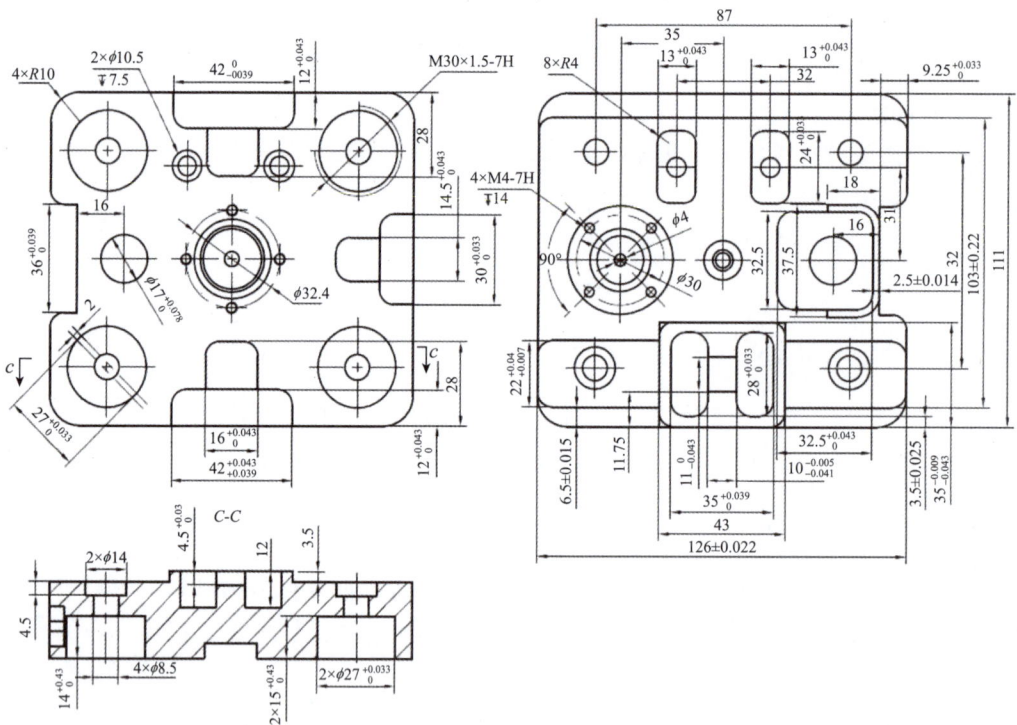

图 2-59　顶板图纸

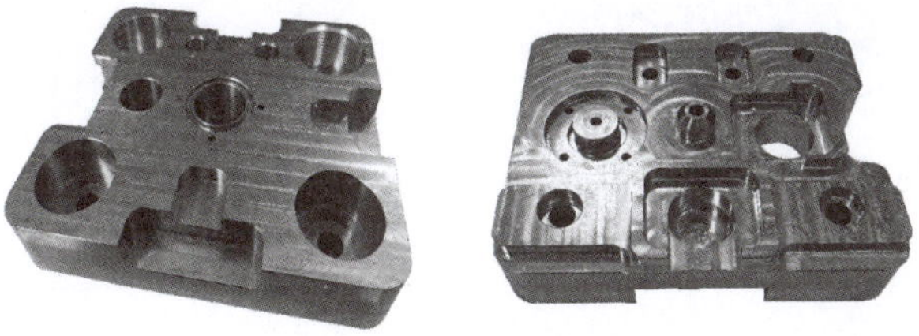

图 2-60 顶板实物图

### 2. 选择量具

4 个矩形槽的槽宽为 $13^{+0.043}_{0}$ mm，选用精度为 3 级的量块进行测量，如图 2-61(a) 所示。

孔 $4\times\phi8.5$mm、$2\times\phi10.5$mm、$2\times\phi14$mm、$\phi17$mm、$2\times\phi27^{+0.033}_{0}$ mm，分别用不同规格的塞规进行测量，如图 2-61(b) 所示。

测量内螺纹 M30×1.5-7H 时，选用规格为 M30×1.5-7H 的螺纹塞规进行测量，如图 2-61(c) 所示。

(a) 量块 　　(b) 塞规 　　(c) 螺纹塞规

图 2-61 量块、塞规、螺纹塞规

## 2.5.3 制订方案

找出公称尺寸及其极限偏差数值，计算出极限尺寸数值。对于一般公差的公称尺寸，通过查询一般公差的极限偏差列表获得，并填写表 2-22。

表 2-22 顶板测量方案(单位：mm)

| 检测项目 | 尺寸 | 极限偏差数值 | 极限尺寸数值 | 量具 |
|---|---|---|---|---|
| 槽 | 13 | | | |
| 内孔 | 8.5 | | | |
| | 10.5 | | | |
| | 14 | | | |
| | 17 | | | |
| | 27 | | | |
| 内螺纹 | M30×1.5-7H | | | |

## 2.5.4　任务实施

(1) 准备好顶板、量块、塞规和 M30×1.5-7H 螺纹塞规。

(2) 用全棉布对量具和被测零件进行清洁，保证量具及被测零件的表面无铁屑等附着。

(3) 使用量块对 4 个宽度为 $13^{+0.043}_{0}$ mm 的槽进行测量，使用不同尺寸的塞规对内孔进行测量，使用 M30×1.5-7H 螺纹塞规对内螺纹 M30×1.5-7H 进行测量。

(4) 做好测量记录，填写表 2-23。

表 2-23　顶板测量记录表(单位：mm)

| 检测项目 | 尺寸 | 通端 | 止端 | 备注 |
|---|---|---|---|---|
| 槽 | 13 | | | 填写量块尺寸 |
| 内孔 | 8.5 | | | |
| | 10.5 | | | |
| | 14 | | | |
| | 17 | | | |
| | 27 | | | |
| 内螺纹 | M30×1.5-7H | | | |

(5) 检测结束，清洁并整理工作台。

## 2.5.5　鉴定结论

(1) 将检测数据的平均值填写到表 2-24 中，处理检测数据。

表 2-24　检测数据表(单位：mm)

| 检测项目 | 尺寸 | 是否通过检测 | 结论 |
|---|---|---|---|
| 槽 | 13 | | |
| 内孔 | 8.5 | | |
| | 10.5 | | |
| | 14 | | |
| | 17 | | |
| | 27 | | |
| 内螺纹 | M30×1.5-7H | | |

(2) 给出鉴定结论，解决问题，完成任务。

## 2.5.6　任务评价

任务结束后，根据本次任务的完成情况，认真填写表 2-25。

表 2-25　任务评价表

| 项目 | 自我评价 | | | 小组评价 | | | 教师评价 | | | 增值评价 | | |
|---|---|---|---|---|---|---|---|---|---|---|---|---|
| | 9～10 | 6～8 | 1～5 | 9～10 | 6～8 | 1～5 | 9～10 | 6～8 | 1～5 | 9～10 | 6～8 | 1～5 |
| | 占总评的 10% | | | 占总评的 20% | | | 占总评的 30% | | | 占总评的 40% | | |
| 量具校验 | | | | | | | | | | | | |
| 规范检测 | | | | | | | | | | | | |
| 检测报告 | | | | | | | | | | | | |
| 整理现场 | | | | | | | | | | | | |
| 职业素养 | | | | | | | | | | | | |
| 小计 | | | | | | | | | | | | |
| 总评 | | | | | | | | | | | | |

## 2.5.7　检测相关知识

### 1. 配合

1）配合概述

（1）配合的术语及其类型。配合是指公称尺寸相同、相互结合的孔和轴公差带之间的关系。在零件组装中常使用配合这一概念来反映零件组装后的松紧程度。根据孔和轴公差带相对位置的不同，配合可分为间隙配合、过盈配合和过渡配合三大类。

配合的分类与应用

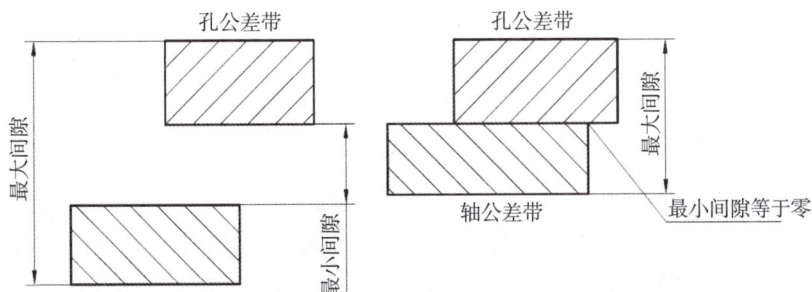

①间隙配合。孔的尺寸减去相配合轴的尺寸之差为正称为间隙。具有间隙（包括最小间隙等于零）的配合称为间隙配合。此时，孔的公差带在轴的公差带上方，如图 2-62 所示。

图 2-62　间隙配合

在间隙配合中，孔与轴之间的配合总是存在间隙的，但间隙的大小是因孔、轴实际（组成要素）不同而变化的。其变化只能在上、下极限尺寸之间，也就是配合间隙只能在最大间隙和最小间隙之间。

a. 最大间隙。最大间隙是指在间隙配合或过渡配合中，孔的上极限尺寸与轴的下极限尺寸之差，也等于孔的上极限偏差与轴的下极限偏差之差，用 $X_{\max}$ 表示，用计算式表达，即

$$X_{\max} = L_{\max} - l_{\min} = \text{ES} - \text{ei} \tag{2-7}$$

b. 最小间隙。最小间隙是指在间隙配合中，孔的下极限尺寸与轴的上极限尺寸之差，也等于孔的下极限偏差与轴的上极限偏差之差，用 $X_{\min}$ 表示，用计算公式表达，即

$$X_{\min} = L_{\min} - l_{\max} = \text{EI} - \text{es} \tag{2-8}$$

c. 间隙配合公差。间隙配合公差是配合公差的一种，即允许间隙的变动量。间隙配合公差数值等于最大间隙与最小间隙的代数差的绝对值，用 $T_{\text{f}}$ 表示，用计算公式表达，即

$$T_{\text{f}} = |X_{\max} - X_{\min}| = |T_{\text{h}} + T_{\text{s}}| \tag{2-9}$$

所以，间隙配合公差也等于相互配合的孔公差与轴公差之和。

$$T_{\text{f}} = T_{\text{h}} + T_{\text{s}} \tag{2-10}$$

式（2-10）反映的配合关系对装配工作至关重要，它说明孔、轴本身公差值越大，配合公差就越大，装配精度就越低。

d. 平均间隙。平均间隙就是指中间位置，其在数值上等于最大间隙与最小间隙之和的一半，用 $X_{\text{a}}$ 表示。

实践经验证明，通过测量孔和轴的实际（组成）要素，可以计算出配合的实际间隙值。最佳的实际间隙值应是平均间隙值，这样才能保证配合松紧适度。

② 过盈配合。孔的尺寸减去相配合的轴的尺寸之差为负称为过盈具有过盈（包括最小过盈量等于零）的配合称为过盈配合。此时孔的公差带在轴的公差带下方，如图 2-63 所示。

过盈配合与间隙配合一样，过盈配合中过盈量的大小是在最大过盈和最小过盈之间变化的。实际的过盈量也随着孔和轴的实际（组成）要素的变化而变化。

a. 最大过盈。最大过盈是指在过盈配合或过渡配合中，孔的下极限尺寸与轴的上极限尺寸之差，也等于孔的下极限偏差与轴的上极限偏差之差，用 $Y_{\max}$ 表示，用计算公式表达，即

$$Y_{\max} = L_{\min} - l_{\max} = \text{EI} - \text{es} \tag{2-11}$$

b. 最小过盈。最小过盈是指在过盈配合中，孔的上极限尺寸与轴的下极限尺寸之差，也等于孔的上极限偏差与轴的下极限偏差之差，用 $Y_{\min}$ 表示，用计算公式表达，即

$$Y_{\min} = L_{\max} - l_{\min} = \text{ES} - \text{ei} \tag{2-12}$$

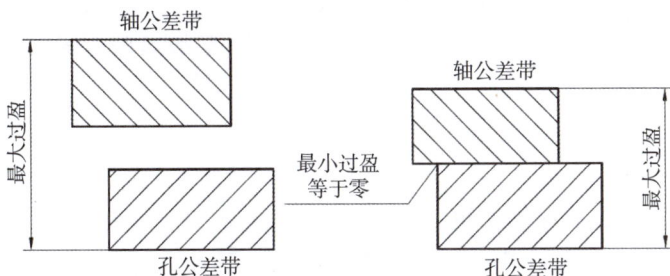

图 2-63 过盈配合

c. 过盈配合公差。过盈配合公差也是配合公差的一种，即允许过盈的变动量。就过盈配合公差数值而言，其等于最小过盈与最大过盈的代数差的绝对值，用 $T_f$ 表示，用计算公式表达，即

$$T_f = |Y_{min} - Y_{max}| = T_h + T_s \tag{2-13}$$

所以，过盈配合公差也等于相配合的孔公差与轴公差之和。

d. 平均过盈。平均过盈与平均间隙在概念上基本相似；在数值上平均过盈等于最大过盈与最小过盈之和的一半，用 $Y_a$ 表示。

实际过盈的大小同样是通过测量相配合的孔和轴的实际（组成）要素得到的，最佳的配合应处在半均过盈附近。

③过渡配合。可能具有间隙或过盈的配合称为过渡配合。此时孔的公差带与轴的公差带相互交叠。当孔的尺寸大于轴的尺寸时为间隙配合，当孔的尺寸小于轴的尺寸时为过盈配合。图 2-64 所示为可能出现的三种不同的孔与轴的公差带组成的过渡配合。

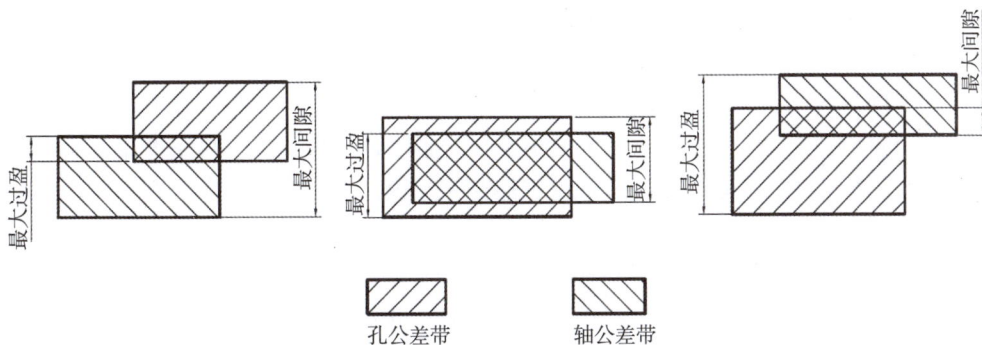

孔公差带　　　　　　轴公差带

图 2-64 过渡配合

过渡配合中最大间隙和最大过盈的计算同间隙配合中最大间隙的计算和过盈配合中最大过盈计算的公式相同，即

$$X_{max} = L_{max} - l_{min} = ES - ei（正值）\tag{2-14}$$

$$Y_{max} = L_{min} - l_{max} = EI - es（负值）\tag{2-15}$$

在过渡配合中，没有最小间隙和最小过盈。

a. 过渡配合公差。过渡配合公差是间隙公差与过盈公差的合成。过渡配合公差比较复杂，其数值等于最大间隙与最大过盈代数差的绝对值，也用 $T_f$ 表示，用计算公式表达，即

$$T_f = |X_{max} - Y_{max}| = T_h + T_s \tag{2-16}$$

所以，过渡配合公差也等于相互配合的孔公差与轴公差之和。

b. 平均值的计算。在过渡配合中，同一批零件可能存在间隙，也可能存在过盈，所以平均计算的结果不是平均间隙，就是平均过盈。平均值的大小可用公式 $(X_{max} + Y_{max})/2$ 计算，在此式中，当 $|X_{max}| > |Y_{max}|$ 时，其计算结果为正值，为平均间隙；若计算结果为负值，为平均过盈。

在过渡配合中，如果计算结果是平均间隙，说明这批零件主要存在间隙；如果计算结果是平均过盈，说明这批零件主要存在过盈。

在国标中，把最大间隙和最小间隙统称为极限间隙，把最大过盈和最小过盈统称为极限过盈。

(2) 三种配合的特点。

① 间隙配合。

a. 除零间隙外，孔的实际(组成)要素永远大于轴的实际(组成)要素。

b. 孔、轴配合时存在间隙，允许孔、轴之间有相对转动。

c. 孔的公差带在轴的公差带上方。

② 过盈配合。

a. 除零过盈外，孔的实际(组成)要素永远小于轴的实际(组成)要素。

b. 孔、轴配合时存在过盈，不允许孔、轴之间有相对转动。

c. 孔的公差带在轴的公差带下方。

③ 过渡配合。

a. 孔的实际(组成)要素可能大于或小于轴的实际(组成)要素，只不过相差很小。

b. 孔、轴配合时可能存在间隙，也可能存在过盈。

c. 孔的公差带和轴的公差带相互交叠。

(3) 配合性质的判断。正确判断配合性质是工程技术人员必须具备的能力。在有基本偏差代号的尺寸标注中，可由基本偏差代号和尺寸公差带图来判断其配合性质。但当尺寸中只标注偏差的大小时，就要依据极限偏差的大小来判断配合性质。在间隙配合中，孔的下极限偏差(EI)大于或等于轴的上极限偏差(es)；在过盈配合中，轴的下极限偏差(ei)大于或等于孔的上极限偏差(ES)，即

当 EI ≥ es 时，为间隙配合；

当 ei ≥ ES 时，为过盈配合。

以上两条同时不成立时，为过渡配合。

2）配合制

配合制是指同一公称尺寸的孔和轴组成的一种配合制度。配合制规定了松紧不同的配合，用来满足各类机器零件配合性质的要求，以实现孔、轴的三种配合。配合制分基孔制配合和基轴制配合。

（1）基孔制配合。基准孔是指在基孔制配合中被选作基准的孔。基孔制配合，即基本偏差一定的孔的公差带，与不同基本偏差的轴的公差带形成各种配合的一种制度。基孔制中，孔与轴的公差带位置如图 2-65（a）所示。

基孔制的基本特点如下：

①基孔制中的孔为基准孔，用 H 表示。

②基准孔的公差带位于零线上方，其下极限偏差为零。

③基准孔的下极限尺寸等于公称尺寸。

（2）基轴制配合。基准轴是指在基轴制配合中被选作基准的轴。基轴制配合，即基本偏差一定的轴的公差带，与不同基本偏差的孔的公差带形成各种配合的一种制度。基轴制中，孔与轴的公差带位置如图 2-65（b）所示。

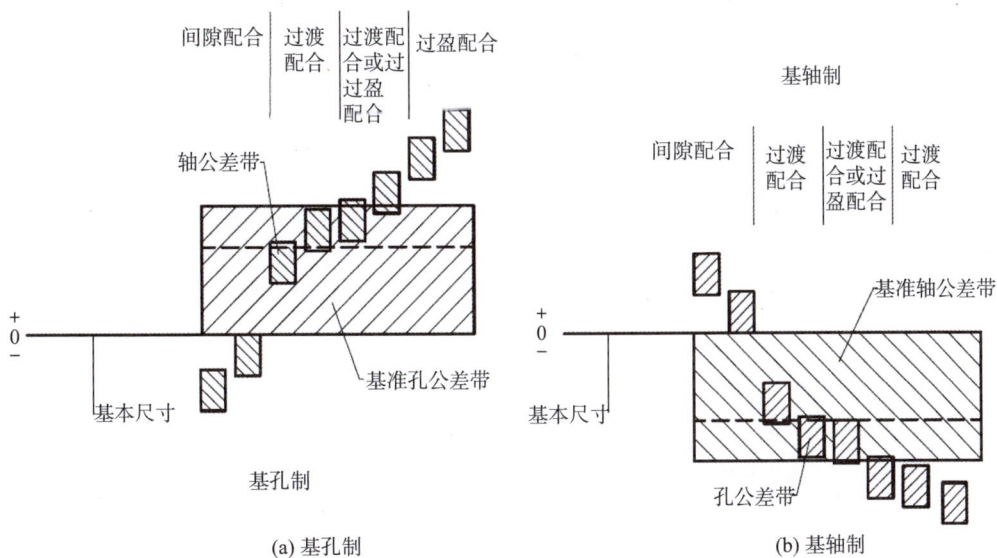

图 2-65　孔与轴的公差带位置

基轴制的基本特点如下。

①基轴制中的轴为基准轴，用 h 表示。

②基准轴的公差带位于零线下方，其上极限偏差为零。

③基准轴的上极限尺寸等于公称尺寸。

（3）配合制的选用。

①优先采用基孔制配合。这是因为孔的加工比轴的加工要难一些，加工孔时所选

用的刀具、量具的数量和规格也要多一些，所以在条件允许的情况下尽量采用基孔制配合，这样不仅有利于生产，也比较经济合理。

有些零件与标准件配合时，对其配合有明确规定，如滚动轴承内圈的孔与轴颈的配合规定为基孔制配合。

②基轴制配合的应用。在某种情况下，采用基轴制配合比采用基孔制配合要合理一些。比如，当同一直径的轴需要装上不同配合性质的零件时，需要采用基轴制配合。

3）配合代号的识读与标注

（1）配合代号。国标中，把配合代号标准化，用孔、轴公差带代号的组合形式表示，写成分数形式，其中分子为孔公差带代号，分母为轴公差带代号，如$\phi 50H8/f7$和$\phi 50F8/h7$。

（2）配合代号的识读。孔、轴配合公差带代号识读的主要内容是相互配合的轴和孔公差带的位置关系。可按下列顺序进行识别：公称尺寸、配合制（基轴制或基孔制），是几级公差的基准孔（或基准轴）与几级公差的配合轴（或配合孔）相配合。

（3）配合代号的标注。国标规定配合代号在装配图上标注方法有两种。装配图标注方式见表2-26。

表2-26　装配图标注方式

| 标注配合代号 | 标注极限偏差 |
| --- | --- |
| $\phi 50\dfrac{H8}{f7}$ | $\phi 50^{+0.039}_{0}$ $\phi 50^{-0.025}_{-0.05}$ |
| $\phi 50H8/f7$ | $\phi 50 \dfrac{^{+0.039}_{0}}{^{-0.025}_{-0.05}}$ |

4）配合性质的识读

（1）配合性质。配合是相关结合中孔和轴公差带之间的关系，因此配合性质不仅取决于孔、轴的基本偏差，还与公差等级有一定的关系。

当配合件与基准件相配合时，大致归纳如下：a～h（A～H）不论用于较高的公差等级，还是用于较低的公差等级，均为间隙配合，如$\phi 30H7/g6$、$\phi 30D9/h9$。

j～zc（J～ZC）属于过渡配合或过盈配合，同一公差带在不同的使用系列中，可能是过渡配合，也可能是过盈配合。但在国标规定的优先配合系列中，j～n（J～N）为过渡配合，p～zc（P～ZC）为过盈配合。

（2）配合等级。根据国标的规定，当基轴制中孔的基本偏差代号与基孔制中轴的基本偏差相当时（成倒影关系），按工艺等价原则形成基轴制的配合，与基孔制配合具有相同的效果，即具有相同的极限间隙或过盈。

工艺等价原则：在公称尺寸小于500mm时，以孔的IT8为界，高于IT8的孔均与高一级的轴配合，如H7/g6、H7/h6等；低于IT8的孔均与同级的轴配合，如H9/d9、

H11/k11 等；IT8 的孔可与同级或高一级的轴配合，如 H8/f8 或 H8/g8。根据上述原则可以判断配合代号使用是否正确。

（3）基准件配合。基孔制的孔用 H 表示，基轴制的轴用 h 表示。凡是在配合代号中分子是 H 的就是基孔制，如 $\phi 30H7/g6$、$\phi 30H8/f8$ 等；凡是在配合代号中分母是 h 的就是基轴制，如 $\phi 30M7/h6$、$\phi 40U7/h6$ 等。

也有的配合代号分子是 H，分母是 h，此种配合有三种解释：①基孔制；②基轴制；③基准件配合。例如，如 $\phi 30H7/h6$、$\phi 30H11/h11$ 等。此外，还有的在配合代号中，分子既不是 H，分母也不是 h，这是一种无基准件的配合，称为无基准件配合或混合配合，如 $\phi 40M7/f6$、$\phi 50K7/g6$ 等。

5）配合优先选用规定

基孔制的优先配合和常用配合规定见表 2-27。基孔制的优先配合有 13 种，左上角用黑三角符号注明；常用配合（包括优先配合）有 59 种。

表 2-27　基孔制的优先配合和常用配合规定

| 基准孔 | 轴 | | | | | | | | | | | | | | | | | | | | |
|---|---|---|---|---|---|---|---|---|---|---|---|---|---|---|---|---|---|---|---|---|---|
| | a | b | c | d | e | f | g | h | js | k | m | n | p | r | s | t | u | v | x | y | z |
| | 间隙配合 | | | | | | | | 过渡配合 | | | | 过盈配合 | | | | | | | | |
| H6 | | | | | | H6/f5 | H6/g5 | H6/h5 | H6/js5 | H6/k5 | H6/m5 | H6/n5 | H6/p5 | H6/r5 | H6/s5 | H6/t5 | | | | | |
| H7 | | | | | | H7/f6 | H7/g6 | H7/h6 | H7/js6 | H7/k6 | H7/m6 | H7/n6 | H7/p6 | H7/r6 | H7/s6 | H7/t6 | H7/u6 | H7/v6 | H7/x6 | H7/y6 | H7/z6 |
| | | | | | H8/e7 | H8/f7 | H8/g7 | H8/h7 | H8/js7 | H8/k7 | H8/m7 | H8/n7 | H8/p7 | H8/r7 | H8/s7 | H8/t7 | H8/u7 | | | | |
| | | | | H8/d8 | H8/e8 | H8/f8 | | H8/h8 | | | | | | | | | | | | | |
| H9 | | | H9/c9 | H9/d9 | H9/e9 | H9/f9 | | H9/h9 | | | | | | | | | | | | | |
| H10 | | | H10/c10 | H10/d10 | | | | H10/h10 | | | | | | | | | | | | | |
| H11 | H11/a11 | H11/b11 | H11/c11 | H11/d11 | | | | H11/h11 | | | | | | | | | | | | | |
| H12 | | H12/b12 | | | | | | H12/h12 | | | | | | | | | | | | | |

基轴制的优先配合和常用配合规定见表 2-28。基轴制的优先配合有 13 种，左上角用黑三角符号注明，常用配合（包括优先配合）有 47 种。

表 2-28　基轴制的优先配合和常用配合规定

| 基准轴 | 孔 | | | | | | | | | | | | | | | | | | | | |
|---|---|---|---|---|---|---|---|---|---|---|---|---|---|---|---|---|---|---|---|---|---|
| | A | B | C | D | E | F | G | H | JS | K | M | N | P | R | S | T | U | V | X | Y | Z |
| | 间隙配合 | | | | | | | 过渡配合 | | | | 过盈配合 | | | | | | | | | |
| h5 | | | | | | $\frac{F6}{h5}$ | $\frac{G6}{h5}$ | $\frac{H6}{h5}$ | $\frac{JS6}{h5}$ | $\frac{K6}{h5}$ | $\frac{M6}{h5}$ | $\frac{N6}{h5}$ | $\frac{P6}{h5}$ | $\frac{R6}{h5}$ | $\frac{S6}{h5}$ | $\frac{T6}{h5}$ | | | | | |
| h6 | | | | | | $\frac{F7}{h6}$ | ▼$\frac{G7}{h6}$ | ▼$\frac{H7}{h6}$ | $\frac{JS7}{h6}$ | ▼$\frac{K7}{h6}$ | $\frac{M7}{h6}$ | ▼$\frac{N7}{h6}$ | ▼$\frac{P7}{h6}$ | $\frac{R7}{h6}$ | ▼$\frac{S7}{h6}$ | $\frac{T7}{h6}$ | ▼$\frac{U7}{h6}$ | | | | |
| h7 | | | | | $\frac{E8}{h7}$ | ▼$\frac{F8}{h7}$ | | ▼$\frac{H8}{h7}$ | $\frac{JS8}{h7}$ | $\frac{K8}{h7}$ | $\frac{M8}{h7}$ | $\frac{N8}{h7}$ | | | | | | | | | |
| h8 | | | | $\frac{D8}{h8}$ | $\frac{E8}{h8}$ | $\frac{F8}{h8}$ | | $\frac{H8}{h8}$ | | | | | | | | | | | | | |
| h9 | | | | ▼$\frac{D9}{h9}$ | $\frac{E9}{h9}$ | $\frac{F9}{h9}$ | | ▼$\frac{H9}{h9}$ | | | | | | | | | | | | | |
| h10 | | | | $\frac{D10}{h10}$ | | | | $\frac{H10}{h10}$ | | | | | | | | | | | | | |
| h11 | $\frac{A11}{h11}$ | $\frac{B11}{h11}$ | $\frac{C11}{h11}$ | ▼$\frac{D11}{h11}$ | | | | ▼$\frac{H11}{h11}$ | | | | | | | | | | | | | |
| h12 | | $\frac{B12}{h12}$ | | | | | | $\frac{H12}{h12}$ | | | | | | | | | | | | | |

6）配合种类的选择

对于极限与配合的选择，国标规定：应首先选用优先公差带及优先配合，其次选用常用公差带及常用配合，最后选用一般用途公差带。必要时可按标准规定的标准公差与基本偏差自行组成孔、轴公差带及配合。

**2. 量块**

量块也称块规，它是保持度量统一的重要量具。在工厂使用的量具中，量块常作为长度的基准。

1）量块的结构与用途

图 2-66 所示为量块，其是由两个相互平行的测量面之间的距离来确定其工作长度的一种高精密、无刻线的端面量具。量块的外形一般是长方体，也有圆柱体。长方体的量块有两个表面非常光洁、平整的平行平面，称为测量面。

量块

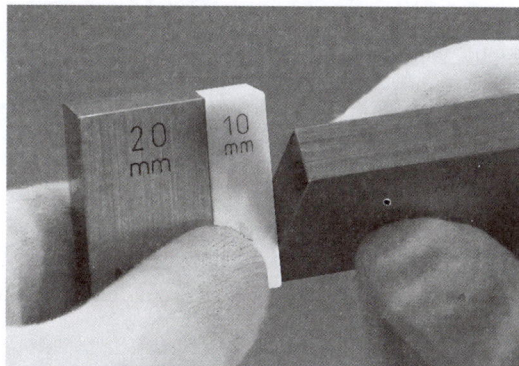

图 2-66  量块

量块的主要用途是检定和校准量具与量仪，在相对测量时调整测量工具的零位。在某些情况下，量块可用于精密测量，也可用于机床的调整。

2）量块的精度

量块的尺寸精度分为 0、1、2、3 四级，其中 0 级精度最高，3 级精度最低。

量块在使用中不可避免地会产生磨损，造成尺寸精度下降。因此在实际使用时，常把量块的实际尺寸检定出来，按量块的实际尺寸使用，这样量块的使用尺寸精度就比较高了。量块按检定精度可分为 1、2、3、4、5、6 六等。

按"级"使用量块时，根据量块上的基本尺寸，而不考虑制造误差；按"等"使用时，根据量块的实际尺寸，而不考虑检定量块实际尺寸的测量误差。

3）量块的使用方法

量块与量块之间具有良好的研合性。利用这种研合的特性，在使用时可以把尺寸不同的量块组合成量块组，以提高利用率。

把量块组合成一定尺寸时的方法：先从所给定的尺寸最后一位数字考虑，每选一块量块应使尺寸数量减少 1～2 位，使量块数量尽量可能减少，以减少累积误差。

【例 2-2】要组成 28.785mm 的尺寸，若采用 83 块一套的量块，其选用的方法见表 2-29。

表 2-29  成套量块的尺寸及量块组合方法

| 成套量块的尺寸[摘自《几何量技术规范(GPS)长度标准量块》(GB/T 6093—2001)] | | | | | 量块组合方法 |
|---|---|---|---|---|---|
| 总块数 | 级别 | 尺寸系列 | 间隔/mm | 块数 | |
| 83 | 0，1，2 | 0.5 | — | 1 | 28.785…量块组合尺寸 |
| | | 1 | — | 1 | −1.005…第一块量块尺寸 |
| | | 1.005 | — | 1 | 27.78 |
| | | 1.01～1.49 | 0.01 | 49 | −1.28…第二块量块尺寸 |

（续表）

| 成套量块的尺寸[摘自《几何量技术规范(GPS)长度标准量块》(GB/T 6093—2001)] | | | | | 量块组合方法 |
|---|---|---|---|---|---|
| 总块数 | 级别 | 尺寸系列 | 间隔/mm | 块数 | |
| 83 | 0，1，2 | 1.5～1.9 | 0.1 | 5 | 26.50 |
| | | 2.0～9.5 | 0.5 | 16 | −6.5···第三块量块尺寸 |
| | | 10～100 | 10 | 10 | 20···第四块量块尺寸 |

### 3. 光滑极限量规

光滑极限量规是一种无刻度计量器具，它只能检验工件是否合格，而不能测量出工件的提取组成要素的局部尺寸的大小。光滑极限量规的特点是简单，使用方便，检验效率高，在生产中得到了广泛应用，尤其适用于大批量生产的场合。

零件图样上被测要素的尺寸公差和几何公差按独立原则标注时，一般使用通用计量器具分别测量。当单一要素的孔或轴采用包容要求标注时，则应使用光滑极限量规来检验。

光滑极限量规按检验对象的不同可分为塞规和卡规两种。塞规用于检验孔，卡规用于检验轴。无论是孔用塞规还是轴用卡规，均由通端量规（通规）和止端量规（止规）成对组成，以便分别检验孔和轴的提取组成要素和提取组成要素的局部尺寸是否在极限尺寸的范围内。

通规用来模拟工件的最大实体边界，检验孔或轴的提取组成要素是否超越理想边界；止规按工件的最小实体尺寸制造，用来检验孔或轴的提取组成要素的局部尺寸是否超越最小实体尺寸。检验工件时，只要通规能通过，止规不能通过，则判断工件合格，否则为不合格。

按照用途，光滑极限量规可分为工作光滑极限量规、验收光滑极限量规和校对光滑极限量规三类。

(1)工作光滑极限量规：在生产过程中检验工件用的光滑极限量规，通规用"T"表示，止规用"Z"表示。

(2)验收光滑极限量规：检验部门和用户代表等验收产品时所使用的光滑极限量规。

(3)校对光滑极限量规：用来校对轴用的光滑极限量规。由于孔用光滑极限量规的刚性较好，不易变形、磨损，用计量器具测量很方便，所以不需要校对光滑极限量规。而轴用光滑极限量规，在制造使用过程中常会发生碰撞、变形，且通规在使用过程中经常通过工件容易磨损，因此必须进行定期校对。轴用工作光滑极限量规的工作面是内表面，使用通用计量器具检测比较困难，因此对其规定了校对光滑极限量规，如图 2-67 所示。

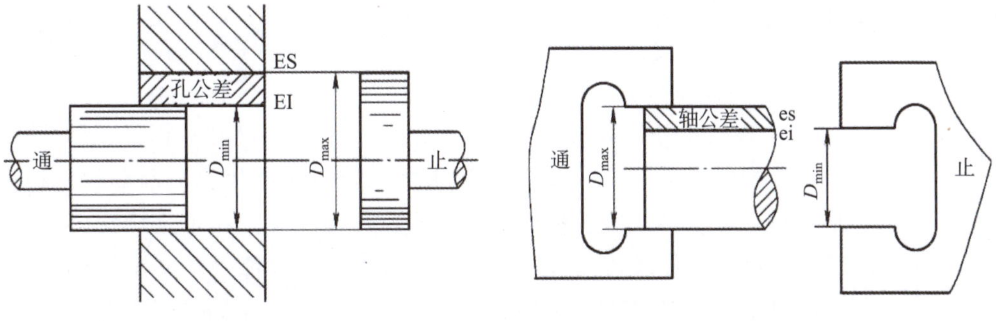

(a)　　　　　　　　　　　　(b)

图 2-67　校对量规

**4. 螺纹量规**

螺纹量规又称螺纹规，根据所检验内外螺纹可分为螺纹环规和螺纹塞规两种。

1）螺纹环规

螺纹环规主要用于检测外螺纹，一般有两块，如图 2-68 所示，标有"GO"或"T"标记的为通规，标有"NO GO"或"Z"标记的为止规。

2）螺纹塞规

螺纹塞规主要用于检测内螺纹，通常螺牙较多的一端为通规，螺牙较少的一端为止规。

螺纹通规、止规上都有尺寸规格标记，以区别不同的测量范围，如图 2-69 所示。

图 2-68　螺纹环规

图 2-69　螺纹塞规

3）螺纹环规和螺纹塞规的使用方法

（1）选择螺纹量规时，应选择与被测螺纹相匹配的规格。

（2）使用前，先清理干净螺纹量规和被测螺纹表面的油污、杂质等。

（3）使用时，将螺纹量规的通端（止端）与被测螺纹对齐后，用大拇指与食指转动螺纹量规或被测零件，使其在自由状态下旋转。通常情况下，螺纹量规（通端）的通规可以在被测螺纹的任意位置转动，通过全部螺纹长度则判定为合格，否则为不合格；在螺纹量规（止端）的止规与被测螺纹对齐后，旋入螺纹长度在 2 个螺距之内止住为合格，不可强行用力通过，否则判为不合格。

## 2.5.8 知识拓展

### 1. 螺纹千分尺的结构与用途

如图 2-70 所示，螺纹千分尺的结构和读数方法与外径千分尺基本相同，只是两个测头做成和螺纹牙形相吻合的形状。一个为 V 形测头，与螺纹牙形凸起部位相吻合；另一个为圆锥形测头，与螺纹牙形沟槽部位相吻合。用螺纹千分尺可直接读出被测螺纹中径的实际尺寸。螺纹千分尺的测头是可换的，每对测头只能测量一定螺距范围内的螺纹，使用时应根据被测螺纹的螺距选择。螺纹千分尺常用于测量普通螺纹的中径。

### 2. 螺纹中径的计算

例如，现在要测量 M24×1.5-6g 的螺纹，首先要知道 M24×1.5-6g 的含义：公称直径为 24mm、螺距为 1.5mm、中径公差带代号和顶径公差带代号均为 6g、旋合长度为中组的右旋细牙普通外螺纹。

查《普通螺纹 基本尺寸》(GB/T 196—2003)可知，公称直径为 24mm、螺距为 1.5mm 的螺纹中径尺寸为 23.026mm。

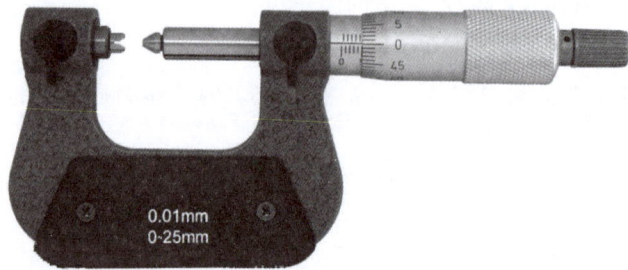

图 2-70　螺纹千分尺

查《普通螺纹公差》(GB/T 197—2018)内外螺纹的基本偏差，查得中径、顶径公差带代号 6g 螺纹的上极限偏差 es＝－0.032mm。

根据公差等级、公称直径和螺距，查得外螺纹的中径公差 $T_{d2}$＝0.150mm。

计算该螺纹的下极限偏差：

$$ei＝es－T_{d2}＝(-0.032)mm－0.150\ mm＝-0.182(mm)$$

通过计算得出螺纹中径上极限尺寸为 22.994mm，下极限尺寸为 22.844mm。实际测量获得的尺寸在此范围内为合格，否则为不合格。

### 3. 使用螺纹千分尺的步骤

(1)根据被测螺纹的公称直径 24mm，选择 0～25mm 量程的螺纹千分尺；根据螺纹的螺距 1.5mm，选取一对螺距为 1.5mm 的测头。

(2)将被测螺纹及量具清理干净，并校正螺纹千分尺零位。

(3)将被测螺纹放到两测头间，找正中径部位，并使两者垂直。使用时，应注意在同一个截面互相垂直的两个方向上测量螺纹中径，且取其平均值作为螺纹的实际中径。转动测力装置，直至听到"咔、咔"声便可开始读数。

## 2.5.9 练习与思考

### 1. 填空题

(1)配合表示_____相同，相互结合的孔、轴_____之间的关系。

(2)按公差带关系的不同，配合可分为_____配合、_____配合和_____配合。

(3)EI 大于 es 的配合属于_____配合。

(4)当 ES 小于 ei 时，该配合一定不属于_____配合。

(5)在基本尺寸相同的前提下，孔的公差带在轴的公差带之上为_____配合。

(6)在基本尺寸相同的前提下，轴的公差带在孔的公差带之上为_____配合。

(7)孔、轴公差带相互交叠的配合是_____配合。

(8)配合精度的高低是由相互结合的_____的精度决定的。

(9)配合公差和公差一样，其数值不可能为_____。

(10)基准孔的基本偏差是_____，其大小等于_____，_____等于其公称尺寸。

### 2. 判断题

(1)在间隙配合中，间隙的大小等于孔的实际尺寸减去相配合的轴的实际尺寸。

(  )

(2)凡在配合中可能出现间隙的，其配合性质一定属于间隙配合。 (  )

(3)过渡配合是可能具有间隙或过盈的配合，孔和轴的公差带相互交叠。 (  )

(4)在孔、轴的配合中，若 EI≥es，则此配合必为间隙配合。 (  )

(5)过盈配合中，若最大过盈与最小过盈相差很大，说明相配的孔、轴精度很低。

(  )

(6)配合公差越大，配合精度越低；配合公差越小，配合精度越高。 (  )

(7)在公差带图中，根据公差带相对零线的位置可确定配合的种类。 (  )

(8)在公差带图中，根据孔公差带和轴公差带的相对位置关系可以确定孔、轴的配合种类。 (  )

(9)只要孔和轴装配在一起，就必然形成配合。 (  )

(10)优先采用基孔制的原因是孔比轴难加工。 (  )

### 3. 选择题

(1)配合制的目的是(    )。

A. 使零件能够互相装配　　　　B. 使零件尺寸精度达到最大

C. 减少材料浪费　　　　　　　D. 提高产品的表面光洁度

(2)当孔的下极限尺寸与轴的上极限尺寸的代数差为负值时，此代数差称为（    ）。

    A. 最大间隙        B. 最小间隙        C. 最大过盈        D. 最小过盈

(3)当孔的上极限尺寸大于相配合的轴的下极限尺寸时，此配合性质是（    ）。

    A. 间隙配合        B. 过渡配合        C. 过盈配合        D. 无法确定

(4)$\phi 25$ f6、$\phi 25$f7 和 $\phi 25$f8 三个公差带（    ）。

    A. 上、下极限偏差相同

    B. 上极限偏差相同，但下极限偏差不相同

    C. 上、下极限偏差不相同

    D. 上极限偏差不相同，但下极限偏差相同

(5)下列孔与基准轴配合，组成间隙配合的是（    ）。

    A. 孔的上、下极限偏差均为正值

    B. 孔的上极限偏差为正，下极限偏差为负

    C. 孔的上、下极限偏差均为负值

    D. 孔的上极限偏差为零，下极限偏差为正

(6)$\phi 65$H7/f9 组成了（    ）。

    A. 基孔制间隙配合                B. 基轴制间隙配合

    C. 基孔制过盈配合                D. 基孔制过盈配合

(7)下列配合中，公差等级选择不当的是（    ）。

    A. H7/g6                       B. H9/g9

    C. H7/f8                       D. M8/h8

(8)孔、轴配合的配合代号由（    ）组成。

    A. 孔的公差带代号与轴的公差带代号    B. 基本尺寸与公差带代号

    C. 基本尺寸与轴的公差带代号         D. 基本尺寸与孔的公差带代号

(9)$\phi 65$H9/f9 组成了（    ）配合。

    A. 基孔制间隙配合    B. 基轴制间隙        C. 基孔制过盈        D. 基轴制过盈

(10)关于量块的特性，下列说法中正确的是（    ）。

    A. 量块是没有刻线的平行端面量具，是专用于某一特定尺寸的，因此它属于量规

    B. 利用量块的研合性，可用不同尺寸的量块组合成所需的各种尺寸

    C. 在实际生产中，量块是单独使用的

    D. 量块的制造精度分五级，其中 0 级最高，3 级最低

**4. 综合题**

    现在有一大批自行车车体零件，需要尽快进行尺寸精度的检测，分析自行车车体零件图(图 2-71)，选用合适的量具，并制订检测方案，检测该零件的内槽、内孔和内螺纹尺寸精度。

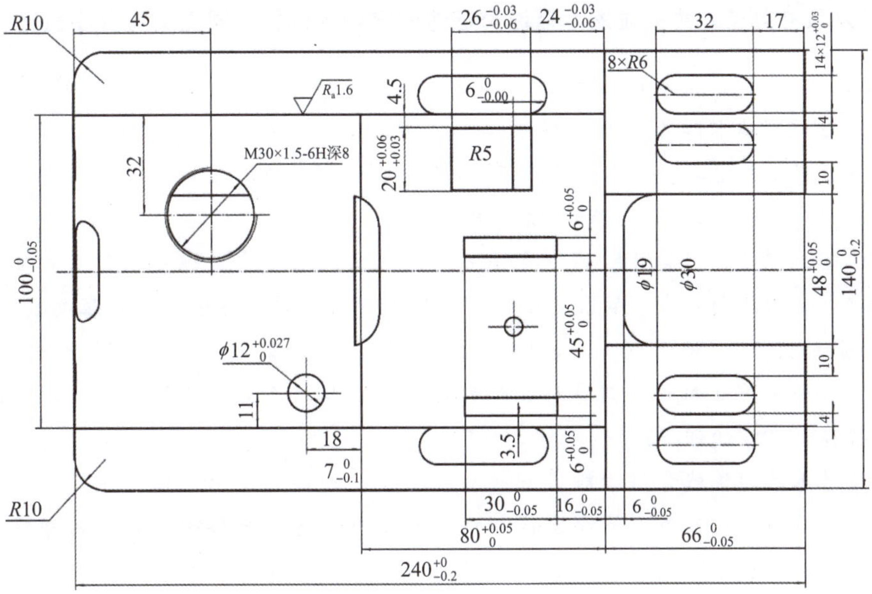

图 2-71　自行车车体零件图

# 精技弘德

## 从尺寸精度助力嫦娥六号成功探月看科学精神与工匠精神

嫦娥六号肩负着月球采样返回等复杂且艰巨的任务，在其制造过程中，尺寸精度犹如太空航行的精准坐标，是确保任务成功的核心要素之一。

嫦娥六号探测器主体结构需承受发射升空时的巨大冲击力以及太空环境中的各种应力。科研团队采用先进的复合材料加工技术，通过五轴联动加工中心，将主体结构关键部位的尺寸精度控制在 ±0.01 mm 以内，保证了探测器在复杂太空环境中的结构稳定性。

对接机构是嫦娥六号实现月球轨道交会对接的关键部件。在制造过程中，将对接机构的关键尺寸公差控制在微米级别，对接面的尺寸误差控制在 ±0.002mm 以内，使得嫦娥六号在与轨道器对接时能够严丝合缝，实现安全可靠的太空"握手"。

月球探测环境复杂，嫦娥六号需在极端温度、强辐射等条件下完成一系列高难度动作。从月球轨道的精准对接，到采样设备的精细操作，任何细微的尺寸偏差都可能导致任务失败。在国际航天竞争日益激烈的当下，我国航天团队以超高的尺寸精度，为嫦娥六号的成功发射与任务执行筑牢了基础。

## 从尺寸公差作为蛟龙潜水器深海征途的安全密码看爱国主义与责任担当

精准的尺寸公差控制是蛟龙潜水器实现卓越性能以及安全稳定运行的坚实基础。科研团队在蛟龙潜水器的制造过程中，严格把控尺寸公差，保证产品质量。以耐压壳制造为例，借助先进数控加工技术和高精度测量设备，精准控制尺寸公差，同时在焊接环节采用先进工艺，防止变形造成的尺寸偏差。

对于密封部件，因其防水性能直接关乎潜水器和人员安全，所以对尺寸公差的控制近乎严苛。团队利用先进的激光扫描测量技术，对密封部件进行全方位高精度检测。在制造密封件时，将尺寸公差控制在微米级别，如密封槽的宽度公差控制在±0.005mm以内，确保密封件与配合部件紧密贴合，有效防止海水渗漏，为潜水器内部设备提供可靠的保护。

蛟龙潜水器的机械臂用于深海采样、观测等精细操作。为保证机械臂动作的精准性，在制造过程中对各个关节和连接部位的尺寸公差进行严格控制，将机械臂关节的关键尺寸公差控制在±0.02mm以内，使机械臂能够在深海复杂环境下准确抓取目标物体，完成各项科研任务。

严格控制尺寸公差，能让潜水器在深海环境中稳定运行，保证内部设备正常运转，为深海探测任务提供可靠的作业平台，助力蛟龙潜水器顺利完成各项使命。

# 模块三　几何公差与检测

　　几何公差是衡量零件质量的重要技术指标之一，对产品的工作精度、密封性、运动平稳性、耐磨性和使用寿命等都有很大的影响。为了保证机械零件的互换性要求，不仅要控制零件的尺寸误差、表面轮廓误差，还要控制零件的形状误差和表面的相互位置误差。本模块以 2023 年现代加工技术赛项斯特林风扇中的部分典型零件为检测对象，来进行零件几何精度的检测。

## 任务一　直线度公差及其检测

### 学习目标

**知识目标：**

(1)理解直线度公差的内涵。

(2)掌握直线度公差在图样上的识读和标注方法。

(3)掌握测量直线度公差的基本方法和步骤。

**技能目标：**

(1)能对图样进行识读及标注。

(2)能够按照公差要求正确地选择检测工具。

(3)能够掌握测量工具的使用方法，对工件进行准确测量。

**素养目标：**

(1)精准把握直线度公差精义，夯实专业功底。

(2)灵活选用检测工具，精研工匠技能。

(3)彻查问题根源，培养问题解决能力。

## 3.1.1　任务描述

斯特林风扇中的从动轮中心轴可以将动力传递给其他部件，使设备正常运转。然而在实际工作过程中发现，部分从动轮中心轴出现运动不稳定甚至卡滞、摩擦等问题，从而影响机械设备的正常运行。请利用现有的量具，对有问题的从动轮中心轴进行检测，并分析产生问题的原因。

几何公差

## 3.1.2　任务分析

从动轮中心轴可以支承转动零件（从动轮）并与之一起回转以传递运动、扭矩或弯矩，其直线度的偏差会直接影响机械零件的精度和性能。图 3-1 所示为直线度公差及其测量流程，图 3-2 所示为从动轮中心轴零件图纸，图 3-3 所示为从动轮中心轴零件。

图 3-1　直线度公差及其测量流程

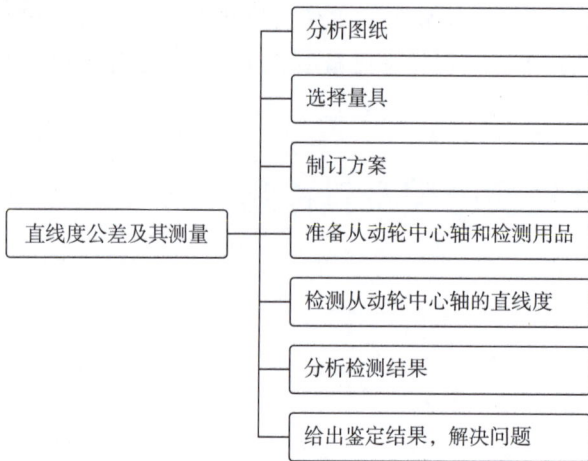

图 3-2　从动轮中心轴零件图纸

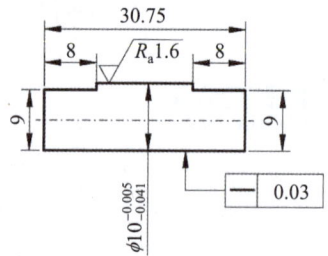

(a) 实物图　　　　(b) 简图

图 3-3　从动轮中心轴零件

#### 1. 分析图纸

检测 $\phi$10mm 从动轮中心轴外圆柱面的直线度误差。图 3-3 中所标注几何公差的含义为：$\phi$10mm 从动轮中心轴外圆柱面上任一素线的直线度公差为 0.03mm。

#### 2. 选择量具

量具主要包括百分表、表架、V 形块、标准平板、全棉布、防锈油等。其中，百分表(图 3-4)主要用于测量长度尺寸、几何公差等，其分度值是 0.01mm，表面刻度盘共有 100 个等分格。

图 3-5 所示为 V 形块，是平台测量中的重要辅助工具，用于轴类零件直线度、垂直度、平行度等误差检测，还可用于轴类零部件的划线、定位等。

图 3-4　百分表　　　　　图 3-5　V 形块

### 3.1.3　制订方案

选用打表法进行测量，将被测零件、百分表和表架等以一定方式支撑在测量平台上，测量时使百分表与被测零件产生相对移动，读出数值，从而得出误差值。

### 3.1.4　任务实施

直线度误差的测量

#### 1. 测量过程

(1)准备好从动轮中心轴、百分表和 V 形块等。

(2)清洁零件被测表面、工作台及百分表测头等。

(3)将百分表固定在表架上，将零件固定在 V 形块上。

(4)调整百分表，使其测头垂直压在被测表面上，并有 1～2 圈压缩量，如图 3-6 所示。

(5)如图 3-7 所示，沿被测件上 A 点所在的素线方向移动表架，采用多点测量方式测量。

图 3-6　调整百分表

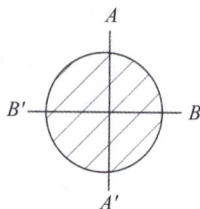

图 3-7　用打表法测量零件表面直线度公差

（6）记录百分表的最大读数与最小读数。

（7）将被测零件依次转过 90°，重复上述步骤进行打表测量，共测量 4 次（分别沿被测件上的 $A$ 点、$B$ 点、$A'$ 点、$B'$ 点所在的素线方向），同样记录每次测量百分表的最大读数与最小读数，并填写表 3-1。

表 3-1　从动轮中心轴测量记录表（单位：mm）

| 检测项目 | 尺寸 | 第一次测量 | 第二次测量 | 第三次测量 | 平均值 |
|---|---|---|---|---|---|
| $A$ 点所在素线方向上 | $M_{i\max}$ | | | | |
| | $M_{i\min}$ | | | | |
| | $\Delta_i = M_{i\max} - M_{i\min}$ | | | | |
| $B$ 点所在素线方向上 | $M_{i\max}$ | | | | |
| | $M_{i\min}$ | | | | |
| | $\Delta_i = M_{i\max} - M_{i\min}$ | | | | |
| $A'$ 点所在素线方向上 | $M_{i\max}$ | | | | |
| | $M_{i\min}$ | | | | |
| | $\Delta_i = M_{i\max} - M_{i\min}$ | | | | |
| $B'$ 点所在素线方向上 | $M_{i\max}$ | | | | |
| | $M_{i\min}$ | | | | |
| | $\Delta_i = M_{i\max} - M_{i\min}$ | | | | |

（8）检测完毕，清洁并整理检测器具。

### 2. 注意事项

(1)测量前应了解测量的安全要领,防止刮碰、砸伤事故的发生。

(2)百分表等表类量具装在表架或专用夹具上时,夹紧力不能过大,否则易使其装夹套变形,影响测量杆的灵活性。测头必须垂直于被测表面。

(3)用百分表等表类量具测量时,一般要预紧(给测头一定的下压量),但预紧过多会使测量零件时工作行程过短。

(4)测量前应轻轻拉动提起测量杆的测头,拉起、轻放几次,检查指针所指的零位有无改变,指针稳定后才可进行测量。

(5)表类量具不能用于测量过于粗糙的表面,以减少测头的磨损。

## 3.1.5  鉴定结论

(1)将测量所得的数据填入表 3-2。

(2)画出被测零件简图,并用粗实线标明被测要素。

(3)计算每个点最大读数与最小读数之差,即直线度误差值,记录在表 3-1 中,根据图样所给定的公差值判断零件直线度是否合格,完成表 3-2。

表 3-2  直线度公差检测报告单

| 测量工具 | | | | |
|---|---|---|---|---|
| 零件简图 | | | | |
| 仪器读数 | $A$ 点所在素线方向上 | $B$ 点所在素线方向上 | $A'$ 点所在素线方向上 | $B'$ 点所在素线方向上 |
| $M_{i\max}$ | | | | |
| $M_{i\min}$ | | | | |
| $\Delta_i = M_{i\max} - M_{i\min}$ | | | | |
| 直线度公差 $\Delta =$ | | 合格判定: | | |

## 3.1.6 任务评价

任务结束后，根据本次任务的完成情况，认真填写表 3-3。

表 3-3 任务评价表

| 项目 | 自我评价 | | | 小组评价 | | | 教师评价 | | | 增值评价 | | |
|---|---|---|---|---|---|---|---|---|---|---|---|---|
| | 9～10 | 6～8 | 1～5 | 9～10 | 6～8 | 1～5 | 9～10 | 6～8 | 1～5 | 9～10 | 6～8 | 1～5 |
| | 占总评的 10% | | | 占总评的 20% | | | 占总评的 30% | | | 占总评的 40% | | |
| 量具校验 | | | | | | | | | | | | |
| 规范检测 | | | | | | | | | | | | |
| 检测报告 | | | | | | | | | | | | |
| 整理现场 | | | | | | | | | | | | |
| 职业素养 | | | | | | | | | | | | |
| 小计 | | | | | | | | | | | | |
| 总评 | | | | | | | | | | | | |

## 3.1.7 检测相关知识

形状公差是单一被测实际要素相对其理想要素的变动量。形状公差是为了限制形状误差而设置的，国标规定了 6 个形状公差项目，分别是直线度、平面度、圆度、圆柱度、线轮廓度和面轮廓度。

*形状公差的认识*

形状公差用形状公差的几何公差带（简称形状公差带）来表达。形状公差带用于限制单一被测实际要素的形状允许最大变动的区域。形状公差带的特点包括：①没有基准要求，公差带是浮动的；②被测要素除直线度有一种情形（轴线直线度）为导出要素外，其他的均为组成要素。

**1. 直线度公差的定义**

直线度用于表示零件上的直线要素保持理想直线的情况，即研讨直线本身"直不直"的程度问题。

被测要素可以是组成要素或导出要素。其公称被测要素的属性与形状为明确给定的直线或一组直线要素，属于线要素。

直线度公差带是指在平行于（相交平面框格给定的）基准 $A$ 的给定平面内与给定方向上，间距等于公差值 $t$ 的两平行直线所限定的区域，如图 3-8 所示。

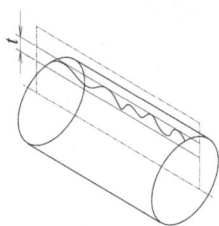

**图 3-8 直线度公差带的定义（一）**

$a$—基准 $A$；$b$—任意距离；$c$—平行于基准 $A$ 的相交平面

公差带为间距等于公差值↗的两平行面所限定的区域，如图 3-9 所示。

由于公差值前加注了直径符号 $\phi$，所以由图 3-10 的规范所定义的公差带为直径等于公差值 $t$ 的圆柱面所限定的区域。

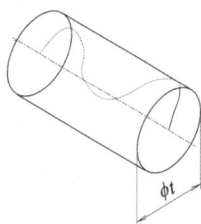

**图 3-9 直线度公差带的定义图（二）图 3-10 直线度公差带的定义（三）**

**2. 直线度公差的标注**

如图 3-11 所示，在由相交平面框格规定的平面内，上表面的提取（实际）线应限定在间距等于 0.1mm 的两条平行直线之间，且与基准 $A$ 平行。

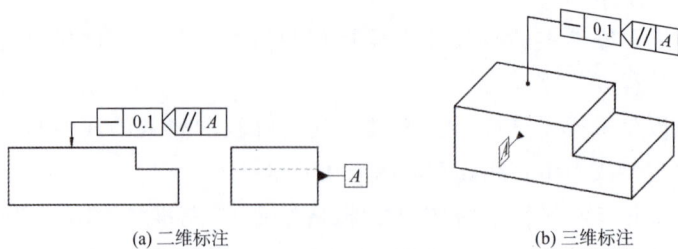

(a) 二维标注　　　　　　　　　(b) 三维标注

图 3-11　直线度标注(一)

如图 3-12 所示，圆柱表面的提取(实际)棱边应限定在间距等于 0.1mm 的两个平行平面之间。

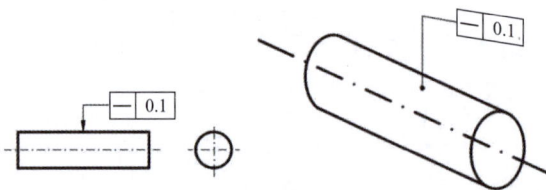

图 3-12　直线度标注(二)

如图 3-13 所示，圆柱面的提取(实际)中心线应限定在直径等于 0.08mm 的圆柱面内。

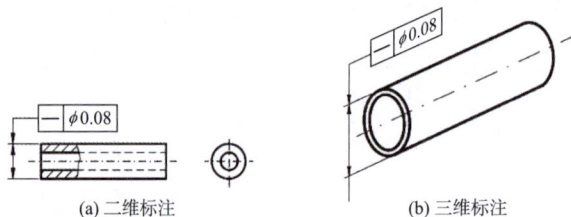

(a) 二维标注　　　　　　　　　(b) 三维标注

图 3-13　直线度标注(三)

【例 3-1】说明图 3-14 中几何公差标注的含义。

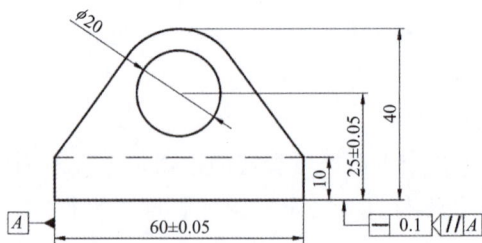

图 3-14　直线度

解：下底面的直线度公差为 0.1mm，且与左平面平行(由相交平面框格规定的平面内)。

## 3.1.8　知识拓展

### 1. 百分表的结构及传动原理

如图 3-15 所示，当带有齿条的测量杆上下移动时，带动与齿条啮合的小齿轮转动，此时与小齿轮固定在同一轴上的大齿轮也跟着一起转动。大齿轮可带动小齿轮及与小齿轮固定在同一轴上的长指针转动。这样通过齿轮传动机构，就可以将测量杆的微小位移扩大转变为指针的偏转。

百分表

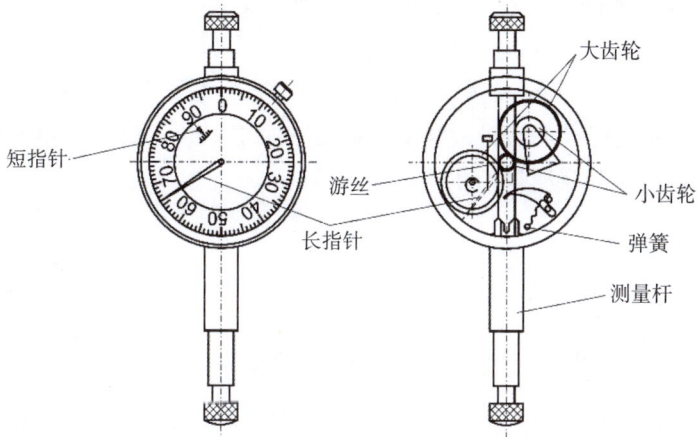

图 3-15　百分表的结构及传动原理

游丝可用于消除齿轮传动机构中由齿侧间隙引起的测量误差。游丝产生的扭矩作用在与小齿轮啮合的大齿轮上。因为大齿轮也与小齿轮啮合，这样可以保证在正反转时，都能在同一齿侧面啮合。

弹簧的作用是控制百分表的测量力。

### 2. 百分表刻线原理和读数方法

百分表的分度值为 0.01mm，表面刻度盘上共有 100 个等分格。按百分表齿轮机构的传动原理，测量杆移动 1mm 时，指针转 1 圈。当指针偏转 1 格时，测量杆移动的距离为

$$L = 1 \times \frac{1}{100} = 0.01(\text{mm})$$

读数方法：先读短指针与起始位置"0"之间的整数，再读长指针在表盘上所指的小数部分的值，两个数值相加就是被测尺寸值。

### 3. 百分表的测量范围和精度

百分表的测量范围是指测量杆的最大移动量，一般有 0～3mm、0～5mm、0～10mm 三种。

百分表制造精度可分为 0 级和 1 级两种，其中 0 级精度较高，1 级次之。

企业生产中还有一种读数值为 0.001mm 的千分表，主要用于测量精度更高的零件。

#### 4. 百分表的使用方法

百分表在使用时，应装在表架上，表架放在平板上或某一平整位置上。扭动开关，使磁力表座吸在平面上。测量头与被测表面接触时，测量杆应有一定的预压量，一般为 0.3～1mm，使其保持一定的初始测量力，以提高示值的稳定性。同时，应转动表盘使指针正好指在表盘的零刻线上。测量平面时，测量杆应与被测表面垂直。测量圆柱形工件时，测量杆的轴线应与工件直径方向一致并垂直于工件的轴线。百分表不能用于测量毛坯。

如图 3-16(a)所示，百分表测量杆的位置符合上述要求是正确的测量方法；如图 3-16(b)所示，测量杆严重倾斜，与工件直径方向不一致，属于错误的测量方法；如图 3-16(c)所示，用百分表测量毛坯件，是错误的。

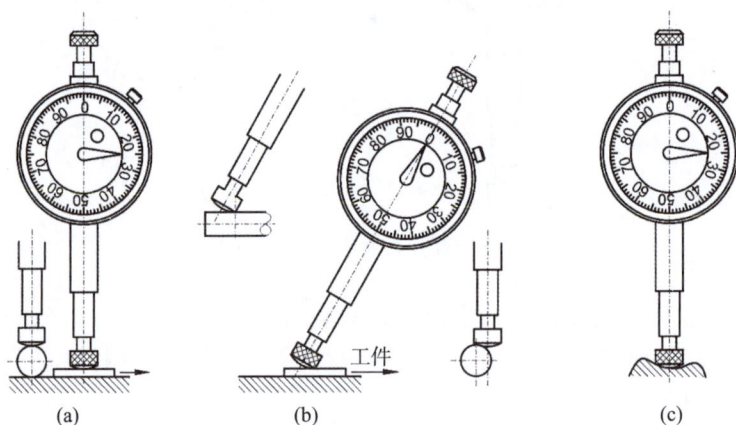

图 3-16　测量平面及圆柱形工件时的测量杆位置

## 3.1.9　练习与思考

1. 分析图 3-17 所示的圆柱销，选用合适的量具，并制订检测方案，检测 $\phi 20$mm 圆柱销外圆柱面的直线度误差。

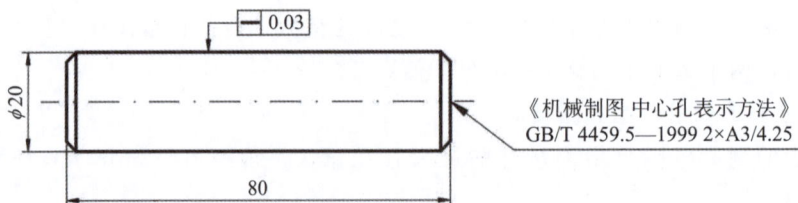

《机械制图 中心孔表示方法》
GB/T 4459.5—1999 2×A3/4.25

图 3-17　圆柱销

2. 直线度公差属于(　　　)。

    A. 轮廓公差　　　　　　　　　　B. 方向公差

    C. 形状公差　　　　　　　　　　D. 跳动公差

3. 采用直线度来限制圆柱体的轴线时,其公差带形状是_____。

4. 画图说明直线度公差的几种形式。

# 任务二　平面度公差及其测量

## 学习目标

**知识目标:**

(1)理解平面度公差的内涵。

(2)掌握平面度公差在图样上的识读和标注方法。

(3)掌握测量平面度公差的基本方法和步骤。

**技能目标:**

(1)能对图样进行识读及标注。

(2)能够按照公差要求正确地选择测量工具。

(3)能够掌握测量工具的使用方法,对工件进行准确测量。

**素养目标:**

(1)紧跟精密检测趋势,激发创新潜能。

(2)团队协作排除底板故障,汇聚团结力量。

(3)严谨细致地落实检测全程,严守质量底线。

## 3.2.1　任务描述

    斯特林风扇的底板是架构设备的支撑基础,并在此基础上安装轴类零件及轴上零件。在实际工况中,受底板材料、加工工艺、安装技术的影响,容易发生支柱歪斜、倾倒导致顶板互相挤压等问题,从而影响机械设备的正常运行。请利用现有的量具,对易发生问题的底板进行检测,分析产生问题的原因。

## 3.2.2　任务分析

    底板是斯特林风扇的支撑部分,底板底面的平面度直接影响机器运行过程中的平稳性和传动精度,检测其平面度是解决问题的关键。图 3-18 所示为平面度公差及其测量流程,图 3-19 所示为底板零件图纸,图 3-20 所示为底板零件。

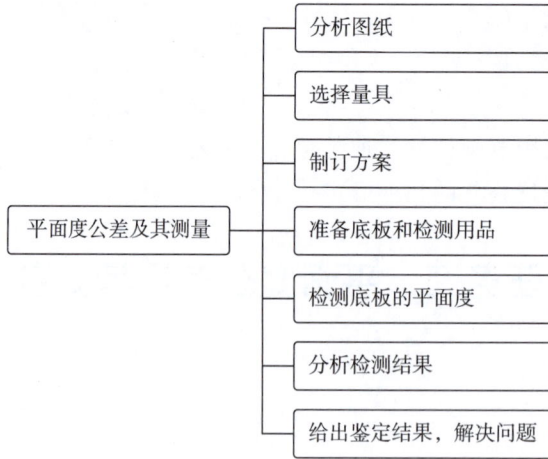

图 3-18　平面度公差及其测量流程

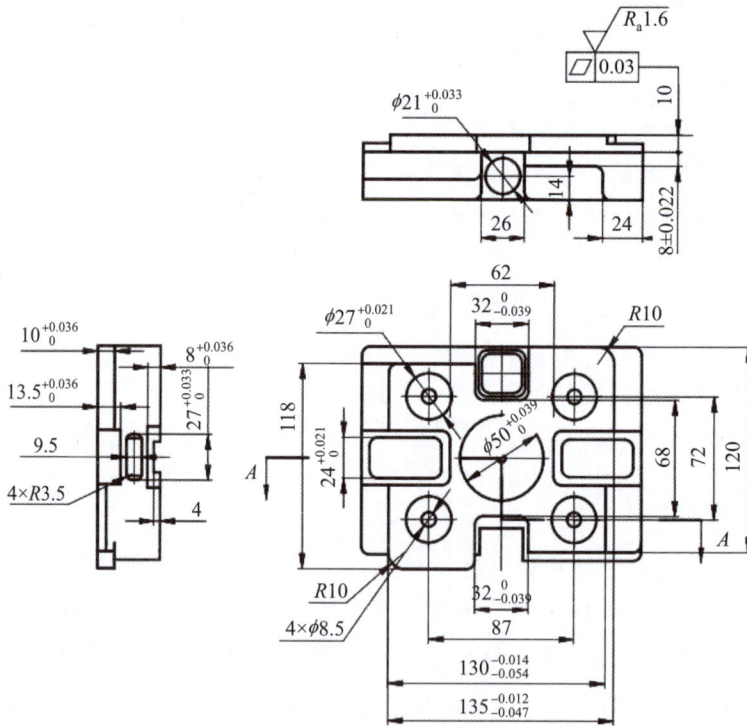

图 3-19　底板零件图纸

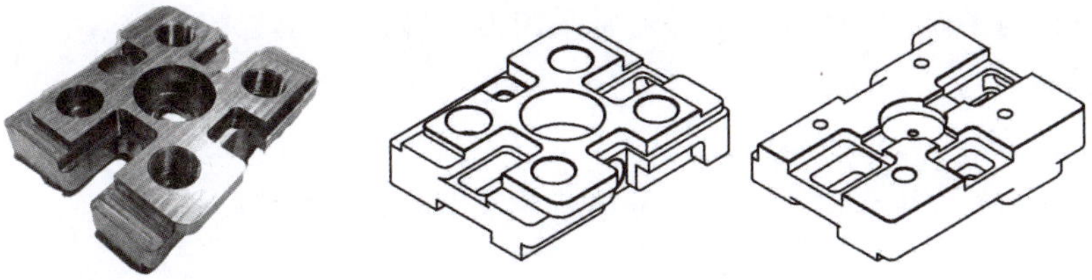

(a) 实物图　　　　　　　　　　(b) 简图

图 3-20　底板零件

## 1. 分析图纸

斯特林风扇底板底面的平面度误差直接影响机器运行过程中的平稳性和传动精度。生产中测量平面度误差的方法很多，测量较大平面的平面度时一般采用打表法。注意：在测量前，需对被测表面进行调平。在标准平板上，以标准平板为测量基准面，用百分表沿实际表面逐点或沿几条直线方向测量。

调平被测零件表面的方法有三点法和对角线法，如图 3-21 所示。三点法是用被测实际表面上相距最远的三点所确定的理想平面作为评定基准面。实测时应先将被测实际表面上相距最远的三点调整到与标准平板等高。

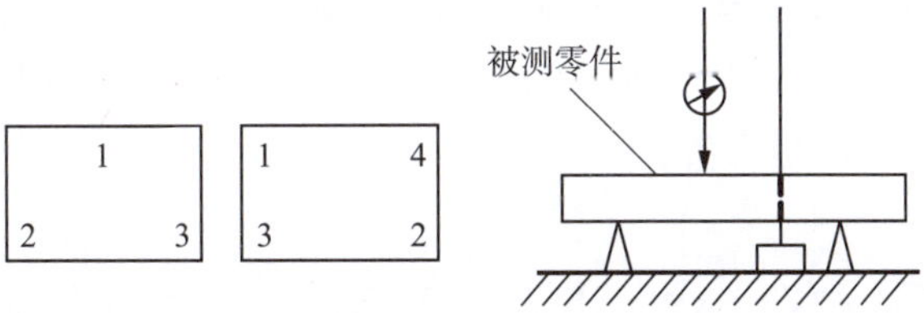

(a) 三点法　　(b) 对角线法　　　　　(c) 调平

图 3-21　调平零件表面的方法

用对角线法实测时，应先将实际表面上的 4 个角点按对角线调整到两两等高，然后用百分表进行测量，如图 3-22 所示。百分表在整个实际表面上测得的最大变动量即该表面的平面度误差。

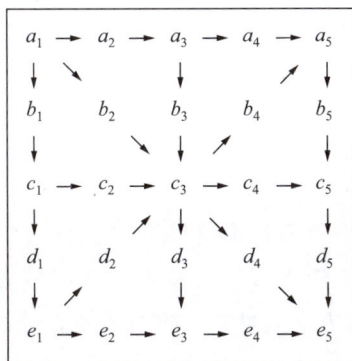

图 3-22　用对角线法测量布置点

对于较小的平面，其平面度误差通常采用刀口形直尺用透光法来检测。

**2. 选择量具**

如图 3-23 所示，刀口形直尺是钳工检测中经常用到的工具之一，主要用于用透光法检测直线度和平面度误差，也可与量块结合使用检验平面精度。

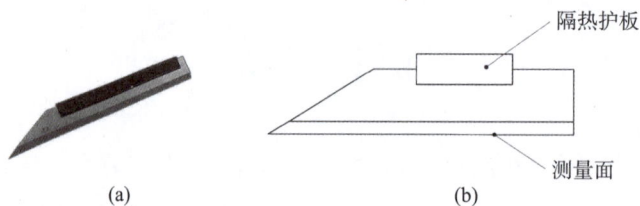

图 3-23　刀口形直尺

## 3.2.3　制订方案

采用刀口形直尺用透光法来检测较小平面的平面度误差，如图 3-24 所示。如果刀口形直尺与零件平面间透光微弱且均匀，说明该平面是平直的；如果透光强弱不一，说明该平面是不平的。可用塞尺进行塞入检查，确定平面度误差值。对于中凹平面，取各检测部位中的最大值；对于中凸平面，则应在两边以同样厚度的塞尺进行塞入检查，并取各检查部位中的最大值。

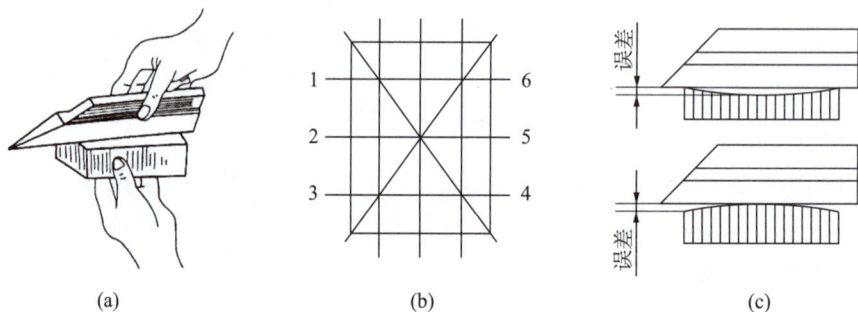

图 3-24　用刀口形直尺检测平面度误差

## 3.2.4　任务实施

**1. 测量过程**

(1)清洁零件表面、工作台及刀口形直尺等。

(2)检测平面。检测时，刀口形直尺应垂直放在零件表面上，然后在加工面的纵向、横向及对角线方向多处逐一进行检查，并填写表 3-4。

平面度误差的测量

表 3-4　平面度误差检测记录(单位：mm)

| 序号 | 横向 | 纵向 | 对角 |
|---|---|---|---|
| 数据 1 |  |  |  |
| 数据 2 |  |  |  |
| 数据 3 |  |  |  |
| 平均值 |  |  |  |

(3)检测结束后，清洁并整理测量工具。

**2. 注意事项**

(1)测量前应了解测量的安全要领，防止刮碰、砸伤事故的发生。

(2)在检查平面上改变刀口形直尺的位置时，不能在平面上拖动，应提起后再轻放到另一检查位置，否则刀口形直尺容易磨损，从而降低测量精度。

## 3.2.5　鉴定结论

(1)将测量所得的数据填入表 3-4。

(2)画出被测零件简图，并用粗实线标明被测要素。

(3)计算每个测量位置最大读数与最小读数之差，根据图样所给定的公差值判断零件平面度是否合格，完成表 3-5。

表 3-5　平面度公差检测报告单

| 测量工具 | |  |  |
|---|---|---|---|
| 零件简图 | |  |  |
| 序号 | 横向 | 纵向 | 对角 |
| 数据 | |  |  |
| 合格判定 | |  |  |

## 3.2.6 任务评价

任务结束后，根据本次任务的完成情况，认真填写表 3-6。

表 3-6 任务评价表

| 项目 | 自我评价 | | | 小组评价 | | | 教师评价 | | | 增值评价 | | |
|---|---|---|---|---|---|---|---|---|---|---|---|---|
| | 9~10 | 6~8 | 1~5 | 9~10 | 6~8 | 1~5 | 9~10 | 6~8 | 1~5 | 9~10 | 6~8 | 1~5 |
| | 占总评的 10% | | | 占总评的 20% | | | 占总评的 30% | | | 占总评的 40% | | |
| 量具校验 | | | | | | | | | | | | |
| 规范检测 | | | | | | | | | | | | |
| 检测报告 | | | | | | | | | | | | |
| 整理现场 | | | | | | | | | | | | |
| 职业素养 | | | | | | | | | | | | |
| 小计 | | | | | | | | | | | | |
| 总评 | | | | | | | | | | | | |

## 3.2.7 检测相关知识

### 1. 平面度公差的定义

平面度被定义为实测表面高度与理想平面的偏差，用符号"□"表示。被测要素可以是组成要素或导出要素，其公称被测要素的属性和形状为明确给定的平表面，属于面要素。

图 3-25 所示为平面度公差带的定义，由规范所定义的公差带为间距等于公差值 $t$ 的两个平行平面所限定的区域。

图 3-25 平面度公差带的定义

### 2. 平面度公差的标注

图 3-26 所示为平面度标注，表示提取（实际）表面应限定在间距等于 0.08mm 的两个平行面之间。

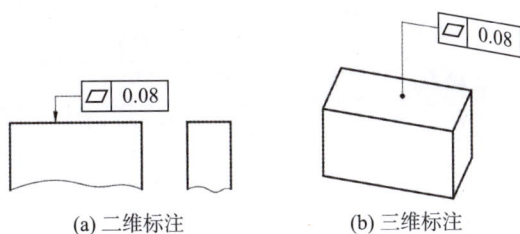

(a) 二维标注          (b) 三维标注

图 3-26 平面度标注

## 3.2.8 知识拓展

学习和掌握几何公差的研究对象、误差、公差带等基本概念，可以为识读和使用几何公差打好基础。

几何公差符号包括几何特征符号、几何公差框格和指引线、几何公差的标注要求和有关符号、基准符号、辅助平面和要素框格。

### 1. 几何特征符号

几何特征符号见表 3-7，公差类型分为形状公差、方向公差、位置公差和跳动公差四大类。

表 3-7 几何特征符号

| 公差类别 | 几何特征名称 | 符号 | 有无基准 |
|---|---|---|---|
| 形状公差 | 直线度 | — | 无 |
| | 平面度 | ▱ | |
| | 圆度 | ○ | |
| | 圆柱度 | ⌀ | |
| | 线轮廓度 | ⌒ | |
| | 面轮廓度 | ⌓ | |

(续表)

| 公差类别 | 几何特征名称 | 符号 | 有无基准 |
|---|---|---|---|
| 方向公差 | 平行度 | ∥ | 有 |
| | 垂直度 | ⊥ | |
| | 倾斜度 | ∠ | |
| | 线轮廓度 | ⌒ | |
| | 面轮廓度 | ⌓ | |
| 位置公差 | 位置度 | ⊕ | 有或无 |
| | 同心度(用于中心线) | ◎ | 有 |
| | 同轴度(用于轴线) | ◎ | |
| | 对称度 | ⹀ | |
| | 线轮廓度 | ⌒ | |
| | 面轮廓度 | ⌓ | |
| 跳动公差 | 圆跳动 | ↗ | 有 |
| | 全跳动 | ↗↗ | |

**2. 公差框格和指引线**

用公差框格标注几何公差时,公差要求应标注在划分成两个部分或三个部分的矩形框格内。框格用细实线绘制,框格高为图样中数字高的 2 倍,如图 3-27 所示。

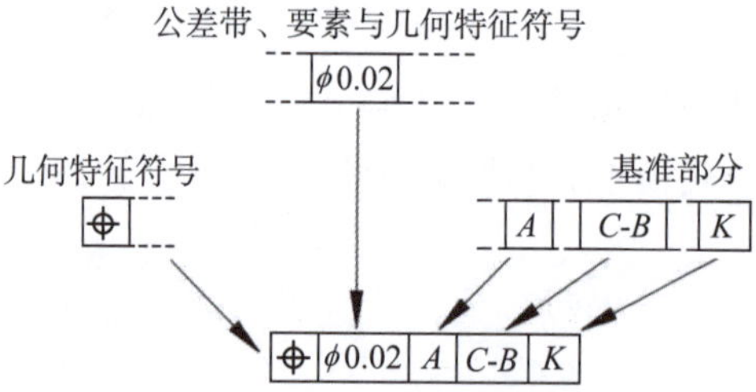

公差带、要素与几何特征符号

几何特征符号 ⊕    $\phi 0.02$    基准部分 | A | C-B | K |

⊕ | $\phi 0.02$ | A | C-B | K |

**图 3-27  几何公差框格**

每一个公差框格部分只能表达一项几何公差的要求,框格部分按从左到右的顺序标注以下内容:几何特征符号;公差带、要素与特征符号;基准部分,用一个字母表示单个基准或用几个字母表示基准体系或公共基准。

几何公差规范标注的组成包括公差框格、可选的辅助平面和要素标注以及可选的相邻标注。如图 3-28 所示,a 为公差框格区域,b 为辅助平面和要素框格标注区域,c 为上/下相邻标注区域(当标注意义一致时,优先选用上部相邻标注区域)。

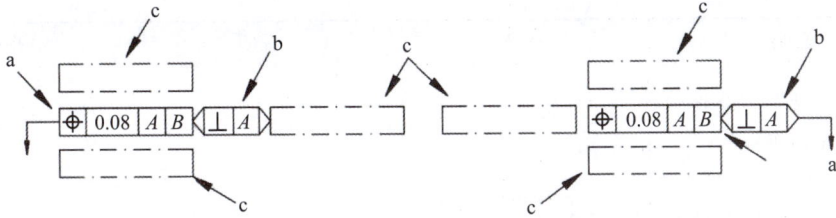

图 3-28　公差框格相邻标注区域

图 3-29 所示为几何公差标注示例。

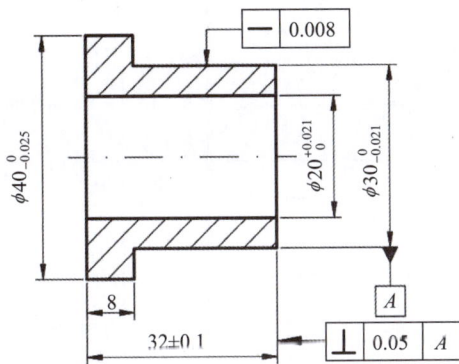

图 3-29　几何公差标注示例

### 3. 几何公差的标注要求和有关符号

几何公差中公差值给定的公差带的宽度默认垂直于被测要素。几何公差的公差值从相应的几何公差表中查得。公差值标注在公差框格的第二格中，框格中的数字和字母的高度应与图样中的尺寸数字高度相同。被测要素、基准要素的标注要求及其他附加符号见表 3-8。

表 3-8　几何公差标注要求

| 说明 | 符号 | 说明 | 符号 |
|---|---|---|---|
| 被测要素标识 |  | 理论正确尺寸 | 50 |
| 基准要素标识 | E | 基准目标标识 | Ø2/A1 |

（续表）

| 说明 | | 符号 | 说明 | 符号 |
|---|---|---|---|---|
| 公差框格 | 无基准的几何公差标注 | | 包容要求 | Ⓔ |
| | 有基准的几何公差标注 | D | 任意横截面 | ACS |
| 被测要素标识符 | 联合要素 | UF | 辅助要素标识符或框格 | 相交平面框格 |
| | 区间 | | | 定向平面框格 |
| | 全周（轮廓） | | | 方向平面框格 |
| | 全表面（轮廓） | | | 组合平面框格 |
| 实体要求 | 最大实体要求 | Ⓜ | 导出要素 | 中心要素 Ⓐ |
| | 最小实体要求 | Ⓛ | | 延伸公差带 Ⓟ |
| | 可逆要求 | Ⓡ | 组合公差带/独立公差带 | SZ/CZ |

#### 4. 基准符号

因为形状公差无基准，所以形状公差的公差框格只有两部分，而方向、位置和跳动公差有基准，在公差框格中必须有基准要素。

基准要素用基准符号或基准目标表示。图 3-30 所示为基准符号，基准用一个大写字母表示，字母标注在基准方格内，用细实线与一个涂黑的或空白的三角形相连。

图 3-31 所示为基准字母书写要求，表示基准的字母应标注在公差框格内，要求水平书写。

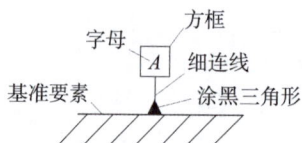

图 3-30 基准符号

图 3-31 基准字母书写要求

### 5. 辅助平面和要素框格

几何公差规范适用于单一完整的要素，当被测要素不是单一完整的要素时，应使用相交平面、定向平面、方向要素和组合平面。

框格规定被测要素为一组要素，并且作为公差框格的延伸部分标注在其右侧。

各辅助平面要素框格可按照图 3-32 绘制。

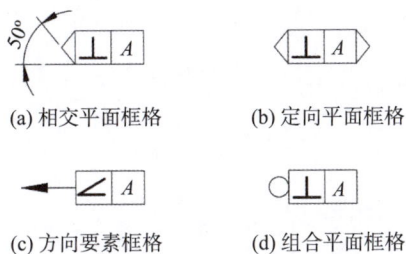

(a) 相交平面框格    (b) 定向平面框格

(c) 方向要素框格    (d) 组合平面框格

图 3-32　各辅助平面要素框格

## 3.2.9　思考与练习

1. 测量图 3-33 所示六面体各表面的平面度误差。

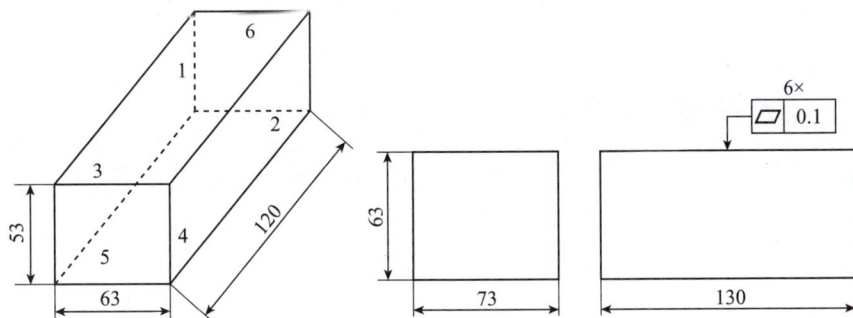

图 3-33　六面体

2. 某一实际平面对基准平面的平行度误差为 0.05mm，则该平面的平面度误差一定不大于 0.05mm。（　　）

3. 几何公差带的形状取决于（　　）。

　　A. 几何公差特征项目

　　B. 几何公差标注形式

　　C. 被测要素的理想形状

　　D. 被测要素的理想形状、几何公差特征项目和标注形式

# 任务三　圆度和圆柱度公差及其检测

## 学习目标

**知识目标：**

(1)理解圆度和圆柱度公差的定义。

(2)掌握圆度和圆柱度在图样上的识读和标注方法。

(3)掌握测量圆度和圆柱度公差的基本方法和步骤。

**技能目标：**

(1)能对图样进行识读及标注。

(2)能够制订检测零件方案。

(3)能够独立分析问题和解决问题。

**素养目标：**

(1)透彻理解圆度和圆柱度公差精髓，能用于实际检测分析。

(2)依缸体特性科学甄选检测工具，掌握操作规范。

(3)合理规划检测方案，深挖缸体问题成因，具备诊断素养。

## 3.3.1　任务描述

缸体是斯特林风扇的基础零件和骨架，是斯特林风扇中重要的零件之一。其作用是保证换气、冷却和润滑。请利用现有的量具，对缸体进行检测，分析产生问题的原因。

## 3.3.2　任务分析

缸体能够支承和保证活塞、连杆、曲轴等运动部件工作时的准确位置，其加工质量直接影响运动的精度，进而影响结构的整体运行质量。图 3-34 所示为圆度和圆柱度公差及其检测流程，图 3-35 所示为缸体零件图纸，图 3-36 为缸体零件图。

### 1. 分析图纸

检测图 3-36 所示缸体的圆度和圆柱度公差。图中几何公差的含义：$\phi 16^{+0.043}_{0}$ mm，内孔表面的圆度公差值为 0.07mm。

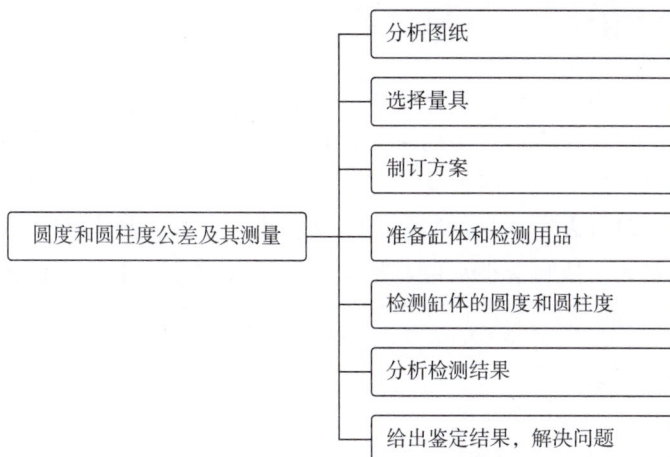

图 3-34　圆度和圆柱度公差及其测量流程

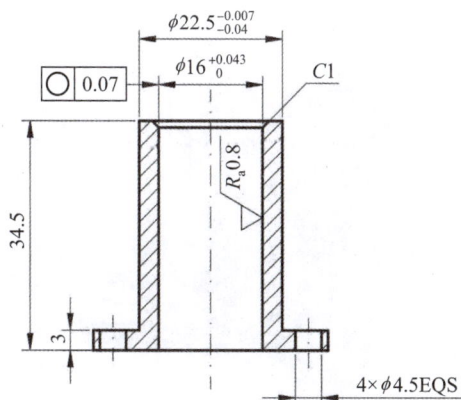

图 3-35　缸体零件图纸

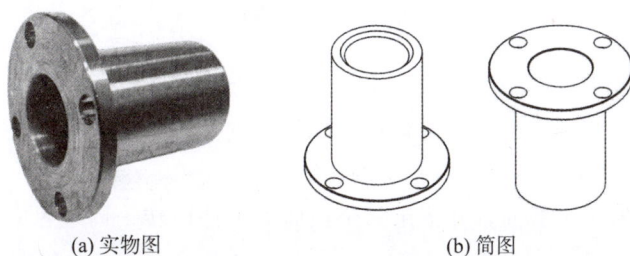

(a) 实物图　　　　　　　　(b) 简图

图 3-36　缸体零件图

## 2. 选择量具

量具主要包括百分表、表架、V 形块、标准平板、全棉布、防锈油等。

### 3.3.3　制订方案

对于单一圆柱表面，可用量具测量各处直径，最大直径与最小直径差值的一半即圆度误差。对于多个圆柱表面，可用打表法测量各处直径，每一个截面上测量表的最大读数与最小读数差值的一半即圆度误差。

圆柱度同样采用打表法测量，测量若干个截面，记录每个截面上零件回转一周过程中百分表中的最大示值和最小示值，整个表面最大示值与最小示值的差值的一半即测量范围内的圆柱度误差。

### 3.3.4　任务实施

**1. 测量过程**

(1)将待测零件表面和 V 形块清理干净并将零件放到 V 形块上，如图 3-37 所示。

圆度误差的测量

**图 3-37　零件安放**

(2)将百分表校零，并用手轻轻推压测头，检查测量杆和指针动作是否灵敏。

(3)将百分表安装到表架上并调整百分表的位置，使百分表的测量杆垂直指向零件的轴线，并与被测要素接触，预留一定的压缩量。

(4)均匀测量若干个截面，并记录每个截面上零件回转一周过程中指示表的最大示值和最小示值。

(5)检测结束，清洁并整理测量工具。

**2. 注意事项**

(1)测量前，应了解测量的安全要领，防止刮碰、砸伤事故的发生。

（2）百分表指针一定要灵敏、稳定，没有间隙误差。

（3）标准平板、V形块、百分表及零件一定要清洁。

（4）测量动作要轻、稳、准，记录数据要真实。

## 3.3.5　鉴定结论

（1）将测量所得的数据填入表 3-9。

表 3-9　圆度和圆柱度公差检测报告单

| 测量工具 | | | | |
|---|---|---|---|---|
| 零件简图 | | | | |
| 截面序号 | 最大示值 | 最小示值 | 圆度误差 | 圆柱度误差 |
| 测试截面 1 | | | | |
| 测试截面 2 | | | | |
| 测试截面 3 | | | | |
| 测试截面 4 | | | | |
| 结论 | | | 合格判定： | 合格判定： |

（2）画出被测零件简图，并用粗实线标明被测要素。

（3）计算每个截面最大示值与最小示值之差，根据图样所给定的公差值，判断零件圆度、圆柱度是否合格。

## 3.3.6　任务评价

任务结束后，根据本次任务的完成情况，认真填写表 3-10。

表 3-10　任务评价表

| 项目 | 自我评价 | | | 小组评价 | | | 教师评价 | | | 增值评价 | | |
|---|---|---|---|---|---|---|---|---|---|---|---|---|
| | 9~10 | 6~8 | 1~5 | 9~10 | 6~8 | 1~5 | 9~10 | 6~8 | 1~5 | 9~10 | 6~8 | 1~5 |
| | 占总评的 10% | | | 占总评的 20% | | | 占总评的 30% | | | 占总评的 40% | | |
| 量具校验 | | | | | | | | | | | | |

（续表）

| 项目 | 自我评价 | | | 小组评价 | | | 教师评价 | | | 增值评价 | | |
|---|---|---|---|---|---|---|---|---|---|---|---|---|
| | 9～10 | 6～8 | 1～5 | 9～10 | 6～8 | 1～5 | 9～10 | 6～8 | 1～5 | 9～10 | 6～8 | 1～5 |
| | 占总评的 10% | | | 占总评的 20% | | | 占总评的 30% | | | 占总评的 40% | | |
| 规范检测 | | | | | | | | | | | | |
| 检测报告 | | | | | | | | | | | | |
| 整理现场 | | | | | | | | | | | | |
| 职业素养 | | | | | | | | | | | | |
| 小计 | | | | | | | | | | | | |
| 总评 | | | | | | | | | | | | |

## 3.3.7 检测相关知识

圆度用于表示零件上的圆要素的实际形状与中心保持等距的状况，即研讨圆本身"圆不圆"的程度问题，用符号"○"表示。

圆柱度公差的
标识与测量

圆柱度用于表示零件上圆柱面要素外形轮廓各点对其轴线保持等距的状况，即研讨圆柱面本身"不仅要圆，而且要直"的程度问题，用符号"⌭"表示，它比圆度要求更严格。

### 1. 圆度公差和圆柱度公差的定义

被测要素是组成要素。公称被测要素的属性与形状为明确给定的圆周线或一组圆周线，属于线要素。

1）圆度公差

圆柱要素的圆度要求可应用在与被测要素轴线垂直的横截面上。球形要素的圆度要求可用在包含球心的横截面上，非圆柱体或球体的回转体表面应标注方向要素。

图 3-38 所示的规范所定义的公差带为在给定横截面内，半径差等于公差值 $t$ 的两个同心圆所限定的区域。

图 3-39 所示的规范所定义的公差带为在给定横截面内，沿表面距离为 $t$ 的两个在圆锥面上的圆所限定的区域。

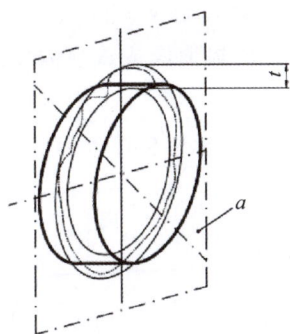

图 3-38　圆度公差带的定义(一)
a—任意相交平面(任意横截面)

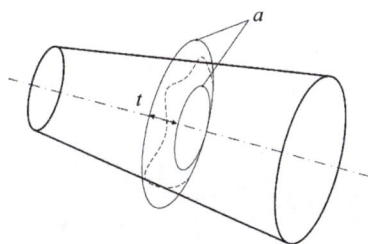

图 3-39　圆度公差带的定义(二)
a—垂直于基准 C 的圆(被测要素的轴线)，
在圆锥表面上且垂直于被测要素的表面

2) 圆柱度公差

图 3-40 所示的规范所定义的公差带为半径差等于公差值 $t$ 的两个同轴圆柱面所限定的区域。

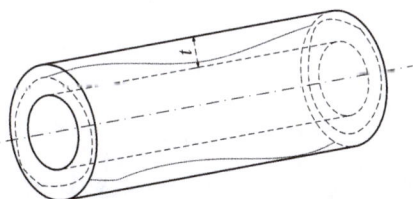

图 3-40　圆柱度公差带的定义

## 2. 圆度公差和圆柱度公差的标注

1) 圆度公差

在圆柱面与圆锥面的任意横截面内，提取(实际)圆周应限定在半径差等于 0.03mm 的两个共面同心圆之间。这是圆柱表面的缺省应用方式，而对于圆锥表面，则应使用方向要素框格进行标注，如图 3-41 所示。

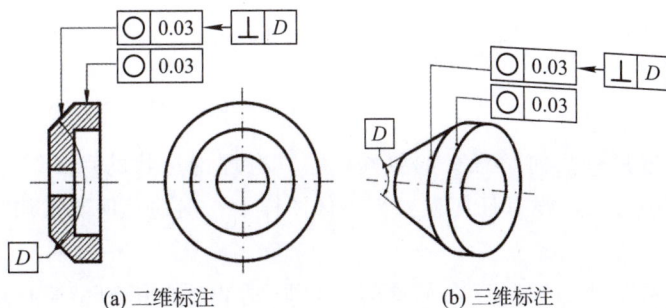

(a) 二维标注　　　(b) 三维标注

图 3-41　圆度公差标注(一)

图 3-42 中提取圆周线位于该表面的任意横截面上，由被测要素和与其同轴的圆锥相交定义，并且其锥角可确保该圆锥与被测要素垂直。该提取圆周线应限定在距离等于 0.1mm 的两个圆之间，这两个圆位于相交圆锥上。例如，图 3-42 中方向要素框格所示的，垂直于被测要素表面的公差带。圆锥要素的圆度要求应标注方向要素框格。

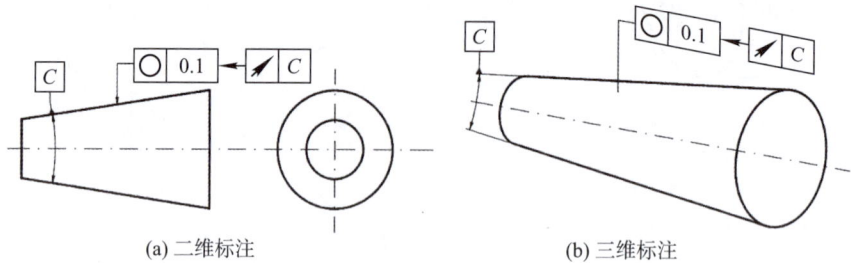

(a) 二维标注　　　　　　　　　　(b) 三维标注

图 3-42　圆度公差的标注（二）

2）圆柱度公差

被测要素是组成要素。公称被测要素的属性与形状为明确给定的圆柱表面，属于面要素。如图 3-43 所示，提取（实际）圆柱表面应限定在半径差等于 0.1mm 的两个同轴圆柱面之间。

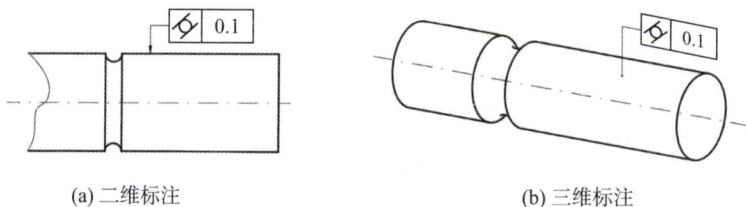

(a) 二维标注　　　　　　　　　　(b) 三维标注

图 3-43　圆柱度公差的标注

## 3.3.8　知识拓展

### 1. 零件的要素

零件的要素是指构成零件的具有几何特征的点、线、面。图 3-44 所示零件为由各个要素组成的几何体，它由顶点、球心、轴线、圆柱面、球面、圆锥面和平面等要素组成。

1）拟合要素

拟合要素是指具有几何学意义的要素，它具有理论形状的点、线、面。该要素要求严格符合几何学意义，没有任何误差。零件图样上给出的几何要素均为拟合要素。

2）提取要素

提取要素是指零件上实际存在的要素。提取要素通常用测量所得的要素来代替。但是由于测量过程中存在测量误差，所以测得的要素尺寸并非提取要素的真实尺寸。

图 3-44 构成零件几何特征的要素

3）被测要素

被测要素是指在图样上给出几何公差要求的要素，即图样上几何公差规范中指引线的箭头所指的要素。

4）基准要素

用来确定被测要素的方向或（和）位置的要素称为基准要素。理想的基准要素称为基准。

$\phi45H7$ 的中心线和 40 的左端面都是基准要素。

如图 3-45 所示，$\phi100f7$ 外圆柱面和 40 右端面都是被测要素。

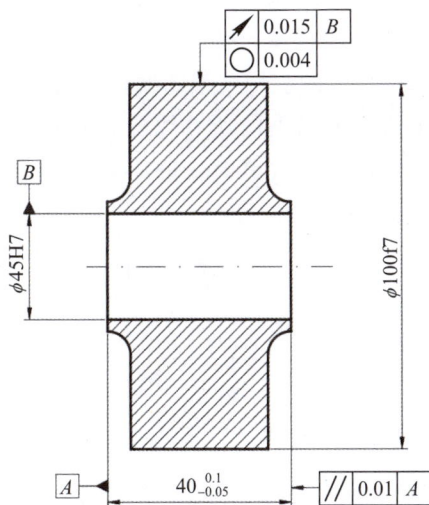

图 3-45 被测要素和基准要素

5）单一要素

仅对要素本身给出了形状公差的要素，称为单一要素。单一要素是不给定基准关系的要素，如一个点、一条线（包括直线、曲线、轴线等）、一个面（包括平面、圆柱面、圆锥面、球面、中心面或公共中心面等）。例如，图 3-45 中 $\phi100f7$ 圆柱面仅给出本身的圆度要求，所以$\phi$100f7圆柱面就是单一要素。

6）关联要素

与其他要素具有功能关系的要素称为关联要素。所谓功能关系，是指要素与要素之间具有某种确定的方向或位置关系（如垂直、平行、倾斜、对称或同轴等）。例如，图3-45中右端面对左端面有平行功能要求，因此可以认为关联要素就是有位置公差或方向公差或跳动公差要求的要素。

7）组成要素

组成要素是指零件的面或面上的线，如图3-45中的$\phi$100f7圆柱面。

8）导出要素

导出要素是指零件的中心点、中心线或中心面，如图3-45中的$\phi$45H7孔的中心线。

## 2. 术语定义及标注方法

1）相交平面

相交平面是指由工件的提取要素建立的平面，用于标识提取面上的线要素（组成要素或中心要素）或标识提取线上的点要素。

（1）相交平面用来标识线要求的方向，如在平面上线要素的直线度、线轮廓度、要素的线要素的方向以及在面要素上的线要素的"全周"规范。

（2）若几何公差规范中包含相交平面框格，则应符合下列规则：

①当被测要素是组成要素上的线要素时，应标注相交平面，以免产生误解。除非被测要素是圆柱、圆锥或球的母线的直线度或圆度。

②当被测要素是在一个给定方向上的所有线要素，而且特征符号并未明确表明被测要素是平面要素还是该要素上的线要素时，应使用相交平面框格表示被测要素上的线要素及这些线要素的方向，如图3-46所示。

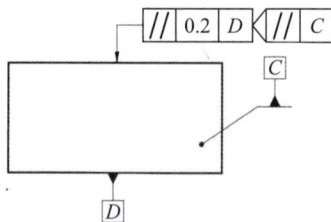

图3-46　使用相交平面框格的规范

2）定向平面

定向平面是指由零件的提取要素建立的平面，用于标识公差带的方向。

（1）在下列情况下应标注定向平面。

①被测要素是中心线或中心点，且公差带的宽度是由两平行平面限定的。

②被测要素是中心点，公差带是由一个圆柱限定的。

③公差带相对于其他要素定向，且该要素是基于零件的提取要素构建的，能够标识公差带的方向。

(2)若几何公差规范中包含定向平面框格，则应符合下列规则：定向平面应按照平行于、垂直于、保持特定的角度等关系，以定向平面框格第二格所标注的为基准，采用如下方式构建。

①当定向平面所定义的角度不是0°或90°时，应使用倾斜度符号，并且应明确地定义定向平面与定向平面框格中的基准之间的理论夹角。

②当定向平面所定义的角度是0°或90°时，应分别使用平行度符号或垂直度符号。定向平面标注示例如图3-47所示。

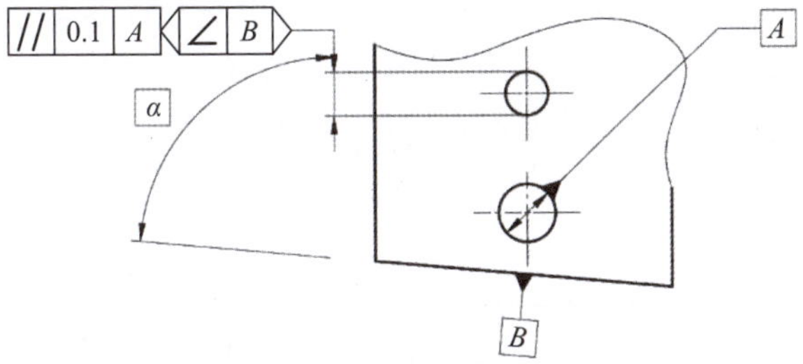

图 3-47　定向平面标注示例

3)方向要素

方向要素是指由工件的提取要素建立的理想要素，用于标识公差带宽度(局部偏差)的方向。

(1)当被测要素是组成要素且公差带宽度的方向与面要素不垂直时，应使用方向要素确定公差带宽度的方向。另外，应使用方向要素标注非圆柱体或球体的回转体表面圆度的公差带宽度方向。

(2)若几何公差规范中包含方向要素框格，则应符合下列规则：公差带宽度的方向应参照方向要素框格中标注的基准构建。

①当方向定义为与被测要素的面要素垂直时，应使用跳动符号，并且被测要素或其导出要素应在方向要素框格中作为基准标注。

②当方向所定义的角度是0°或90°时，应分别使用平行度符号或垂直度符号。

③当方向所定义的角度不是0°或90°时，应使用倾斜度符号，而且应明确地定义方向要素与方向要素框格的基准之间的 TED 夹角。方向要素标注示例如图3-48所示。

4)组合平面

组合平面是指由零件上的要素建立的平面，用于定义封闭的组合连续要素。

(1)当标注"全周"符号时，应使用组合平面。组合平面可标识一个平行平面组，也可用来标识"全周"标注所包含的要素。

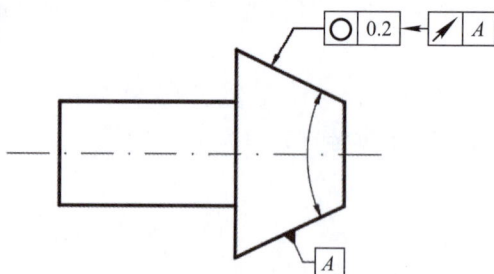

图 3-48　方向要素标注示例

（2）当使用"全周"符号标识适用于要素集合的规范时，应标注组合平面。组合平面可标识一组单一要素，与平行于组合平面的任意平面相交为线要素或点要素，如图 3-49所示。

(a) 二维标注　　　　　　　　　　　　　　　(b) 三维标注

图 3-49　组合平面标注示例

5）理论正确尺寸

对于在一个要素或一组要素上所标注的位置、方向或轮廓规范，将确定各个理论正确位置、方向或轮廓的尺寸称为理论正确尺寸（TED）。TED 可明确标注或缺省。

TED 不应包含公差，应使用方框将其封闭。基准体系中各基准之间的角度也可用TED 标注，如图 3-50 所示。

图 3-50　理论正确尺寸的标注

### 3.3.9　练习与思考

1. 图 3-51 所示为低阶轴检测图，请根据图纸检测阶梯轴外圆表面的圆度和圆柱度公差。

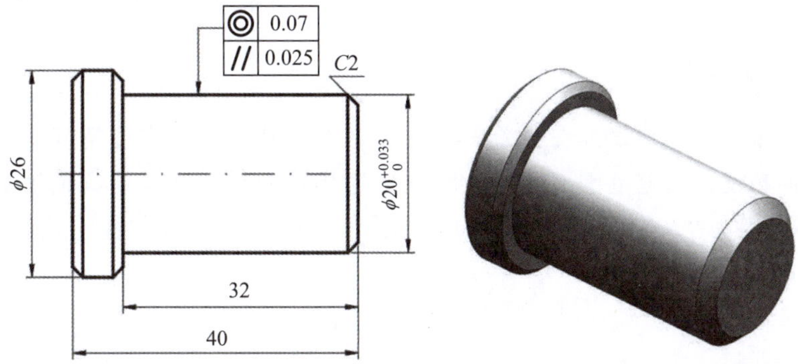

图 3-51　低阶轴检测图

2. 圆度的公差带形状是_____限定的区域，平面度的公差带形状是_____限定的区域。

3. 某圆柱面的圆柱度公差为 0.03mm，那么该圆柱面对轴线的径向全跳动公差_____0.03mm。

# 任务四　平行度公差及其检测

## 学习目标

**知识目标：**

(1)理解平行度公差的内涵。

(2)掌握平行度公差在图样上的识读和标注方法。

(3)掌握零件有关位置公差的含义和基准的体现方法。

(4)掌握常规测量的方法。

**技能目标：**

(1)提升操作、实际检测分析能力。

(2)能够按照误差要求正确地选择测量工具。

(3)能够掌握测量工具的使用方法，对工件进行准确测量。

**素养目标：**

(1)严谨规范操作，恪守职业准则。

(2)培养追求真理的科学精神。

## 3.4.1 任务描述

支柱连接轴是斯特林风扇的重要组成部分，其尺寸和几何精度直接影响支柱的定位及安装精度。请利用现有的量具，对支柱连接轴进行检测，分析产生问题的原因。

## 3.4.2 任务分析

支柱连接轴，尺寸精度都在公差范围之内，提高其安装和定位精度主要在于支柱连接轴的几何精度在公差范围之内，检测支柱连接轴的平行度误差就是解决问题的关键。图 3-52 所示为平行度公差及其测量流程，图 3-53 所示为支柱连接轴零件图纸，图 3-54 所示为支柱连接轴。

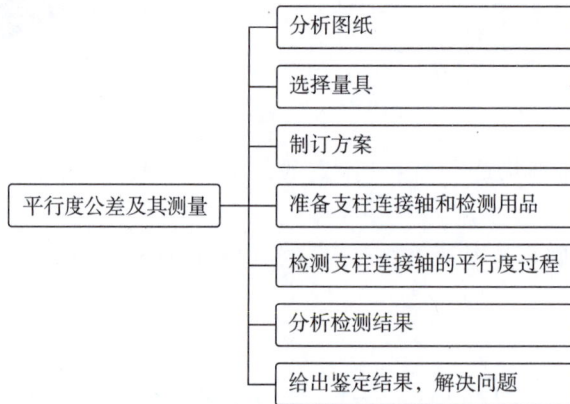

图 3-52　平行度公差及其测量流程

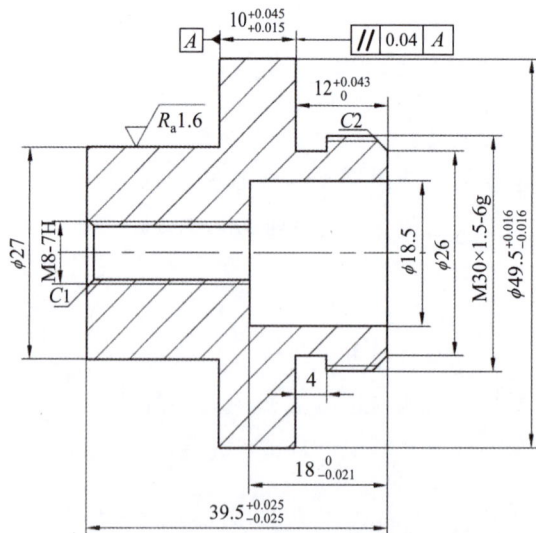

图 3-53　支柱连接轴零件图纸

(a) 实物图　　　　　　　(b) 简图

图 3-54　支柱连接轴

### 1. 分析图纸

平行度是指两个平面或者两条直线平行的程度，指一个平面（边）相对于另一个平面（边）平行的误差最大允许值。检测图中支柱连接轴间的平行度。图中标注的几何公差的含义是平行度公差，其值为 0.04mm。

### 2. 选择量具

百分表、表架、V 形块、标准平板、全棉布、防锈油等。

## 3.4.3　制订方案

以零件下表面为基准面，在被测表面上取多点进行测量，并记录测量值中的最大值与最小值，二者之差可以得到平行度误差值。

## 3.4.4　任务实施

### 1. 测量过程

(1)如图 3-55 所示，将被测零件放在测量平台上，以零件下表面为基准面。

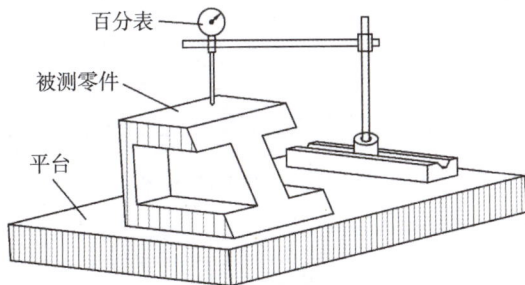

图 3-55　面对面平行度

(2)安装好表座、表架、百分表，调节表架，使百分表的测头垂直于被测表面，且使百分表的指针有半圈以上的压缩量，转动表盘调节指针使其归零。

(3)移动表架，在整个被测表面取多点进行测量，并记录测量值 $M_i$。

(4)选出测量值 $M_i$ 中的最大值 $M_{max}$ 与最小值 $M_{min}$。

(5)检测结束，清洁并整理测量工具。

**2. 注意事项**

(1)测量前应了解测量的安全要领，防止刮碰、砸伤事故的发生。

(2)先清理零件被测表面，使零件表面清洁无杂物。

(3)百分表的测头一定要垂直于被测表面。

(4)尽量多方向、多点测量。

## 3.4.5　鉴定结论

(1)将测量所得的数据填入表 3-11 的相应栏目中。

表 3-11　平行度公差检测报告单

| 测量工具 | | | | | |
|---|---|---|---|---|---|
| 零件简图 | | | | | |
| 序号 | $M_1$ | $M_2$ | $M_3$ | $M_4$ | $M_5$ |
| 数据 | | | | | |
| 序号 | $M_6$ | $M_7$ | $M_8$ | $M_9$ | $M_{10}$ |
| 数据 | | | | | |
| 平行度误差 $\Delta = M_{max} - M_{min} =$ | | | | 结论： | |

(2)画出被测零件简图，并用粗实线标明被测要素。

(3)根据测得的数据 $M_{max}$ 和 $M_{min}$，计算平行度误差，即

$$\Delta = M_{max} - M_{min}$$

式中：$M_{max}$——百分表的最大读数；

$\quad M_{min}$——百分表的最小读数。

(4)根据图样所给出的公差值，判断零件是否合格。

## 3.4.6　任务评价

任务结束后，根据本次任务的完成情况，认真填写表 3-12。

表 3-12　任务评价表

| 项目 | 自我评价 | | | 小组评价 | | | 教师评价 | | | 增值评价 | | |
|---|---|---|---|---|---|---|---|---|---|---|---|---|
| | 9～10 | 6～8 | 1～5 | 9～10 | 6～8 | 1～5 | 9～10 | 6～8 | 1～5 | 9～10 | 6～8 | 1～5 |
| | 占总评的 10% | | | 占总评的 20% | | | 占总评的 30% | | | 占总评的 40% | | |
| 量具校验 | | | | | | | | | | | | |
| 规范检测 | | | | | | | | | | | | |
| 检测报告 | | | | | | | | | | | | |
| 整理现场 | | | | | | | | | | | | |
| 职业素养 | | | | | | | | | | | | |
| 小计 | | | | | | | | | | | | |
| 总评 | | | | | | | | | | | | |

## 3.4.7　检测相关知识

### 1. 平行度公差的定义

平行度指两个平面或者两条直线平行的程度。平行度公差指一个平面（边）相对于另一个平面（边）平行的误差最大允许值，用符号"∥"表示。平行度误差有以下几种常见情况。

平行度公差的
识读与测量

1）相对于基准体系的中心线平行度公差

公差带为间距等于公差值，平行于两基准且沿规定方向的两个平行平面所限定的区域。图 3-56 为相对于基准体系的中心线平行度公差带的定义（一）。

公差带还是间距等于公差值 $t$，平行于基准 $A$ 且垂直于基准 $B$ 的两个平行平面所限定的区域，如图 3-57 所示。

提取（实际）中心线应限定在两对间距分别等于 0.1mm 和 0.2mm，且平行于基准轴线 $A$ 的平行平面之间，如图 3-58 所示。定向平面框格规定了公差带宽度相对于基准平面 $B$ 的方向，定向平面框格规定了 0.2mm 的公差带的限定平面垂直于定向平面 $B$；定向平面框格规定了 0.1mm 的公差带的限定平面平行于定向平面 $B$。

2）相对于基准直线的中心线平行度公差

若公差值前加了符号"$\phi$"，则公差带为平行于基准轴线，其直径等于公差值 $t$ 的圆柱面所限定的区域，如图 3-59 所示。

图 3-56　相对于基准体系的中心线
平行度公差带的定义(一)
a—基准 $A$；b—基准 $B$

图 3-57　相对于基准体系的中心线
平行度公差带的定义(二)
a—基准 $A$；b—基准 $B$

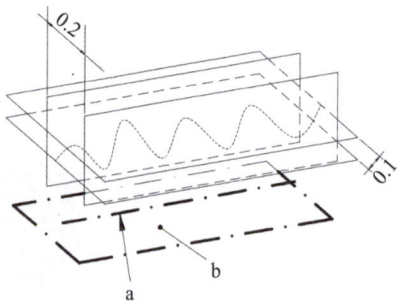

图 3-58　相对于基准体系的中心线
平行度公差带的定义(三)
a—基准 $A$；b—基准 $B$

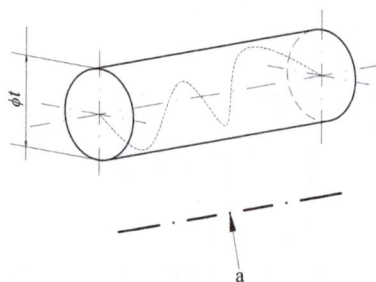

图 3-59　相对于基准直线的中心线
平行度公差带的定义
a—基准 $A$

3)相对于基准面的中心线平行度公差

公差带为平行于基准平面,间距等于公差值 $t$ 的两个平行平面限定的区域,如图 3-60 所示。

4)相对于基准面的一组在表面上的线平行度公差

公差带为间距等于公差值 $t$ 的两条平行直线所限定的区域。这两条平行直线平行于基准平面 $A$ 且处于平行于基准平面 $B$ 的平面内,如图 3-61 所示。

5)相对于基准直线的平面平行度公差

公差带为间距等于公差值 $t$,平行于基准的两个平行平面所限定的区域,如图 3-62 所示。

6)相对于基准面的平面平行度公差

公差带为间距等于公差值 $t$,平行于基准平面的两个平行平面所限定的区域,如图 3-63 所示。

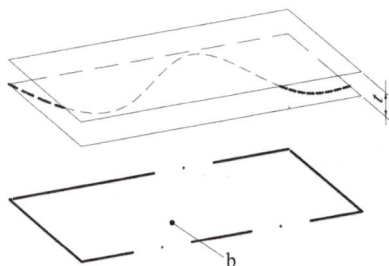

图 3-60 相对于基准面的中心线
平行度公差带的定义
b—基准 $B$

图 3-61 相对于基准面的一组在表面上的线
平行度公差带的定义
a—基准 $A$；b—基准 $B$

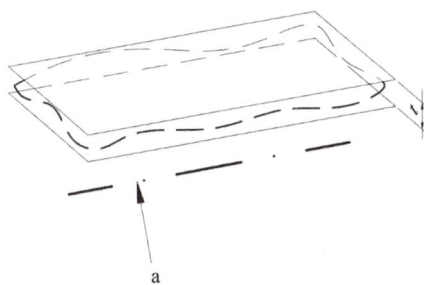

图 3-62 相对于基准直线的平面
平行度公差带的定义
a—基准 $C$

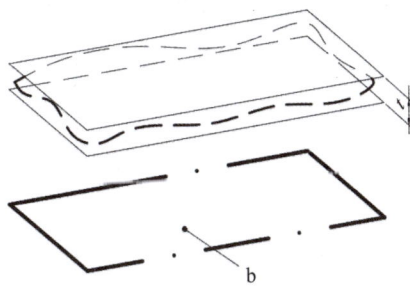

图 3-63 相对于基准面的平面
平行度公差带的定义
b—基准 $D$

**2. 平行度公差的标注**

被测要素可以是组成要素或是导出要素。每个公称被测要素的形状均由直线或平面明确给定。如果被测要素是公称状态为平表面上的一系列直线，应标注相交平面框格。

1）相对于基准体系的中心线平行度公差

如图 3-64 所示，提取（实际）中心线应限定在间距等于 0.1mm，平行于基准轴线 $A$ 的两个平行平面之间。限定公差带的平面均平行于由定向平面框格规定的基准平面 $B$。基准 $B$ 为基准 $A$ 的辅助基准。

如图 3-65 所示，提取（实际）中心线应限定在间距等于 0.1mm，平行于基准轴线 $A$ 的两个平行平面之间。限定公差带的平面均垂直于由定向平面框格规定的基准平面 $B$。

(a) 二维标注 　　　　　　　　　　(b) 三维标注

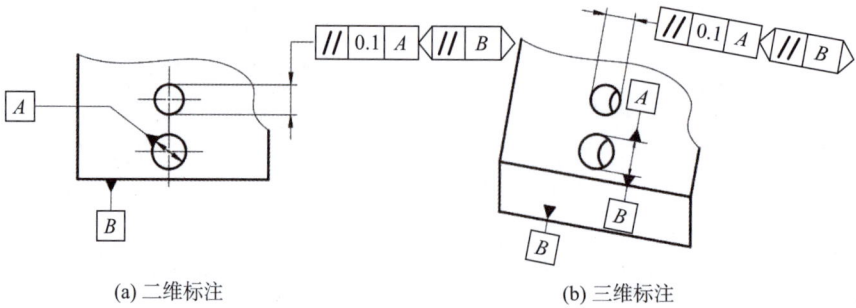

图 3-64　相对于基准体系的中心线平行度标注(一)

(a) 二维标注 　　　　　　　　　　(b) 三维标注

图 3-65　相对于基准体系的中心线平行度标注(二)

如图 3-66 所示，提取(实际)中心线应限定在两对间距分别等于公差值 0.1mm 且平行于基准轴线 $A$ 的平行平面之间。定向平面框格规定了公差带宽度相对于基准平面 $B$ 的方向。基准 $B$ 为基准 $A$ 的辅助基准。

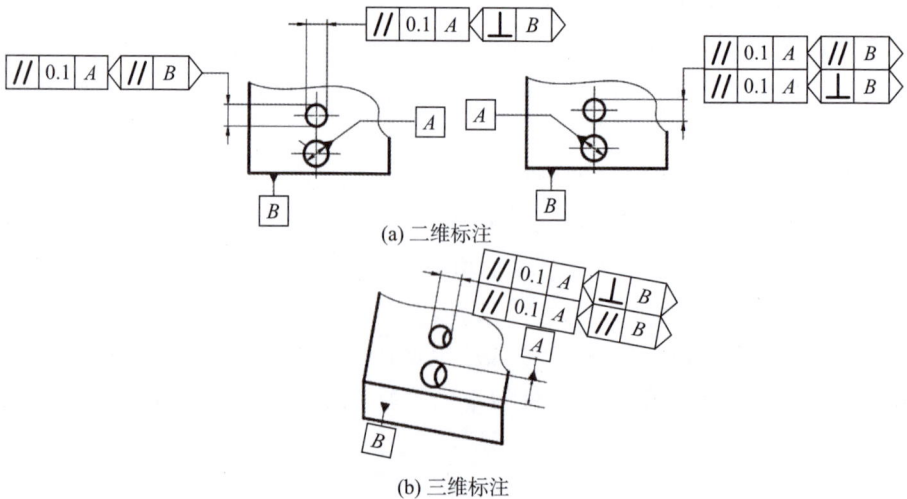

(a) 二维标注

(b) 三维标注

图 3-66　相对于基准体系中的中心线平行度标注(三)

2)相对于基准直线的中心线平行度公差

如图 3-67 所示,提取(实际)中心线应限定在平行于基准轴线 $A$ 直径等于 $0.03\text{mm}$ 的圆柱面内。

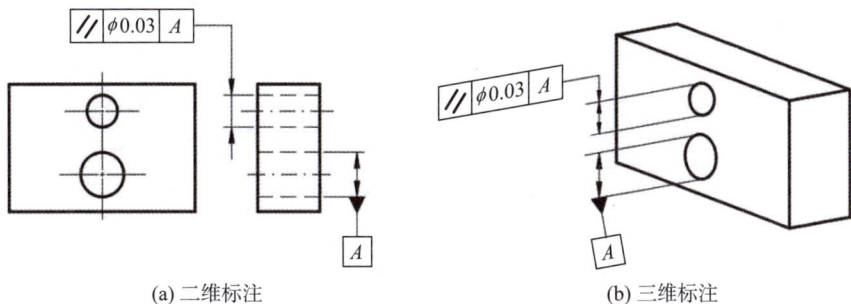

(a)二维标注　　　　　　　　(b)三维标注

**图 3-67　相对于基准直线的中心线平行度标注**

3)相对于基准面的中心线平行度公差

如图 3-68 所示,提取(实际)中心线应限定在平行于基准面 $B$ 间距等于 $0.01\text{mm}$ 的两个平行平面之间。

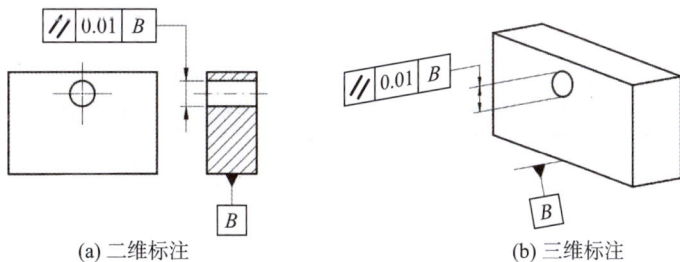

(a)二维标注　　　　　　　　(b)三维标注

**图 3-68　相对于基准面的中心线平行度标注**

4)相对于基准面的一组在表面上的线平行度公差

如图 3-69 所示,每条由相交平面框格规定的,平行于基准面 $B$ 的提取(实际)线应限定在间距等于 $0.02\text{mm}$,平行于基准面 $A$ 的两平行线之间。基准 $B$ 为基准 $A$ 的辅助基准。

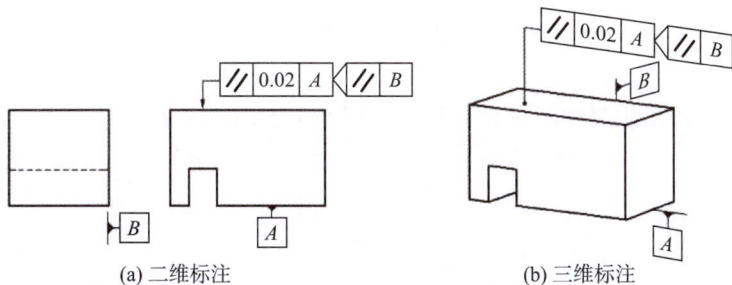

(a)二维标注　　　　　　　　(b)三维标注

**图 3-69　相对于基准面的一组在表面上的线平行度标注**

5）相对于基准直线的平面平行度公差

如图 3-70 所示，提取（实际）面应限定在间距等于 0.1mm，平行于基准轴线 C 的两个平行平面之间。

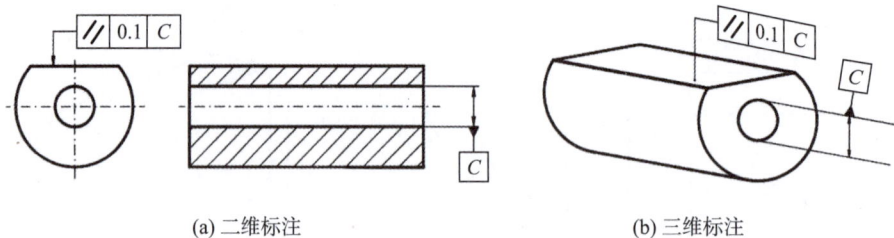

(a) 二维标注　　　　　　　　　(b) 三维标注

图 3-70　相对于基准直线的平面平行度标注

6）相对于基准面的平面平行度公差

如图 3-71 所示，提取（实际）表面应限定在间距等于 0.01mm，平行于基准面 D 的两平行平面之间。

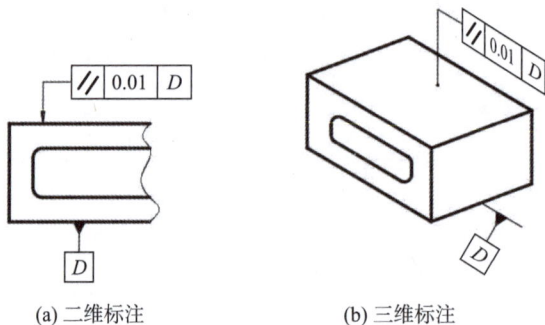

(a) 二维标注　　　　　　　　　(b) 三维标注

图 3-71　相对于基准面的平面平行度标注

## 3.4.8　知识拓展

几何公差带是指用来限制实际（组成）要素变动的区域。构成零件实际要素的点、线、面都在该区域内，零件才为合格。几何公差带的构成比较复杂，它主要由大小、形状、位置和方向四个要素构成，并形成 13 种公差带形状，用于几何公差项目。

### 1. 几何公差带的形状

几何公差带的形状是由各个公差项目的定义决定的，见表 3-13。

表 3-13 几何公差带的形状

| 序号 | 公差带形状 | 符号 | 序号 | 公差带形状 | 符号 |
|------|-----------|------|------|-----------|------|
| 1 | 一个圆内的区域 |  ○ | 8 | 两个同轴圆柱面之间的区域 |  |
| 2 | 两个同心圆之间的区域 |  ◎ | 9 | 一个圆锥面内的区域 | 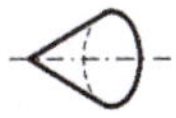 |
| 3 | 在一个圆锥面上的两个平行圆之间的区域 | 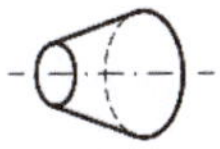 | 10 | 一个单一曲面内的区域 |  |
| 4 | 两个直径相同的平行圆之间的区域 |  | 11 | 两个等距曲面或两个平行平面之间的区域 |  |
| 5 | 两条等距曲线或两条平行直线之间的区域 | 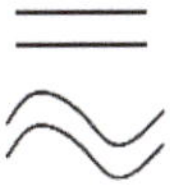 | 12 | 一个圆球面内的区域 |  |
| 6 | 两条不等距曲线或两条不平行直线之间的区域 | 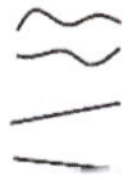 | 13 | 两个不等距曲面，或两个不平行平面之间的区域 |  |
| 7 | 一个圆柱面内的区域 | 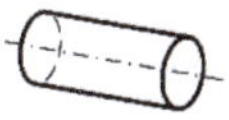 | | | |

**2. 几何公差带的大小**

几何公差带的大小用公差值表示。公差值 $t$ 表示公差带为两条平行直线、两个平行平面、两个同心圆、两条等距曲线、两个等距曲面等的间距，公差值 $t$ 前加注符号"$\phi$"表示公差带为圆形和圆柱形，公差值 $t$ 前加注符号"S$\phi$"表示公差带为球形。因此，几何公差值可以是公差带的宽度或直径。

**3. 几何公差带的方向**

几何公差带的方向是公差带的延伸方向，它与测量方向垂直。

**4. 几何公差带的位置**

几何公差带的位置有固定和浮动两种。在几何公差中，属于固定位置公差带的有同轴度、对称度、部分位置度、部分轮廓度等，其余各项几何公差带均属于浮动位置公差带。

## 3.4.9 练习与思考

1. 检测图 3-72 所示工字形支承块上、下表面间的平行度误差。图中标注的几何公差的含义是上表面对下表面的平行度公差值为 0.02mm。

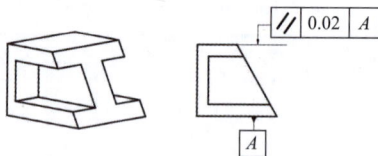

图 3-72　工字形支承块

2. 某一实际平面对基准面的平行度误差为 0.05mm，则该平面的平面度误差一定不大于 0.05mm。　　　　　　　　　　　　　　　　　　　　　　　　　（　　）

3. 若某平面的平面度误差为 0.06mm，则该平面对基准的平行度误差一定小于 0.06mm。　　　　　　　　　　　　　　　　　　　　　　　　　　　　（　　）

# 任务五　垂直度公差及其检测

## 学习目标

**知识目标：**

(1) 理解垂直度公差的内涵。

(2) 掌握垂直度公差在图样上的识读和标注方法。

(3) 掌握测量垂直度公差的基本方法和步骤。

**技能目标：**

(1) 能够对图样进行识读及标注。

(2) 能够按照公差要求正确地选择测量工具。

(3) 能够掌握测量工具的使用方法，对工件进行准确测量。

**素养目标：**

(1) 锤炼实操工匠技能。

(2) 激发创新创意思维。

(3) 涵养严谨职业操守。

## 3.5.1　任务描述

支架是斯特林风扇的重要零件之一，其主要作用是提供支撑，承受较大的力，同时具备定位功能，能确保零件之间保持正确的位置。然而，在实际安装使用过程中，支架存在支撑稳定性差、安装困难等问题。请利用现有的量具，对支架进行检测，分析产生问题的原因。

## 3.5.2　任务分析

支架需要起到支撑和安装从动轮、曲轴等零件的作用，必须保证其底面与侧壁的垂直度。图 3-73 所示为垂直度公差及其检测流程，图 3-74 所示为支架零件图纸，图 3-75 所示为支架零件。

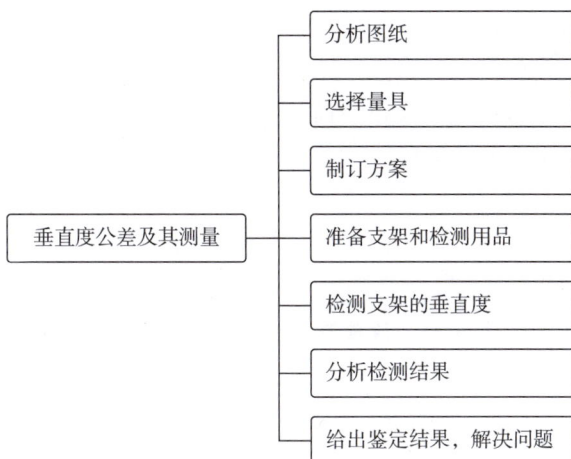

图 3-73　垂直度公差及其测量流程

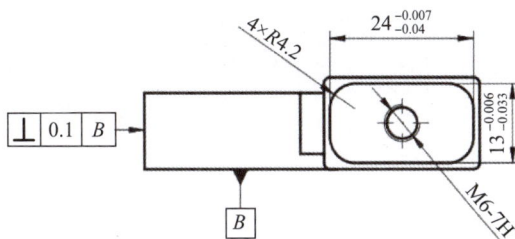

图 3-74　支架零件图纸

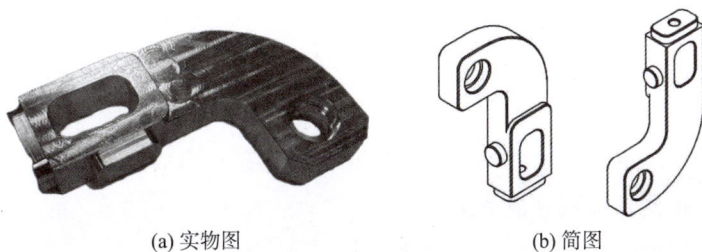

(a) 实物图　　　　　　　(b) 简图

图 3-75　支架零件

**1. 分析图纸**

测量支架底面与侧壁的垂直度误差，图中标注的几何公差含义是支架被测面相对基准面的垂直度公差值为 0.1mm。

**2. 选择量具**

测量平台、百分表、表座、表架、导向块、全棉布、防锈油等。

## 3.5.3 制订方案

在测量过程中，将被测零件放在导向块内，基准轴线由导向块模拟（放置零件时，注意保证其中一面与测量平台垂直）。

## 3.5.4 任务实施

**1. 测量过程**

（1）如图 3-76 所示，将被测零件放在导向块内，基准轴线由导向块模拟。

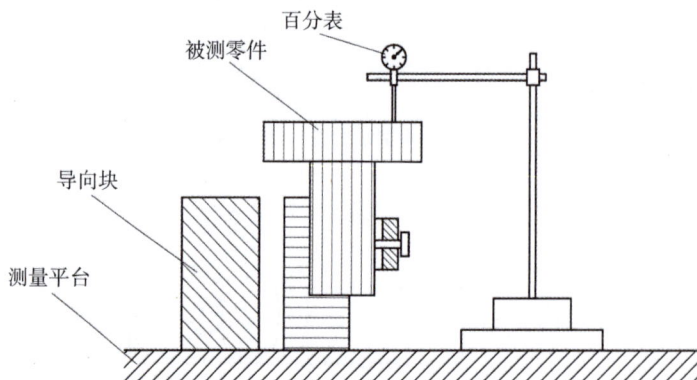

图 3-76　面对线垂直度误差测量

（2）使百分表测头与被测表面接触并保持垂直，且有一定的压缩量，调整指针使其指零。

（3）测量整个表面，并记录百分表读数 $M_i$。

（4）检测结束，清洁并整理测量工具。

**2. 注意事项**

（1）测量前应了解测量的安全要领，防止刮碰、砸伤事故的发生。

（2）一定要按测量步骤完成测量。

（3）百分表的测头应与测量表面接触，并保持垂直。

（4）测量范围为整个表面，不要只测量部分区域。

## 3.5.5　鉴定结论

（1）将测量所得的数据填入表 3-14 相应栏目。

表 3-14　垂直度公差检测报告单

| 测量工具 | | | | | |
|---|---|---|---|---|---|
| 零件简图 | | | | | |
| 序号 | $M_1$ | $M_2$ | $M_3$ | $M_4$ | $M_5$ |
| 数据 | | | | | |
| 序号 | $M_6$ | $M_7$ | $M_8$ | $M_9$ | $M_{10}$ |
| 数据 | | | | | |
| 平行度误差 $\Delta = M_{max} - M_{min} =$　　　mm | | | | | 结论： |

（2）画出被测零件简图，并用粗实线标明被测要素。

（3）在零件的整个测量表面上读数的最大值 $M_{max}$ 与最小值 $M_{min}$ 之差即垂直度误差，其计算公式为

$$\Delta = M_{max} - M_{min}$$

式中：$M_{max}$——百分表的最大读数；

　　　$M_{min}$——百分表的最小读数。

（4）根据图样所给出的公差值，判断零件是否合格。

## 3.5.6　任务评价

任务结束后，根据本次任务的完成情况，认真填写表 3-15。

表 3-15　任务评价表

| 项目 | 自我评价 | | | 小组评价 | | | 教师评价 | | | 增值评价 | | |
|---|---|---|---|---|---|---|---|---|---|---|---|---|
| | 9~10 | 6~8 | 1~5 | 9~10 | 6~8 | 1~5 | 9~10 | 6~8 | 1~5 | 9~10 | 6~8 | 1~5 |
| | 占总评的 10% | | | 占总评的 20% | | | 占总评的 30% | | | 占总评的 40% | | |
| 量具校验 | | | | | | | | | | | | |
| 规范检测 | | | | | | | | | | | | |
| 检测报告 | | | | | | | | | | | | |
| 整理现场 | | | | | | | | | | | | |
| 职业素养 | | | | | | | | | | | | |
| 小计 | | | | | | | | | | | | |
| 总评 | | | | | | | | | | | | |

## 3.5.7　检测相关知识

被测要素可以是组成要素或导出要素。公称被测要素的属性可以是线性要素、一组线性要素，或面要素。公称被测要素的形状由直线或面要素明确给定。若被测要素是公称平面，且被测要素是该平面上的一组直线，应标注相交平面框格。应使用缺省的 TED(90)给定锁定在公称被测要素与基准之间的 TED 角度。

### 1. 垂直度公差的定义

垂直度公差是方向公差中控制被测要素与基准要素夹角为 90°的公差要求，用符号"⊥"表示。有以下几种情况。

1) 相对于基准直线的中心线垂直度公差

公差带为间距等于公差值 $t$，垂直于基准轴线的两个平行平面所限定的区域，如图 3-77 所示。

2) 相对于基准体系的中心线垂直度公差

由图 3-78 的规范所定义的公差带为间距等于公差值 $t$ 的两个平行平面所限定的区域。两个平行平面垂直于基准面 $A$ 且平行于辅助基准 $B$。

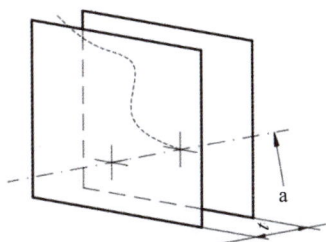

图 3-77 相对于基准直线的中心线
垂直度公差带的定义
a—基准 A

图 3-78 相对于基准体系的中心线
垂直度公差带的定义（一）
a—基准 A；b—基准 B

公差带为间距分别等于公差值 0.1mm 与 0.2mm，且相互垂直的两组平行平面所限定的区域。这两组平行平面都垂直于基准面 A。其中，一组平行平面平行于辅助基准 B，另一组平行平面垂直于辅助基准 B，如图 3-79 所示。

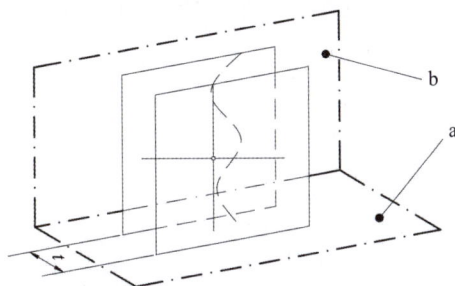

(a)      (b)

图 3-79 相对于基准体系的中心线垂直度公差带的定义（二）
a—基准 A；b—基准 B

3）相对于基准面的中心线垂直度公差

若公差值前加注符号"$\phi$"，则公差带为直径等于公差值 $t$，轴线垂直于基准平面的圆柱面所限定的区域，如图 3-80 所示。

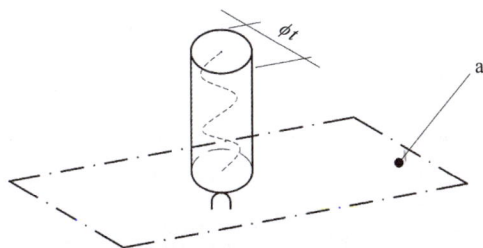

图 3-80 相对于基准面的中心线垂直度公差带的定义
a—基准 A

4）相对于基准直线的平面垂直度公差

公差带为间距等于公差值 $t$，且垂直于基准轴线的两个平行平面所限定的区域，如图 3-81 所示。

5）相对于基准面的平面垂直度公差

公差带为间距等于公差值 $t$，垂直于基准面 $A$ 的两个平行平面所限定的区域，如图 3-82 所示。

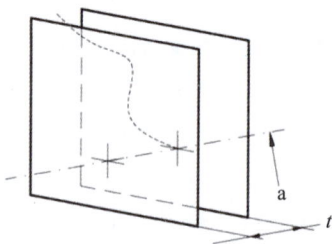

图 3-81　相对于基准直线的平面
垂直度公差带的定义
a—基准 $A$

图 3-82　相对于基准面的平面
垂直度公差带的定义
a—基准 $A$

**2. 垂直度误差的标注**

1）相对于基准直线的中心线垂直度公差

如图 3-83 所示，提取（实际）中心线应限定在间距等于 0.06mm，垂直于基准轴 $A$ 的两个平行平面之间。

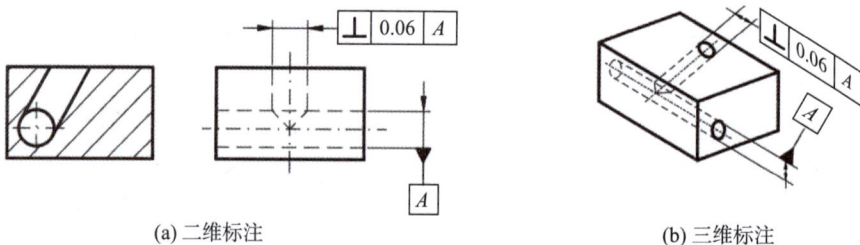

(a) 二维标注

(b) 三维标注

图 3-83　相对于基准直线的中心线垂直度标注

2）相对于基准体系的中心线垂直度公差

如图 3-84 所示，圆柱面的提取（实际）中心线应限定在间距等于 0.1mm 的两个平行平面之间。两个平行平面垂直于基准面 $A$，且方向由基准面 $B$ 规定。基准 $B$ 为基准 $A$ 的辅助基准。

圆柱的提取（实际）中心线应限定在间距分别等于 0.1mm 与 0.2mm 且垂直于基准面 $A$ 的两组平行平面之间。公差带的方向使用定向平面框格由基准面 $B$ 规定。基准 $B$ 是基准 $A$ 的辅助基准，如图 3-85 所示。

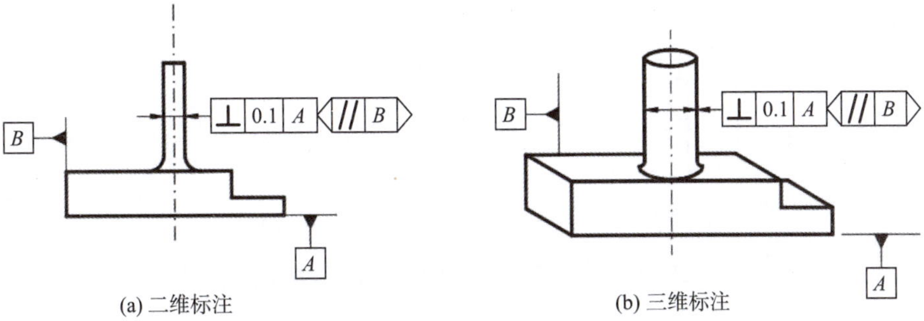

B
⊥ 0.1 A
// B
A
(a) 二维标注
B
⊥ 0.1 A
// B
A
(b) 三维标注

图 3-84　相对于基准体系的中心线垂直度标注(一)

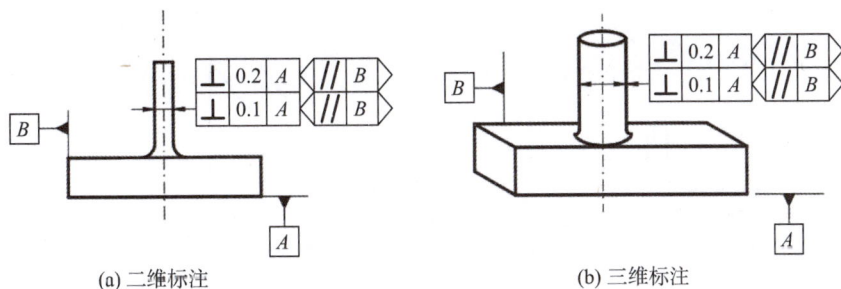

B
⊥ 0.2 A
// B
⊥ 0.1 A
// B
A
(a) 二维标注
B
⊥ 0.2 A
// B
⊥ 0.1 A
// B
A
(b) 三维标注

图 3-85　相对于基准体系的中心线垂直度标注

3）相对于基准面的中心线垂直度公差

如图 3-86 所示，圆柱面的提取(实际)中心线应限定在直径等于 0.01mm，垂直于基准面 $A$ 的圆柱面内。

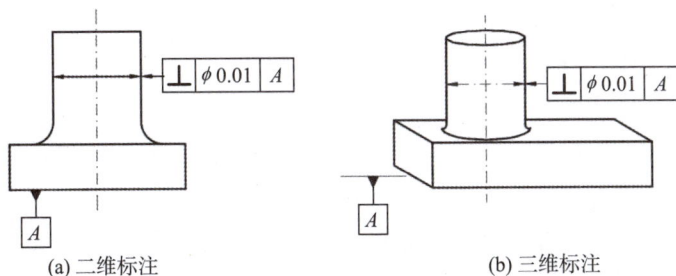

⊥ φ0.01 A
A
(a) 二维标注
⊥ φ0.01 A
A
(b) 三维标注

图 3-86　相对于基准面的中心线垂直度标注

4）相对于基准直线的平面垂直度公差

如图 3-87 所示，提取(实际)面应限定在间距等于 0.08mm 的两个平行平面之间。两个平行平面垂直于基准轴线 $A$。

(a) 二维标注　　　　　　　　　　(b) 三维标注

图 3-87　相对于基准直线的平面垂直度标注

5）相对于基准面的平面垂直度公差

如图 3-88 所示，提取（实际）面应限定在间距等于 0.08mm，垂直于基准面 $A$ 的两个平行平面之间。

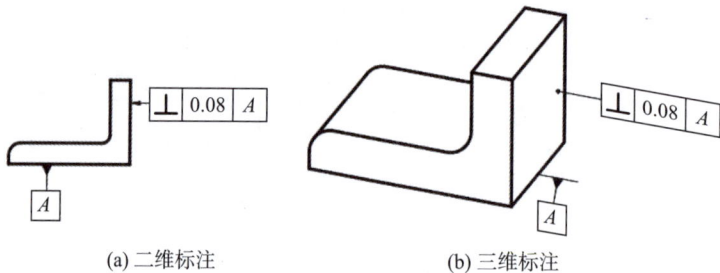

(a) 二维标注　　　　　　　　　　(b) 三维标注

图 3-88　相对于基准面的平面垂直度标注

注意：图中给出的标注未定义绕基准面法向的公差带旋转要求，只规定了方向。

## 3.5.8　知识拓展

### 1. 被测要素的标注方法

1）组成要素的标注

当几何公差规范指向组成要素时，该几何公差规范标注应当通过指引线与被测要素连接，指引线应垂直地指向被测要素，终止方式如下。

在二维标注中，指引线终止在要素的轮廓线上或轮廓线的延长线上，并与尺寸线明显错开，如图 3-89 所示。

（1）若是指引线终止在要素的轮廓线或轮廓线的延长线上，则以箭头终止。

（2）当标注要素是组成要素，且指引线终止在面要素的界限以内时，以圆点终止，如图 3-90 所示。当该面要素可见时，该圆点为实心，指引线为实线；当该面要素不可见时，该圆点为空心，指引线为虚线。

（3）箭头可放在指引横线上，并使指引线垂直指向该面要素，如图 3-91 所示。

(a) 二维标注　　　　　　　　　　(b) 三维标注

图 3-89　组成要素的标注(一)

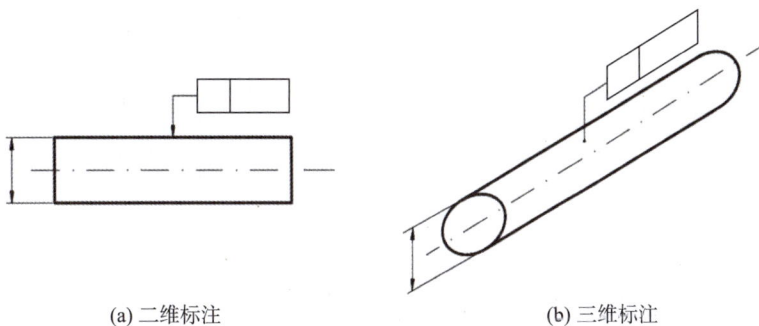

(a) 二维标注　　　　　　　　　　(b) 三维标注

图 3-90　组成要素的标注(二)

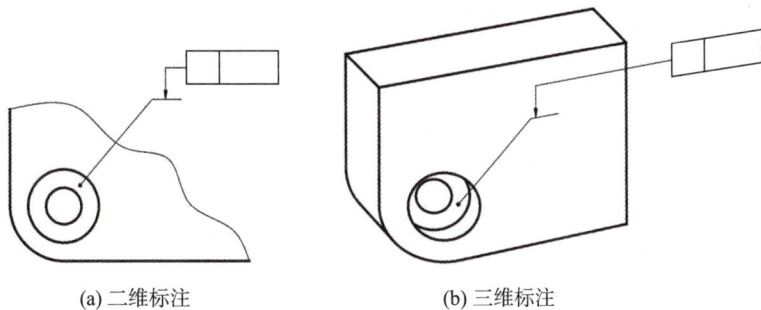

(a) 二维标注　　　　　　　　　　(b) 三维标注

图 3-91　组成要素的标注(三)

在三维标注中，指引线终止在组成要素上，但应与尺寸线明显错开。指引线的终点为指向延长线的箭头以及组成要素上的圆点。当该面要素可见时，该圆点为实心，指引线为实线；当该面要素不可见时，该圆点为空心，指引线为虚线。指引线的终点可以是放在指引横线上的箭头，并指向该面要素。

2)导出要素的标注

当几何公差规范适用于导出要素(中心线、中心面和中心点)时，应按照如下方式进行标注。

（1）用参照线与指引线进行标注，使箭头终止在尺寸要素的尺寸延长线上并与尺寸线对齐，如图 3-92、图 3-93 所示。

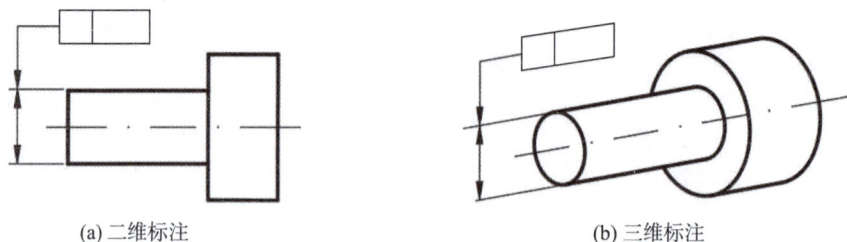

(a) 二维标注　　　　　　　　　(b) 三维标注

图 3-92　导出要素的标注（一）

(a) 二维标注　　　　　　　　　(b) 三维标注

图 3-93　导出要素的标注（二）

（2）将修饰符（回转体中心要素）放在回转体的公差框格内（公差带、要素与特征符号），此时指引线应与尺寸线对齐，可在组成要素上用圆点或箭头终止，如图 3-94 所示。

(a) 二维标注　　　　　　　　　(b) 三维标注

图 3-94　导出要素的标注（三）

3）多层公差标注

若需要为要素指定多个几何特征，可在上、下堆叠的公差框格中给出。推荐将公差框格按公差值从上到下依次递减的顺序排布，如图 3-95 所示。

4）多个单独要素公差标注

多个单独要素有相同几何公差要求时的标注如图 3-96 所示。

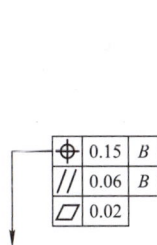

图 3-95 多层公差标注

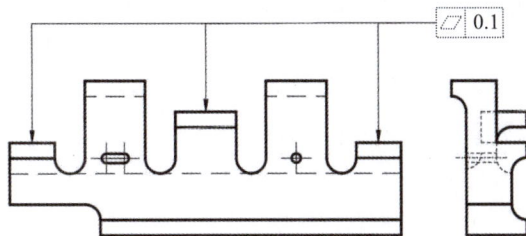

图 3-96 多个单独要素的标注

5)附加标注

如果在相邻标注区域内有不止一个标注，这些标注应按照以下顺序给出，在每个标注之间应留间隔。

(1)表示联合要素的 UF。如果是多个被测要素的标注，标注为"$n\times$"或"$n\times m\times$"；如果被测要素是联合要素，则应标注 UF。应用于联合要素的标注如图 3-97 所示。

(2)表示截面的 ACS。横截面的符号应标注在公差框格上面，如图 3-98 所示。

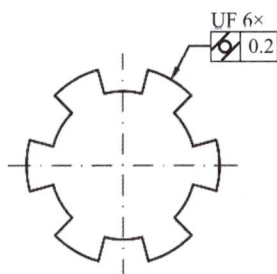

图 3-97 应用于联合要素的标注

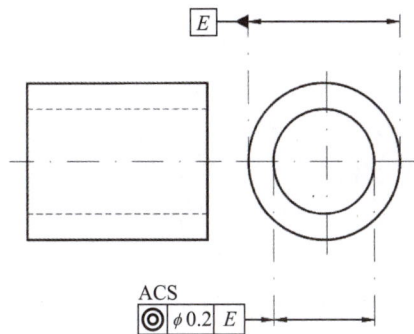

图 3-98 应用于任何横截面的规范标注

(3)表示螺纹与齿轮。

螺纹规范默认适用于中径的导出轴线，应标注大径(MD)、小径(LD)。规定花键和齿轮的规范与基准应标注明其使用的具体要素，如标注节圆直径(PD)。螺纹大径的规范标注如图 3-99 所示。

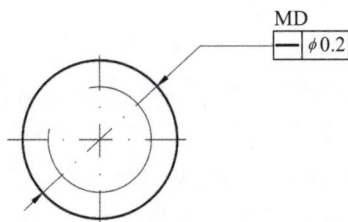

图 3-99 螺纹大径的规范标注

**2. 基准要素的标注方法**

对于有几何公差要求的被测要素，它的方向和位置是由基准要素确定的。如果没有基准，被测要素的方向和位置就无法确定。因此，在识读和使用几何公差时，不仅要知道被测要素，还要知道基准要素。国标规定，在图样上，基准要素用基准符号表示，如图 3-100 所示。

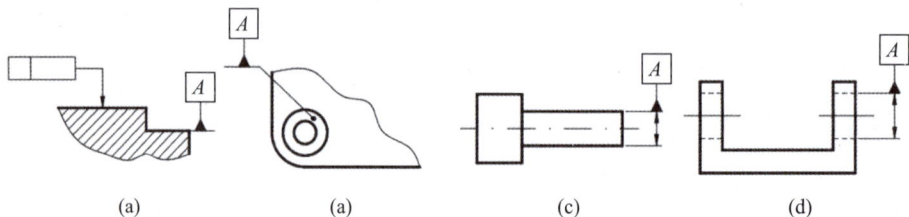

图 3-100　基准要素的标注

(1)当基准要素是轮廓线或轮廓面时，基准三角形放在要素轮廓线或轮廓线的延长线上，并与尺寸线明显错开。

(2)基准三角形还可放在用圆点指向实际表面的参考线上。

(3)当基准要素是轴线(中心线)、中心平面或中心点时，基准三角形应放在该尺寸线的延长线上，并与尺寸线对齐。

(4)如果没有足够的位置标注基准要素尺寸的两个尺寸箭头，其中一个箭头可用基准三角形代替。

不同基准要素的标注方法如图 3-101 所示。

(1)以单个要素作为基准，用一个大写字母表示。

(2)以两个要素建立公共基准时，用中间加短画线的两个大写字母表示。

(3)以两个或三个基准建立基准体系时，表示基准的大写字母按照基准的优先顺序从左至右填写在基准框格内。

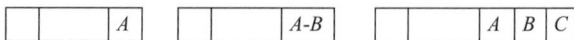

图 3-101　不同基准要素的标注

**3. 几何公差数值的标注**

几何公差数值是几何误差的最大允许值，是线性值。几何公差值在图样上的标注应填写在公差框格第二格内。给出的公差值一般是指被测要素全长或全面积，如果仅指被测要素某一部分，则要在图样上用粗点画线表示出要求的范围，如图 3-102 所示。

如果几何公差值是指被测要素任意长度(范围)，可在公差值框格里直接填写相应的数值。如图 3-103(a)所示，在任意 200mm 长度内，直线度公差值为 0.02mm；如图 3-103(b)所示，被测要素全长的直线度公差值为 0.05mm，而在任意 200mm 长度内直线度公差值为 0.02mm；如图 3-103(c)所示，在被测要素上任意 100mm×100mm 正方形面积上，平面度公差值为 0.05mm。

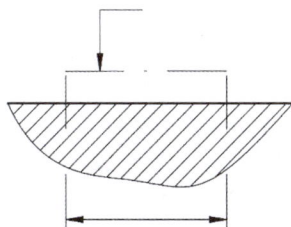

图 3-102　被测要素范围

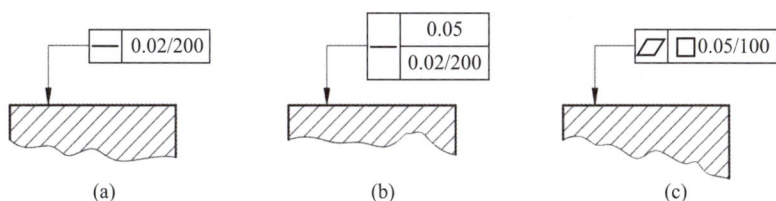

(a)　　　　　　　　(b)　　　　　　　　(c)

图 3-103　被测范围的表示

## 3.5.9　练习与思考

1. 测量图 3-104 所示低阶轴零件的垂直度误差。图中标注的几何公差含义为零件的左端面对 $\phi$20mm。圆柱的轴线的垂直度公差值为 0.08mm。

(a) 实物图　　　　　　　　　　(b) 简图

图 3-104　低阶轴零件

2. 垂直度公差属于(　　　)。

　　A. 跳动公差　　　　B. 定位公差　　　　C. 定向公差　　　　D. 形状公差

3. 轴线对基准平面的垂直度公差带形状：在给定一个方向时为_____，在给定任意方向时为_____。

4. 垂直度公差分为几种？请分别画出它们的公差带形状。

5. 如图 3-105 所示，若实测圆柱的直径为 29.97mm，误差为 $\phi$ 0.023mm。试判断其垂直度是否合格，并说明原因。

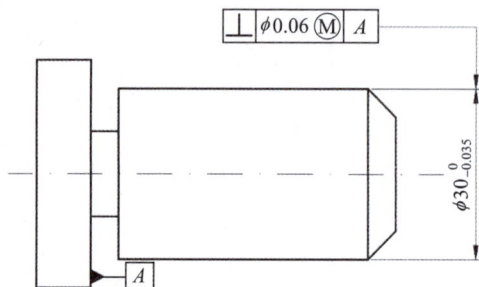

图 3-105 阶梯轴

# 任务六 同轴度公差及其检测

## 学习目标

**知识目标：**

(1)理解同轴度公差的内涵。

(2)掌握同轴度公差在图样上的识读和标注方法。

(3)掌握测量同轴度公差的基本方法和步骤。

**技能目标：**

(1)能够对图样进行识读及标注。

(2)能够按照误差要求正确地选择测量工具。

(3)能够掌握测量工具的使用方法，对工件进行准确测量。

**素养目标：**

(1)拓宽几何公差知识视野。

(2)团队协作攻克支柱故障。

(3)严谨专注落实检测全程。

## 3.6.1 任务描述

在斯特林风扇的一批支柱的加工后，实际应用过程时出现了安装困难、运行不稳定的问题，表现为机器振动、噪声增大等。请利用现有量具，对支柱进行检测，分析问题产生的原因。

## 3.6.2 任务分析

支柱具有圆柱特征，当其同轴度误差超差后，支柱的位置不正将造成底板、顶板上受附加力，导致加快磨损、能量消耗增加、零件疲劳破坏、缩短使用寿命等一系列不良影响。图 3-106 所示为同轴度公差及其检测流程，图 3-107 所示为支柱零件图纸，图 3-108 为支柱零件。

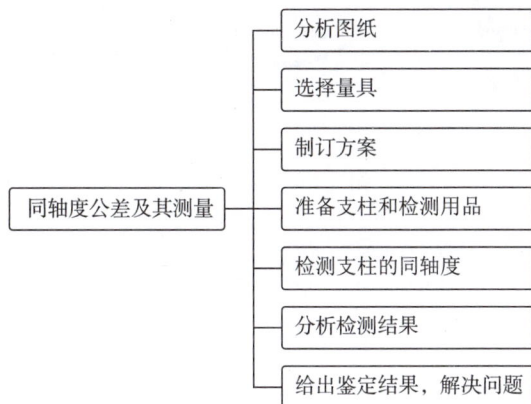

图 3-106 同轴度公差及测量流程

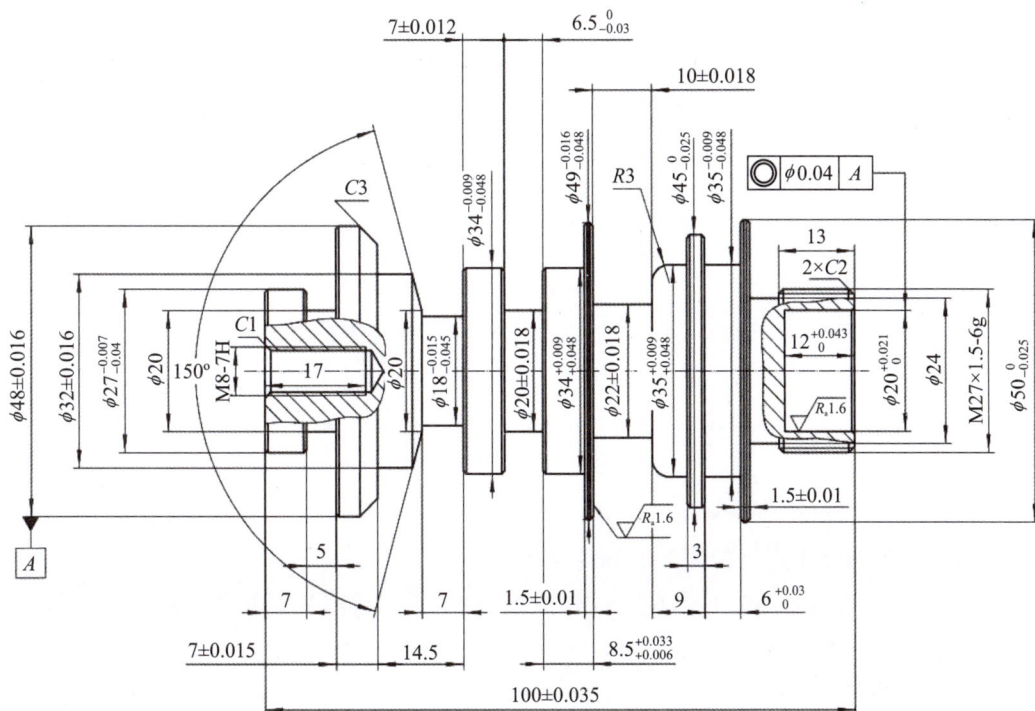

图 3-107 支柱零件图纸

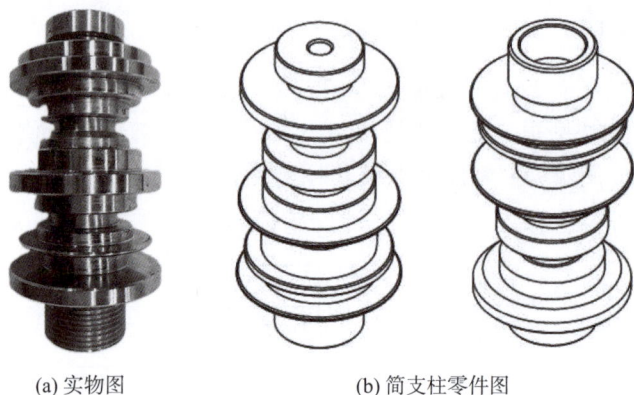

(a) 实物图　　　　　　　　(b) 简支柱零件图

图 3-108　支柱零件

**1. 分析图纸**

检测图 3-108 所示支柱的同轴度误差。图中标注的几何公差的含义为 $\phi 20^{+0.021}_{0}$ mm 孔的轴线相对 $\phi(48\pm0.016)$mm 孔的公共轴线的同轴度公差值为 $\phi 0.04$mm。

**2. 选择量具**

百分表、表架、V 形块、标准平板、全棉布、防锈油等。

## 3.6.3　制订方案

选用打表法进行测量，即将被测零件、百分表表架等以一定方式支承在其他物体上，测量时使百分表均匀地绕被测零件转动一周，读出数值，最大读数 $M_{max}$ 与最小读数 $M_{min}$ 差值的一半即该截面的同轴度误差。

## 3.6.4　任务实施

**1. 测量过程**

(1)将准备好的 V 形块放在平板上，并调整至水平位置。

(2)将零件放在两个等高的 V 形块上，基准轴线由 V 形块模拟，如图 3-109 所示。

(3)安装好百分表、表座、表架，调整百分表，使其测头与零件被测表面接触且垂直，并且留 1～2 圈的压缩量，如图 3-110 所示。

(4)缓慢均匀地转动被测零件一周，观察百分表指针的变动，最大读数 $M_{max}$ 与最小读数 $M_{min}$ 差值的一半即该截面的同轴度误差。

(5)转动被测零件，按上述方法测量 4 个不同截面，读取数据并做好记录。

(6)清洁并整理测量工具。

**2. 注意事项**

(1)测量前应了解测量的安全要领，防止刮碰、砸伤事故的发生。

（2）在同轴度误差测量过程中，注意测量点的选取。

（3）保持百分表测头与传动轴轴线垂直。

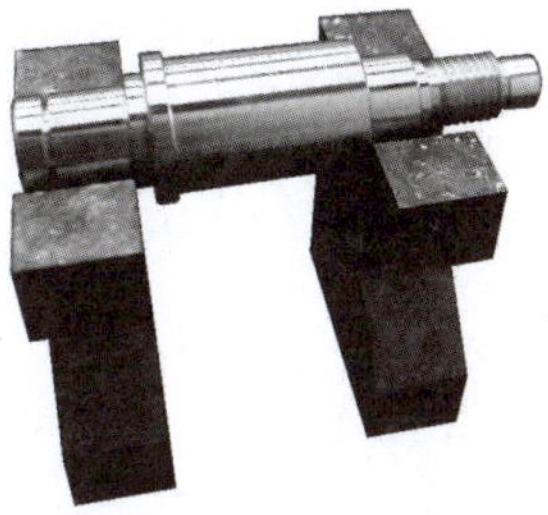

图 3-109　V 形块模拟基准轴线 　　　　图 3-110　打表测量

## 3.6.5　鉴定结论

（1）将测量所得的数据填入表 3-16 的相应栏目。

表 3-16　同轴度公差检测报告单

| 测量工具 | | | | |
|---|---|---|---|---|
| 零件简图 | | | | |
| 仪器读数 | 测量记录和数据处理 | | | |
| | 截面 $A$ | 截面 $B$ | 截面 $C$ | 截面 $D$ |
| | $M_{max}$ | $M_{max}$ | $M_{max}$ | $M_{max}$ |
| | | | | |
| | $M_{min}$ | $M_{min}$ | $M_{min}$ | $M_{min}$ |
| | | | | |
| $(M_{max}-M_{min})/2$ | | | | |
| 同轴度误差 $\Delta_i=$ | | | | 结论： |

（2）画出被测零件简图，并用粗实线标明被测要素。

（3）在零件的整个测量表面上读数的最大值 $M_{max}$ 与最小值 $M_{min}$ 之差的一半即同轴度误差，其计算公式为

$$\Delta i = \frac{M_{max} - M_{min}}{2}$$

式中：$M_{max}$——百分表的最大读数；

$M_{min}$——百分表的最小读数。

（4）根据图样所给出的公差值，判断零件是否合格。

## 3.6.6 任务评价

任务结束后，根据本次任务的完成情况，认真填写表 3-17。

表 3-17 任务评价表

| 项目 | 自我评价 | | | 小组评价 | | | 教师评价 | | | 增值评价 | | |
|---|---|---|---|---|---|---|---|---|---|---|---|---|
| | 9~10 | 6~8 | 1~5 | 9~10 | 6~8 | 1~5 | 9~10 | 6~8 | 1~5 | 9~10 | 6~8 | 1~5 |
| | 占总评的 10% | | | 占总评的 20% | | | 占总评的 30% | | | 占总评的 40% | | |
| 量具校验 | | | | | | | | | | | | |
| 规范检测 | | | | | | | | | | | | |
| 检测报告 | | | | | | | | | | | | |
| 整理现场 | | | | | | | | | | | | |
| 职业素养 | | | | | | | | | | | | |
| 小计 | | | | | | | | | | | | |
| 总评 | | | | | | | | | | | | |

## 3.6.7 检测相关知识

被测要素可以是导出要素。公称被测要素的属性与形状是点要素、一组点要素或直线要素。当所标注的要素的公称状态为直线，且被测要素为一组点时，应标注

"ACS"。此时，每个点的基准也是同一横截面上的一个点。锁定在公称被测要素与基准之间的角度与线性尺寸则由缺省的 TED 给定。

**1. 同轴度公差的定义**

同轴度用来控制理论上应同轴的被测轴线与基准轴线的不同轴程度，用符号"◎"表示。

1）点的同心度公差

公差带为直径等于公差值 $t$ 的圆周所限定的区域。公差值之前应使用符号"$\phi$"。该圆周公差带的圆心与基准点重合，如图 3-111 所示。

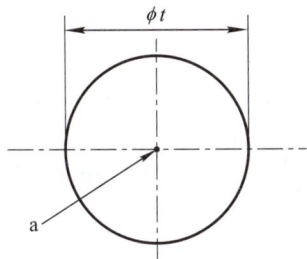

图 3-111　点的同心度公差带的定义

a—基准点 $A$

2）中心线的同轴度公差

公差值前使用了符号"$\phi$"，公差带为直径等于公差值的圆柱面所限定的区域。该圆柱面的轴线与基准轴线重合，如图 3-112 所示。

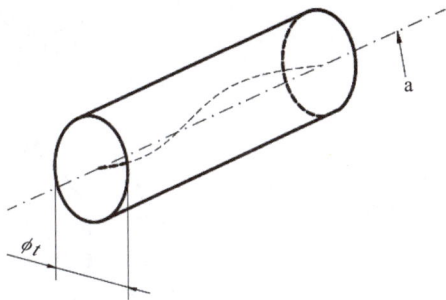

图 3-112　中心线的同轴度公差带的定义

a—基准轴 $A$

**2. 同轴度公差的标注**

1）点的同心度公差

如图 3-113 所示，在任意横截面内，内圆的提取（实际）中心应限定在直径等于 0.1mm，以基准点 $A$（在同一横截面内）为圆心的圆周内。

2）中心线的同轴度公差

（1）被测圆柱的提取（实际）中心线应限定在直径等于 0.08mm，以公共基准轴线 $A$-$B$ 为轴线的圆柱面内，如图 3-114 所示。

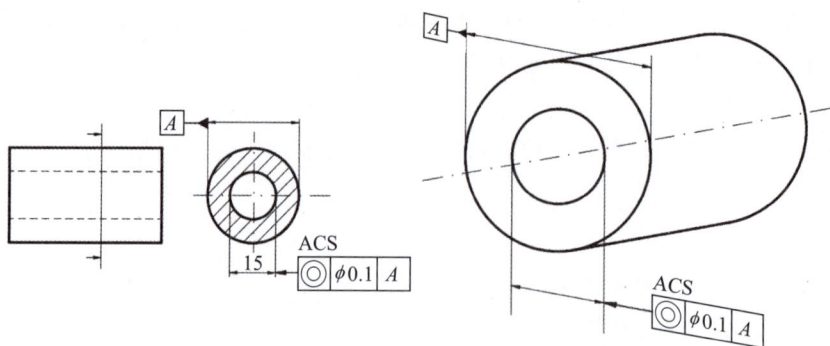

图 3-113　点的同心度标注

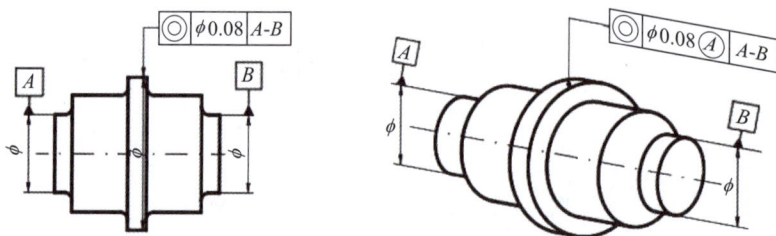

图 3-114　中心线的同轴度标注(一)

(2)被测圆柱的提取(实际)中心线应限定在直径等于 0.1mm，以基准轴线 $A$ 为轴线的圆柱面内，如图 3-115 所示。

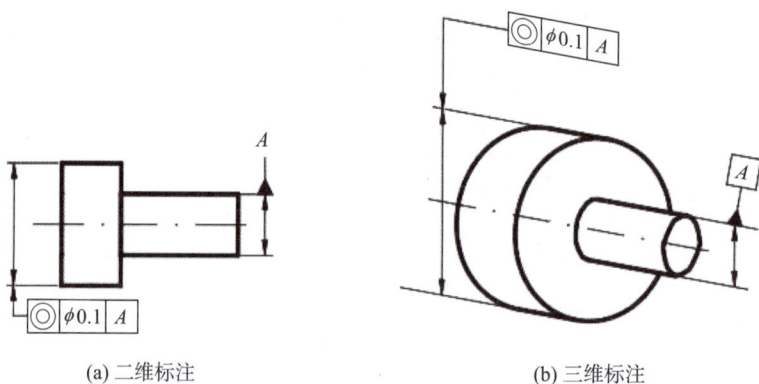

(a) 二维标注　　　　　　　　　　　　(b) 三维标注

图 3-115　中心线的同轴度标注(二)

(3)被测圆柱的提取(实际)中心线应限定在直径等于 0.1mm，以垂直于基准平 $A$ 的基准轴线 $B$ 为轴线的圆柱面内，如图 3-116 所示。

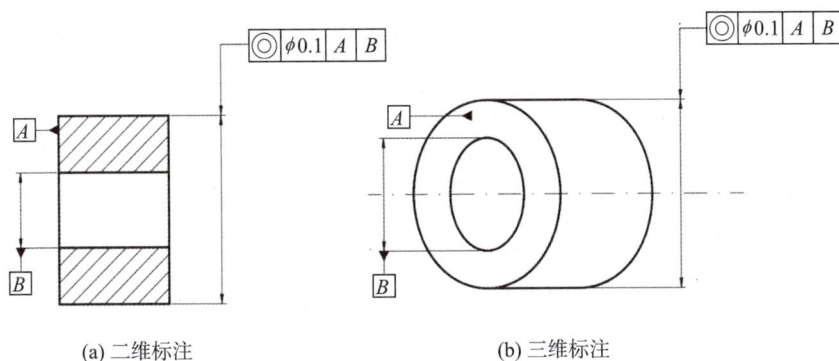

(a) 二维标注            (b) 三维标注

图 3-116 中心线的同轴度标注(三)

## 3.6.8 · 知识拓展

### 1. 检测原则

几何误差的检测方法很多,可归纳为五大原则。

(1)与拟合要素(理想要素)比较原则:用某一实物模拟拟合要素(理想要素),再将被测要素与相应的拟合要素做比较,从而评定几何误差,如用刀口形直尺模拟理想直线,用平板面模拟基准,用芯轴模拟被测孔轴线等。

(2)测量坐标值原则:广泛应用于对轮廓度、位置度的测量。

(3)测量特征参数原则:如以平面上任意方向的最大直线度误差来近似表示该平面的平面度误差。

(4)测量跳动原则:主要用于圆跳动、全跳动误差的测量。

(5)控制实效边界原则:主要用于按最大实体要求给出几何公差时的零件检测。

### 2. 评定原则

形状公差是用来限定形状误差的。形状公差用形状公差带来表达。形状公差带是用于限制单一实际要素的形状允许最大变动的区域。因此,实际要素在此区域内为合格,反之为不合格。

国标规定:最小条件是评定形状误差的基本准则。最小条件是指被测实际要素对其理想要素的最大变动量为最小。

形状误差的评定采用最小包容区域法。最小包容区域是指包容被测实际要素,且具有最小宽度 $f$ 或直径 $f$ 的区域。形状误差值可用最小包容区域的宽度或直径表示。

如图 3-117 所示,最小包容区域是根据被测实际要素与包容区域的接触状态来判断的。直线度误差的最小包容区域的判断准则是相间准则,即高、低、高或低、高、低。

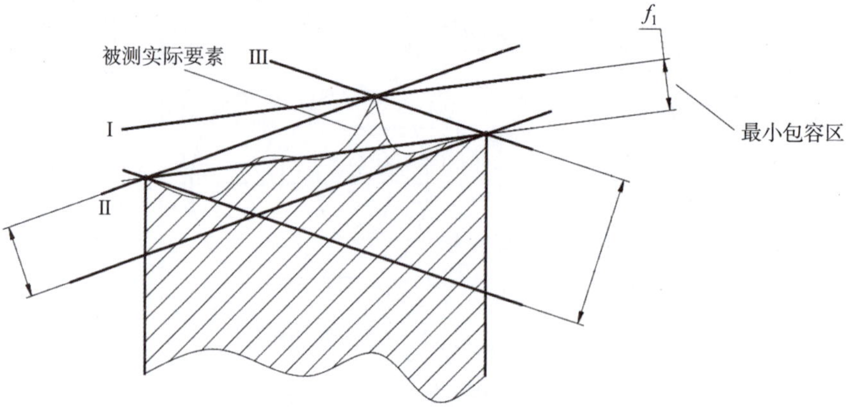

图 3-117　直线度误差的最小包容区域

各种形状、方向、位置误差值都需要建立相应的最小包容区域，它们都具有"最小""包容"的性质。对于同一被测要素，有 $f_{形状} \leqslant f_{方向} \leqslant f_{位置}$。

## 3.6.9　练习与思考

1. 图 3-118 所示为传动轴的同轴度误差检测图，图中标注的几何公差的含义为 $\phi 30$mm 轴的轴线对 $\phi 25$mm 轴的公共轴线的同轴度公差值为 $\phi 0.015$mm。

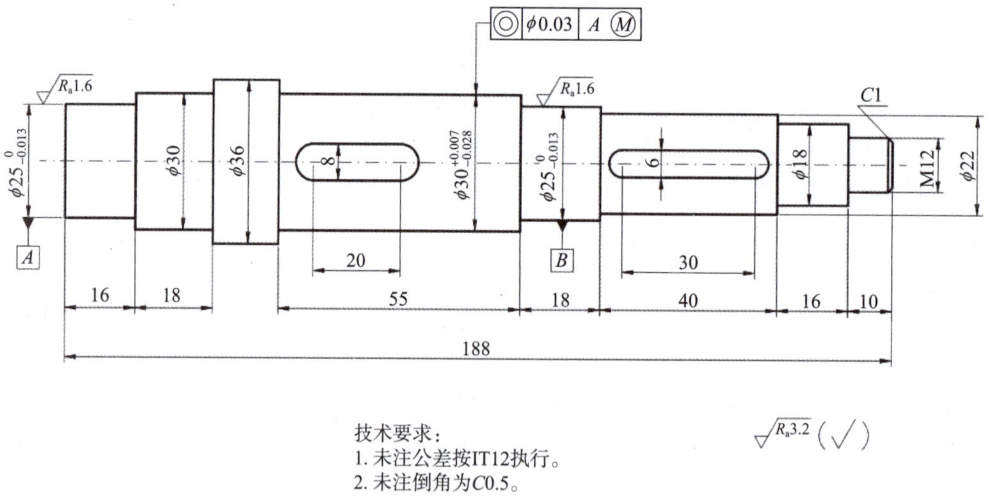

技术要求：
1. 未注公差按IT12执行。
2. 未注倒角为C0.5。

图 3-118　传动轴的同轴度误差检测图

2. 某轴线与基准轴线的最大距离为 0.035mm，最小距离为 0.010mm，则该轴线对基准轴线的同轴度公差为（　　）。

    A. $\phi 0.035$mm　　　　　　　　　　B. $\phi 0.010$mm

    C. 0.070mm　　　　　　　　　　　D. 0.025mm

3. 若某轴线相对于基准轴线的径向全跳动公差为 $\phi0.08$mm，则该轴对于此基准轴线的同轴度公差(　　)。

　　A. 大于或等于 0.08mm　　　　B. 小于或等于 0.08mm

　　C. 大于 0.08mm　　　　　　　D. 小于 0.08mm

4. 什么是同轴度公差？请画出同轴度公差的公差带形状。

5. 如图 3-114 所示，最大实体要求作用于基准要素，试求出给定的同轴度公差值、同轴度公差最大增大值、同轴度公差允许达到的最大值。当 $\phi40$mm 轴的实际尺寸为 $\phi39.964$mm 时，允许同轴度的公差是多少？

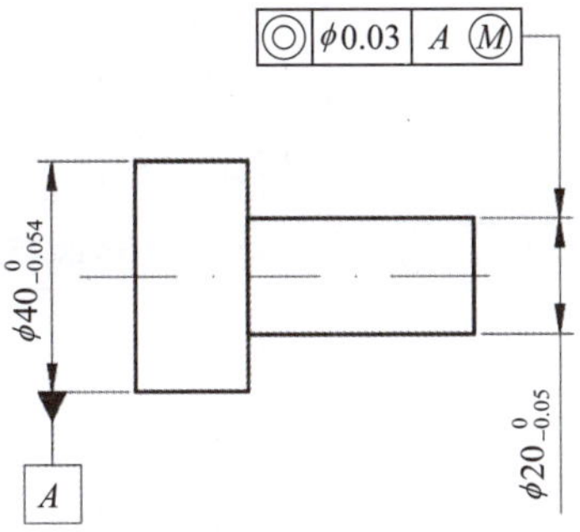

图 3-119　同轴度误差

# 任务七　对称度公差及其检测

## 学习目标

**知识目标：**

(1)理解对称度公差的内涵。

(2)掌握对称度公差在图样上的识读和标注方法。

(3)了解零件对称度公差的测量方法及数据处理。

**技能目标：**

(1)能够对图样进行识读及标注。

(2)能够按照公差要求正确地选择测量工具。

(3)能够掌握测量工具的使用方法，对工件进行准确测量。

**素养目标：**

(1)强化问题解决本领。

(2)培育合作精神风尚。

(3)涵养严谨职业操守。

## 3.7.1　任务描述

在加工斯特林风扇的一批主支柱 4 批量件后，装配时出现了安装困难等问题。请利用现有的量具，对主支柱 4 批量件进行检测，分析产生问题的原因。

## 3.7.2　任务分析

图 3-120 所示为对称度公差及其测量流程，图 3-121 所示为主支柱 4 批量件零件图纸，图 3-122 所示为主支柱 4 批量零件。

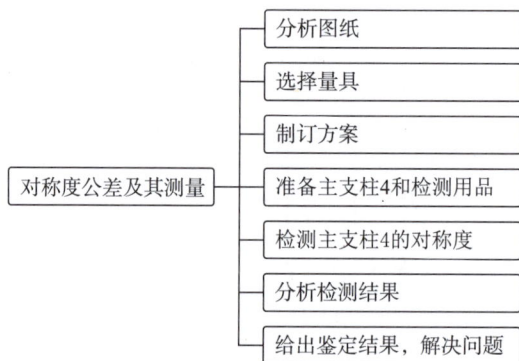

图 3-120　对称度公差及其测量流程

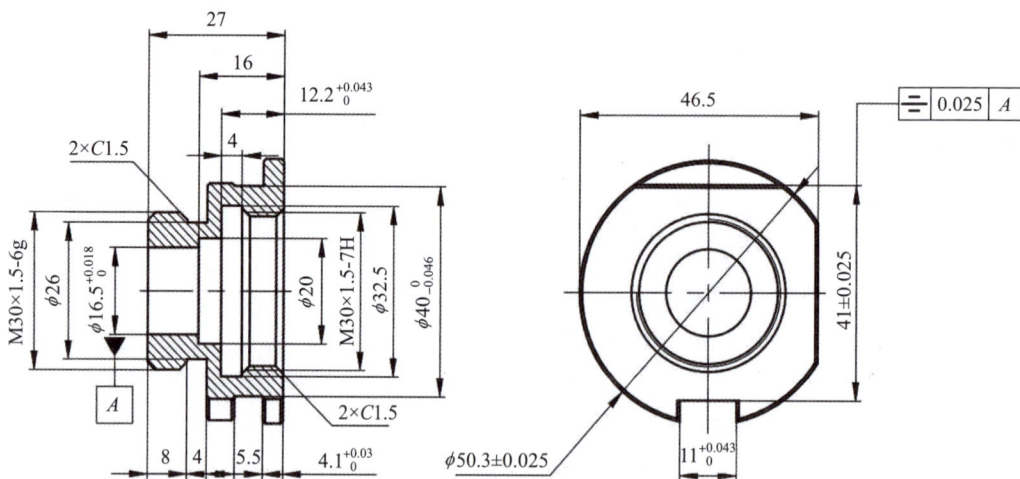

图 3-121　主支柱 4 批量件零件图纸

### 1. 分析图纸

检测图 3-122 所示主支柱 4 批量件的对称度公差。图中几何公差的含义：两侧面的对称度公差为 0.025mm。

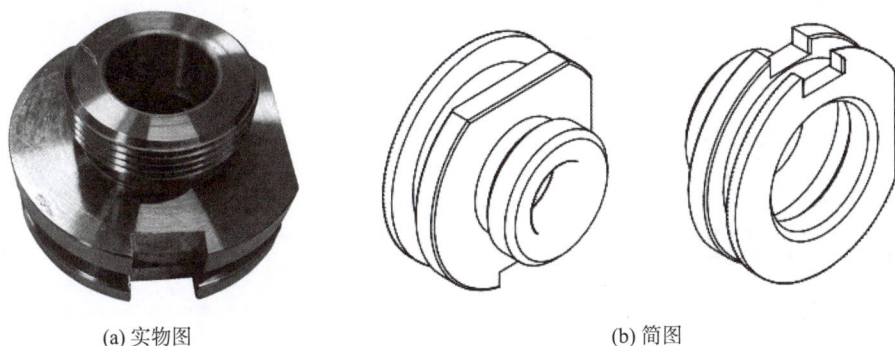

(a) 实物图          (b) 简图

**图 3-122　主支柱 4 批量零件**

#### 2. 选择量具

百分表、表架、标准平板、测量对称块、全棉布、防锈油等。

### 3.7.3　制订方案

如图 3-123 所示，用平板、表架、百分表测量对称块的对称度误差。

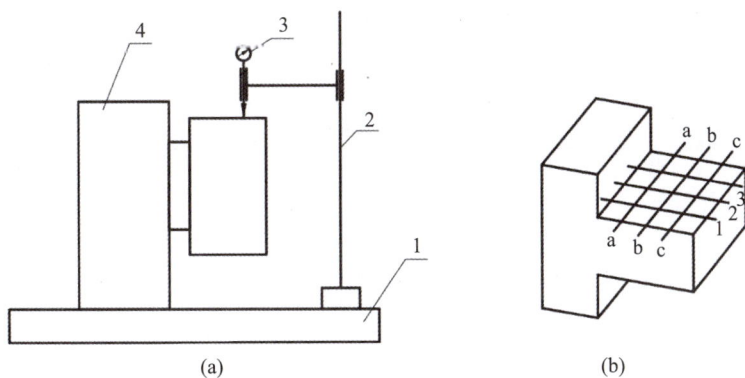

(a)          (b)

**图 3-123　测量示意图**

1—平板；2—表架；3—百分表；4—对称块

### 3.7.4　任务实施

#### 1. 测量过程

(1) 将被测对称块的一个基准平面放在平板上。

(2) 移动表架，用百分表测量一个被测表面上均布的 9 个点，记下各测点百分表的读数。

(3) 将被测对称块翻转 180°，测量另一被测表面上均布的 9 个点，记下各测点百分表的读数。取对应 2 个测点百分表读数的最大差值作为对称度误差值。

**2. 注意事项**

(1)测量前应了解测量的安全要领，防止刮碰、砸伤事故的发生。

(2)先清理零件被测表面，使零件表面清洁无杂物。

(3)百分表的测头要与测量表面接触，并保持垂直。

(4)尽量多方向、多点测量。

## 3.7.5 鉴定结论

(1)将测量所得的数据填入表 3-18 的相应栏目。

表 3-18  对称度公差检测报告单

| 测量工具 | | | | | | | | | |
|---|---|---|---|---|---|---|---|---|---|
| 零件简图 | | | | | | | | | |
| 截面 | $a$-$a$ | | | $b$-$b$ | | | $c$-$c$ | | |
| 百分表读数 | $a_1$ | $a_2$ | $a_3$ | $b_1$ | $b_2$ | $b_3$ | $c_1$ | $c_2$ | $c_3$ |
| | | | | | | | | | |
| | $a_1'$ | $a_2'$ | $a_3'$ | $b_1'$ | $b_2'$ | $b_3'$ | $c_1'$ | $c_2'$ | $c_3'$ |
| | | | | | | | | | |
| 对称度误差= | | | | | 结论： | | | | |

(2)画出被测零件简图，并用粗实线标明被测要素。

(3)对应两测点百分表读数的最大差值即对称度误差值。

## 3.7.6 任务评价

任务结束后，根据本次任务的完成情况，认真填写表 3-19。

表 3-19  任务评价表

| 项目 | 自我评价 | | | 小组评价 | | | 教师评价 | | | 增值评价 | | |
|---|---|---|---|---|---|---|---|---|---|---|---|---|
| | 9~10 | 6~8 | 1~5 | 9~10 | 6~8 | 1~5 | 9~10 | 6~8 | 1~5 | 9~10 | 6~8 | 1~5 |
| | 占总评的 10% | | | 占总评的 20% | | | 占总评的 30% | | | 占总评的 40% | | |
| 量具校验 | | | | | | | | | | | | |
| 规范检测 | | | | | | | | | | | | |

| 项目 | 自我评价 | | | 小组评价 | | | 教师评价 | | | 增值评价 | | |
|------|------|------|------|------|------|------|------|------|------|------|------|------|
| | 9～10 | 6～8 | 1～5 | 9～10 | 6～8 | 1～5 | 9～10 | 6～8 | 1～5 | 9～10 | 6～8 | 1～5 |
| | 占总评的 10% | | | 占总评的 20% | | | 占总评的 30% | | | 占总评的 40% | | |
| 检测报告 | | | | | | | | | | | | |
| 整理现场 | | | | | | | | | | | | |
| 职业素养 | | | | | | | | | | | | |
| 小计 | | | | | | | | | | | | |
| 总评 | | | | | | | | | | | | |

## 3.7.7 检测相关知识

被测要素可以是组成要素或导出要素。公称被测要素的形状与属性可以是点要素、一组点要素、直线、一组直线、或平面。当所标注的要素的公称状态为平面，且被测要素为该表面上的一组直线时，应标注相交平面框格。当所标注的要素的公称状态为直线，且被测要素为线要素上的一组点要素时，应标注 ACS。此时，每个点的基准都是在同一横截面上的一个点。在公差框格中应至少标注一个基准，且该基准可锁定公差带的一个未受约束的转换。锁定公称被测要素与基准之间的角度与线性尺寸可由缺省的 TED 给定。

如果所有相关的线性 TED 均为零，对称度公差可应用在所有位置度公差的场合。

### 1. 对称度公差的定义

对称度是限制被测线、面偏离基准直线、平面的一项指标，用符号"＝"表示。

公差带为间距等于公差值 $t$，对称于基准中心平面的两个平行平面所限定的区域，如图 3-124 所示。

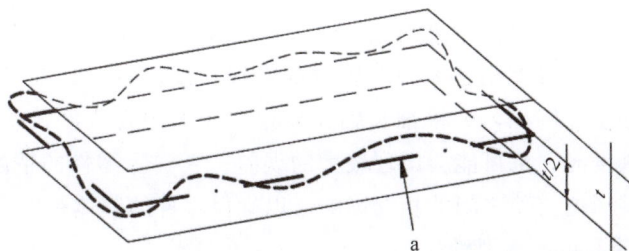

图 3-124 对称度标注公差带的定义

**2. 对称度的标注**

（1）提取（实际）中心表面应限定在间等于 0.08mm，对称于基准中心平面 $A$ 的两个平行平面之间，如图 3-125 所示。

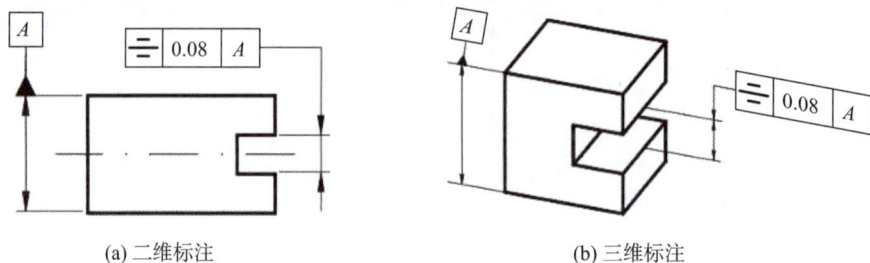

(a) 二维标注　　　　　　　　　　　(b) 三维标注

图 3-125　对称度的标注（一）

（2）提取（实际）中心面应限定在间距等于 0.08mm，对称于公共基准中心平面 $A$-$B$ 的两个平行平面之间，如图 3-126 所示。

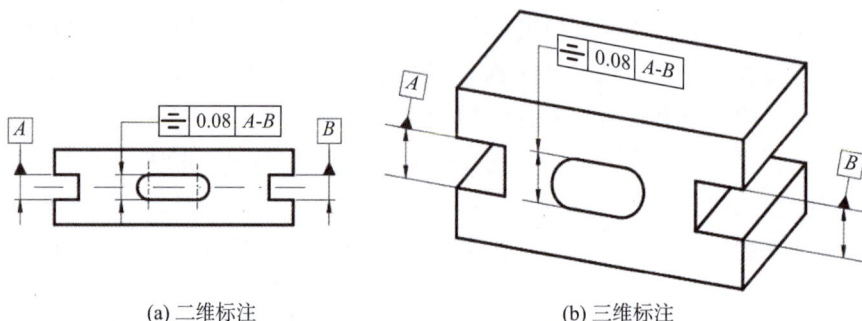

(a) 二维标注　　　　　　　　　　　(b) 三维标注

图 3-126　对称度的标注（二）

## 3.7.8　知识拓展

### 1. 同轴度与其他几何公差的关系

同轴度公差与其他几何公差如圆柱度、直线度等有一定的关联。圆柱度是控制圆柱面形状误差的指标，它与同轴度有密切关系。如果圆柱面的圆柱度不好，可能会导致同轴度误差增大。直线度则主要控制轴线的直线程度，对于长轴类零件，直线度的好坏也会影响同轴。例如，一根细长轴如果存在较大的直线度误差，那么在测量其各段圆柱面的同轴度时，也可能会出现较大的误差。在实际零件的精度设计和加工中，需要综合考虑这些形位公差之间的相互影响，以确保零件的整体精度。

### 2. 同轴度在装配中的重要性

在机械装配过程中，保证零件之间的同轴度是确保整个设备正常运行的关键。例如，在多级齿轮传动装置中，各个齿轮的轴孔与传动轴之间的同轴度要求很高。如果同轴度不符合要求，会导致齿轮啮合不良，产生噪声、振动，甚至加速齿轮的磨损，降低传动效率，缩短使用寿命。在发动机装配中，气缸套与曲轴箱的同轴度以及活塞与气缸套的同轴度等都会直接影响发动机的性能和可靠性。因此，在装配过程中，需要采用合适的装配工艺和检测手段来保证零件之间的同轴度。

**3. 同轴度补偿措施**

当同轴度误差超出允许范围时，需要采取相应的补偿措施。一种常见的方法是采用调整垫片或调整环。例如，在机械连接部位，如果发现两轴的同轴度有偏差，可以在连接件之间加入适当厚度的调整垫片或调整环，通过调整其厚度来补偿同轴度误差。对于一些高精度的设备，还可以采用自动补偿装置，如采用可调节的支撑结构或液压、气动补偿机构等，实时监测和调整同轴度，以保证设备在运行过程中始终保持较高的同轴度精度。

**4. 同轴度行业应用差异**

不同行业对同轴度公差的要求有所不同。在航空航天领域，由于对飞行器的性能和可靠性要求极高，零件的同轴度公差通常要求非常严格，一般在几微米到几十微米之间。例如，航空发动机的涡轮叶片与轮盘的连接轴颈，其同轴度公差可能要求在 ±0.01mm 范围内。在汽车制造行业，发动机、变速器等关键部件的零件同轴度公差的要求也较高，但相对航空航天领域略低，一般为 0.05～0.1mm。而在一些普通机械制造行业，如农业机械、工程机械等行业，对同轴度公差的要求则相对宽松一些，通常为 0.1～0.5mm。

# 3.7.9　练习与思考

1. 检测图 3-127 所示零件的对称度误差。

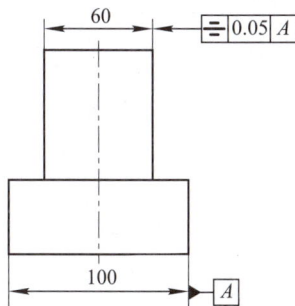

图 3-127　对称度误差检测

2. 某零件的对称度公差要求是 0.05mm，若测得实际对称面与理想中心面的差值为 0.03mm，则该零件此项指标合格。（　　　）

3. 直线度公差带的位置有固定的也有浮动的，而对称度公差带的位置皆为固定的。（　　　）

4. 对称度是限制被测＿＿＿＿＿偏离基准＿＿＿＿＿的一项指标。

# 任务八　圆跳动和全跳动公差及其检测

## 学习目标

**知识目标：**

(1)理解圆跳动和全跳动公差的内涵。

(2)掌握圆跳动和全跳动公差在图样上的识读和标注方法。

(3)掌握测量圆跳动和全跳动公差的基本方法和步骤。

**技能目标：**

(1)能够对图样进行识读及标注。

(2)能够按照误差要求正确地选择测量工具。

(3)能够掌握测量工具的使用方法，对工件进行准确测量。

**素养目标：**

(1)提升问题攻坚实战能力。

(2)激发创新探索思维。

(3)严谨细致地落实检测全程。

## 3.8.1　任务描述

图 3-128 所示为圆跳动和全跳动公差及其测量流程，图 3-129 所示为从动轮零件图纸，图 3-130 所示为从动轮零件图。请利用现有的量具，对从动轮进行检测，分析产生问题的原因。

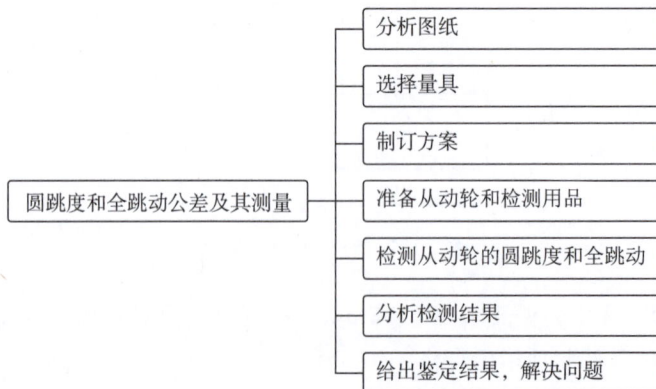

图 3-128　圆跳度和全跳动公差及测量流程

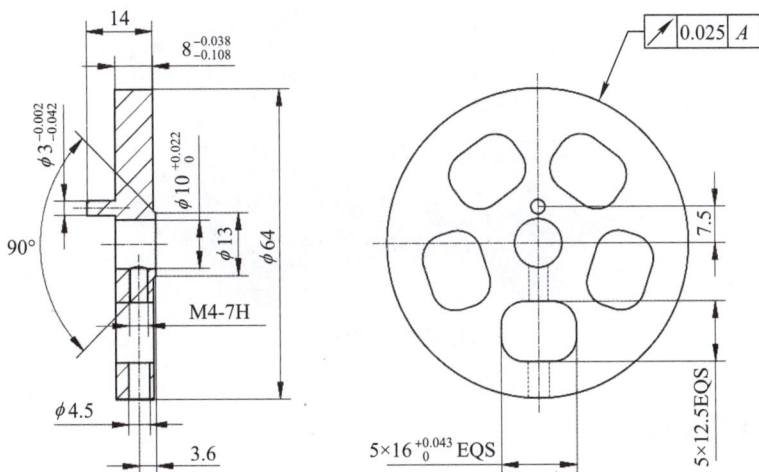

图 3-129　从动轮零件图纸

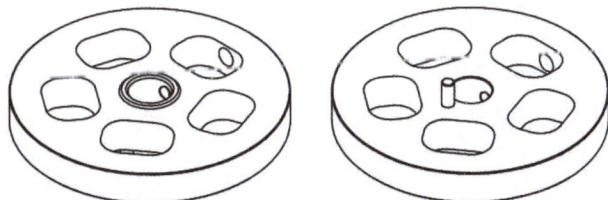

(a) 实物图　　　　　　　　　　　　(b) 简图

图 3-130　从动轮零件图

## 3.8.2　任务分析

通过检测斯特林风扇的从动轮的圆跳动和全跳动误差，分析从动轮可能导致轴身产生径向跳动误差的原因，并提出解决方案，以保证斯特林风扇的产品质量。

### 1. 分析图纸

检测图 3-130 中从动轮零件的径向圆跳动误差。图中标注几何公差的含义：零件的外圆表面对 $\phi$ 13mm 轴和 $\phi$ 64mm 轴的公共轴线的圆跳动公差值为 0.025mm。

### 2. 选择量具

偏摆仪、百分表、表架、标准平板、全棉布、防锈油等。

偏摆仪（图 3-131）主要用于测量轴类零件的径向圆跳动误差，它用两顶尖定位轴类零件，转动被测零件，使百分表的测头在被测零件径向上直接测量零件的径向圆跳动误差。偏摆仪结构简单，操作方便，可利用顶尖座上的手压柄快速装卸被测零件，测量效率高。

图 3-131　偏摆仪

## 3.8.3　制订方案

一般情况下测量径向圆跳动误差时，可用偏摆仪定位安装好被测零件，然后缓慢均匀地转动零件一周，利用百分表测量并记录读数，百分表的最大读数与最小读数之差即该截面的径向圆跳动公差。

## 3.8.4　任务实施

### 1. 测量过程

（1）将测量器具和被测零件擦拭干净，然后把被测零件支承在偏摆仪上，如图 3-132所示。

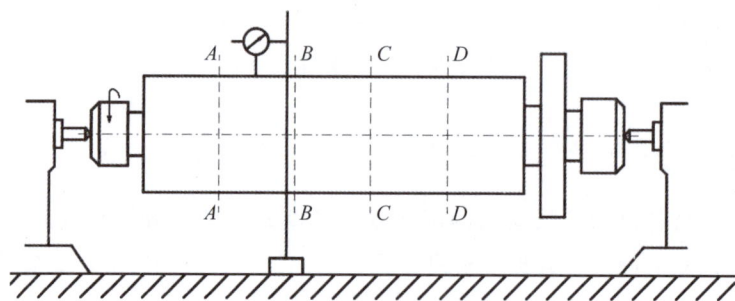

图 3-132　测量轴类零件径向圆跳动误差示意图

（2）安装好百分表、表座、表架，调节百分表，使测头与零件外表面接触并与轴线保持垂直，然后将指针调零，且留一定的压缩量。

（3）缓慢而均匀地转动零件一周，记录百分表的最大读数 $M_{max}$ 与最小读数 $M_{min}$，径向圆跳动误差值 $\Delta_i = M_{max} - M_{min}$，然后取最大误差值作为被测表面的径向圆跳动误差值。

（4）连续转动被测零件，同时使指示器测头沿基准轴线的方向做直线运动。在整个测量过程中观察指示器的示值变化，取指示器读数最大差值 $M'_{max}$，作为该零件的径向全跳动误差。

（5）按上述方法测量 4 个不同截面（$A$-$A$、$B$-$B$、$C$-$C$、$D$-$D$），并做好记录。

（6）检测结束，清洁并整理检测器具。

**2. 注意事项**

（1）测量前应了解测量的安全要领，防止刮碰、砸伤事故的发生。

（2）测量时零件旋转要尽量缓慢且均匀。

（3）测量径向圆跳动时，被测零件绕基准轴线旋转一周，其测量方向均应与基准轴线垂直。

## 3.8.5 鉴定结论

（1）将测量所得的数据填入表 3-20。

表 3-20 圆跳动、全跳动公差检测报告单

| 测量工具 | | | | |
|---|---|---|---|---|
| 零件简图 | | | | |
| | 测量记录和数据处理 | | | |
| | 截面 $A$-$A$ | 截面 $B$-$B$ | 截面 $C$-$C$ | 截面 $D$-$D$ |
| 仪器读数 | $M_{max}$ | $M_{max}$ | $M_{max}$ | $M_{max}$ |
| | | | | |
| | $M_{min}$ | $M_{min}$ | $M_{min}$ | $M_{min}$ |
| | | | | |
| | $M'_{max}$ | $M'_{max}$ | $M'_{max}$ | $M'_{max}$ |
| $\Delta_i = M_{max} - M_{min}$ | | | | |

圆跳动误差 =

全跳动误差 =

结论：

（2）画出被测零件简图，并用粗实线标明被测要素。

（3）先计算出不同截面上的径向圆跳动误差值 $\Delta_i = M_{max} - M_{min}$，然后取最大误差值作为被测表面的径向圆跳动误差值，即 $\Delta = \Delta_{max}$。根据图样所给出的公差值，判断零件是否合格。

## 3.8.6 任务评价

任务结束后，根据本次任务的完成情况，认真填写表 3-21。

表 3-21 任务评价表

| 项目 | 自我评价 | | | 小组评价 | | | 教师评价 | | | 增值评价 | | |
|---|---|---|---|---|---|---|---|---|---|---|---|---|
| | 9~10 | 6~8 | 1~5 | 9~10 | 6~8 | 1~5 | 9~10 | 6~8 | 1~5 | 9~10 | 6~8 | 1~5 |
| | 占总评的 10% | | | 占总评的 20% | | | 占总评的 30% | | | 占总评的 40% | | |
| 量具校验 | | | | | | | | | | | | |
| 规范检测 | | | | | | | | | | | | |
| 检测报告 | | | | | | | | | | | | |
| 整理现场 | | | | | | | | | | | | |
| 职业素养 | | | | | | | | | | | | |
| 小计 | | | | | | | | | | | | |
| 总评 | | | | | | | | | | | | |

## 3.8.7 检测相关知识

跳动公差限制被测表面相对基准轴线的变动，分为圆跳动公差和全跳动公差。

跳动公差带的特点：①跳动公差带的位置具有固定和浮动的双重特点；②跳动公差带可以综合控制被测要素的位置、方向和形状，如端面全跳动公差可同时控制端面对基准轴线的垂直度和它的平面度误差；径向全跳动公差可控制同轴度、圆柱度误差。

圆跳动公差的识读与测量

### 1. 圆跳动公差

1）圆跳动公差的定义

圆跳动公差是被测表面绕基准轴线回转一周时，在给定方向上的任一测量面上所允许的跳动量，用符号"↗"表示。圆跳动公差按测量方向的不同分为径向圆跳动公差、斜向圆跳动公差和轴向（端面）圆跳动公差给定方面的圆跳动公差。

（1）径向圆跳动公差。公差带为在任一垂直于基准轴线的横截面内半径差等于公差值 $t$，圆心在基准轴线上的两个同心圆所限定的区域，如图 3-133 所示。

（2）轴向（端面）圆跳动公差。公差带为与基准轴线同轴的任一半径的圆柱截面上，间距等于公差值 $t$ 的两个圆所限定的圆柱面区域，如图 3-134 所示。

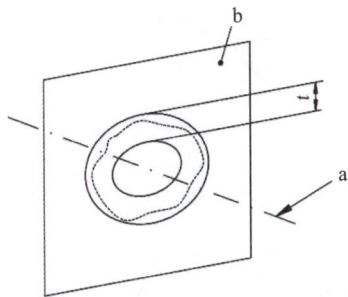

图 3-133 径向圆跳动公差带的定义

a—基准 A 或垂直于基准 B 的第二基准 A 或基准 A-B；b—垂直于基准 A 的横截面或平行于基准 B 的横截面或垂直于基准 A-B 的横截面

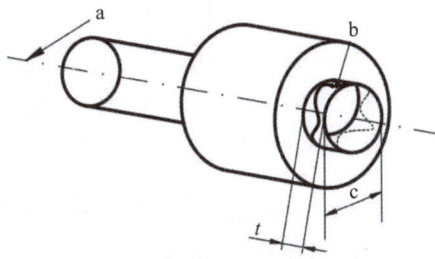

图 3-134 轴向（端面）圆跳动公差带的定义

a—基准 D；b—公差带；

c—与基准 D 同轴的任意直径

（3）斜向圆跳动公差。公差带为与基准轴线同轴的任一锥截面上，间距等于公差值 $t$ 的两个圆所限定的圆锥面区域。除另有规定外，公差带的宽度应沿规定几何要素的法向，如图 3-135 所示。

（4）给定方向的圆跳动公差。公差带为在轴线与基准轴线同轴的，具有给定锥角的任一圆截面上，间距等于公差值 $t$ 的两个不等圆所限定的区域，如图 3-136 所示。

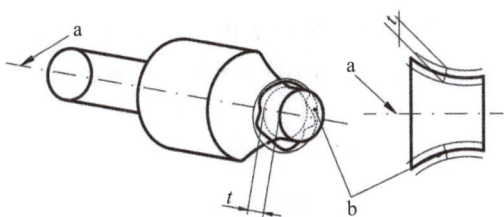

图 3-135 斜向圆跳动公差带的定义

a—基准 C；b—公差带

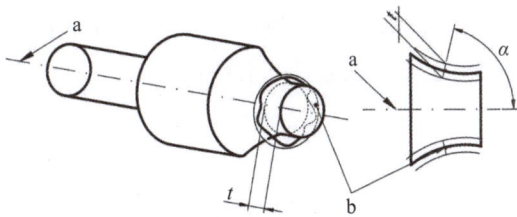

图 3-136 给定方向的圆跳动公差带的定义

a—基准 C；b—公差带

2）圆跳动公差的标注

（1）径向圆跳动公差的标注。

①如图 3-137 所示，在任一垂直于基准轴线 A 的横截面内提取（实际）线应限定在半径差等于 0.1mm，圆心在基准轴线 A 上的两个共面同心圆之间。

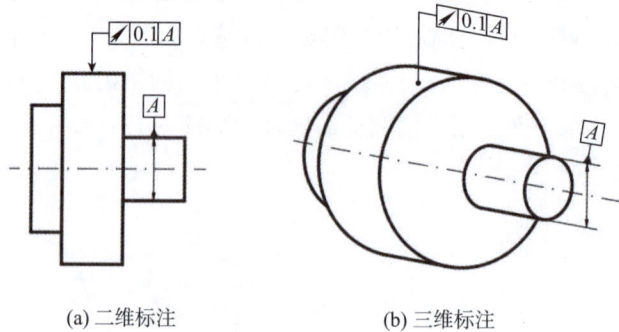

(a) 二维标注                (b) 三维标注

**图 3-137   径向圆跳动公差的标注(一)**

②如图 3-138 所示，在任一平行于基准面 $B$、垂直于基准轴线 $A$ 的横截面上，提取(实际)圆应限定在半径差等于 0.1mm，圆心在基准轴线 $A$ 上的两个共面同心圆之间。

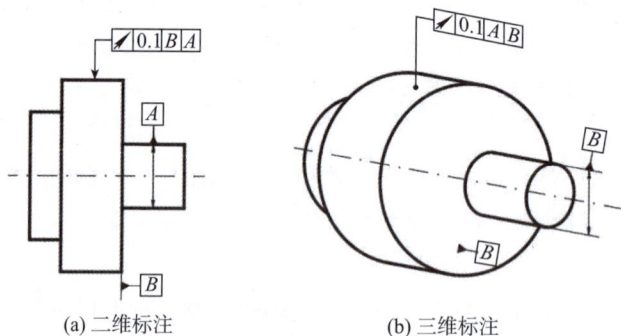

(a) 二维标注                (b) 三维标注

**图 3-138   径向圆跳动公差的标注(二)**

③如图 3-139 所示，在任一垂直于公共基准直线 $A\text{-}B$ 的横截面内，提取(实际)线应限定在半径差等于公差值 0.1mm，圆心在基准轴线 $A\text{-}B$ 上的两个共面同心圆之间。

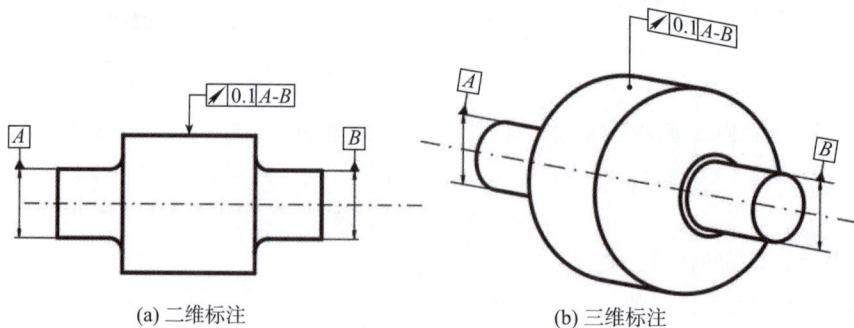

(a) 二维标注                (b) 三维标注

**图 3-139   径向圆跳动公差的标注(三)**

④如图 3-140 所示，在任一垂直于基准轴线 $A$ 的横截面内，提取（实际）线应限定在半径差等于 0.1mm 的共面同心圆之间。

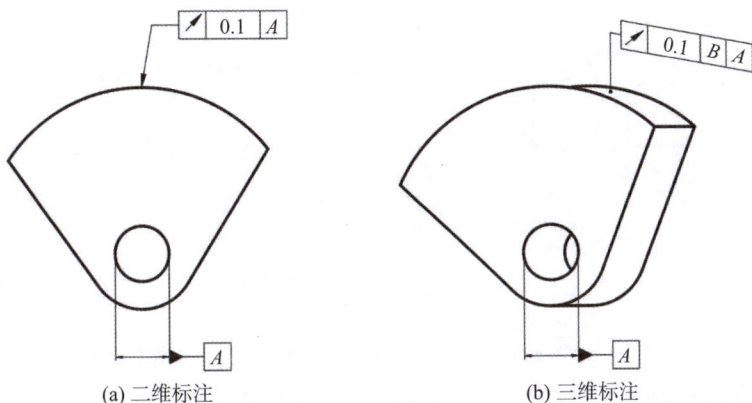

(a) 二维标注　　　　　　　　(b) 三维标注

图 3-140　径向圆跳动公差的标注（四）

（2）轴向圆跳动公差的标注。如图 3-141 所示，在与基准轴线 $D$ 同轴的任一圆形截面上，提取（实际）应限定在轴向距离等于 0.1mm 的两个等圆之间。

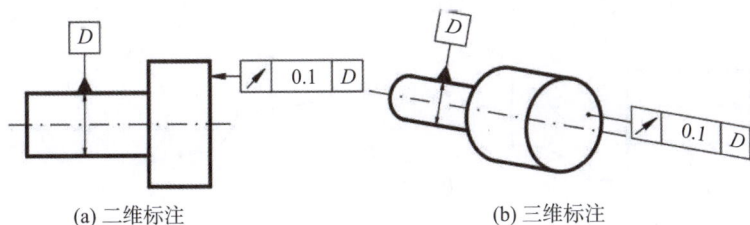

(a) 二维标注　　　　　　　　(b) 三维标注

图 3-141　给定方向的轴向圆跳动公差的标注

（3）斜向圆跳动公差的标注。

①如图 3-142 所示，在与基准轴线 $C$ 同轴的任一圆锥截面上提取（实际）线应限定在素线方向间距等于 0.1mm 的两个不等圆之间，并且截面的锥角与被测要素垂直。

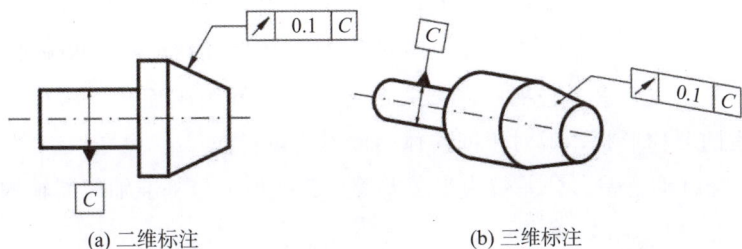

(a) 二维标注　　　　　　　　(b) 三维标注

图 3-142　斜向圆跳动公差的标注（一）

②如图 3-143 所示，当被测要素的素线不是直线时，圆锥截面的锥角要随所测圆的实际位置而改变，以保持与被测要素垂直。

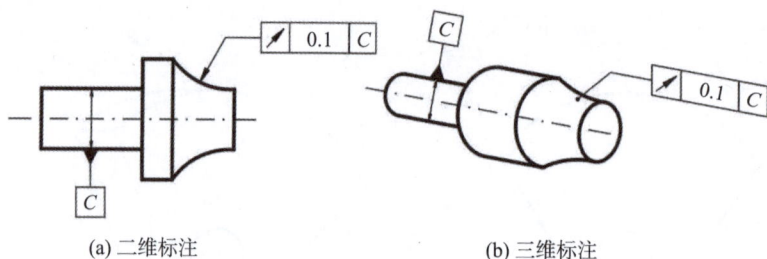

(a) 二维标注　　　　　　　　　　　　　(b) 三维标注

**图 3-143　斜向圆跳动公差的标注(二)**

（4）给定方向的圆跳动公差的标注。如图 3-144 所示，在相对于方向要素(给定角度 $\alpha$)的任一圆锥截面上，提取(实际)线应限定在圆锥截面内间距等于 0.1mm 的两个圆之间。

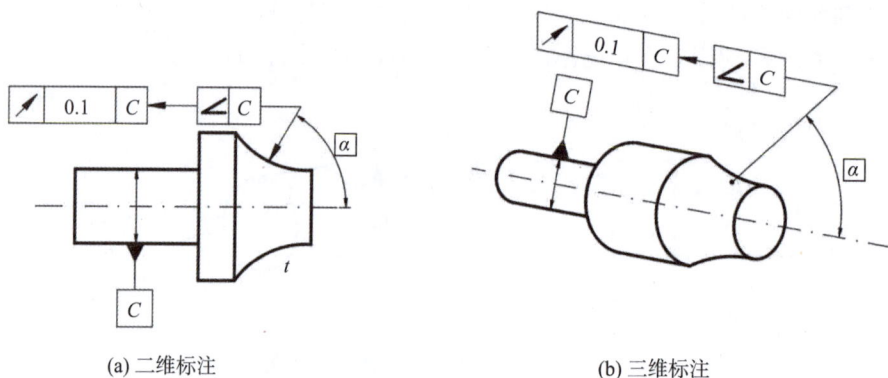

(a) 二维标注　　　　　　　　　　　　　(b) 三维标注

**图 3-144　给定方向圆跳动公差的标注**

## 2. 全跳动公差

1)全跳动公差的定义

全跳动公差是被测表面绕基准轴线连续回转时，在给定方向上所允许的最大跳动量，用符号"⤴"表示。全跳动公差按测量方向的不同分为径向全跳动公差和端面全跳动公差。

被测要素是组成要素，公称被测要素的形状与属性为平面或回转体表面，公差带保持被测要素的公称形状，但对于回转体表面不约束径向尺寸。

（1）径向全跳动公差。公差带为半径差等于公差值 $t$ 与基准轴线同轴的两个圆柱面所限定的区域，如图 3-145 所示。

（2）轴向全跳动公差。公差带为间等于公差值 0.1mm，垂直于基准轴线的两个平行平面所限定的区域，如图 3-146 所示。

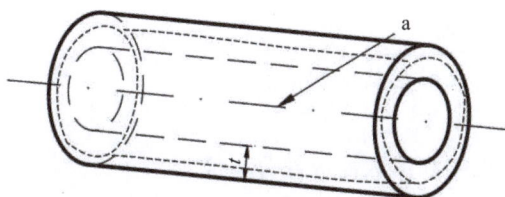

图 3-145 径向全跳动公差带的定义

a—公共基准 *A-B*

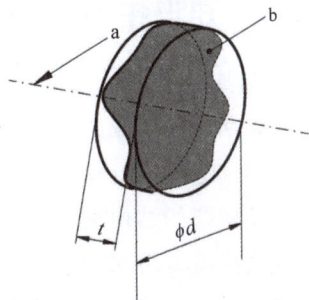

图 3-146 轴向全跳动公差带的定义

a—基准 *D*；b—提取表面

2）全跳动公差的标注

（1）径向全跳动公差的标注。提取（实际）表面应限定在半径差等于 0.1mm，与公共基准轴线 *A-B* 同轴的两个圆面之间，如图 3-147 所示。

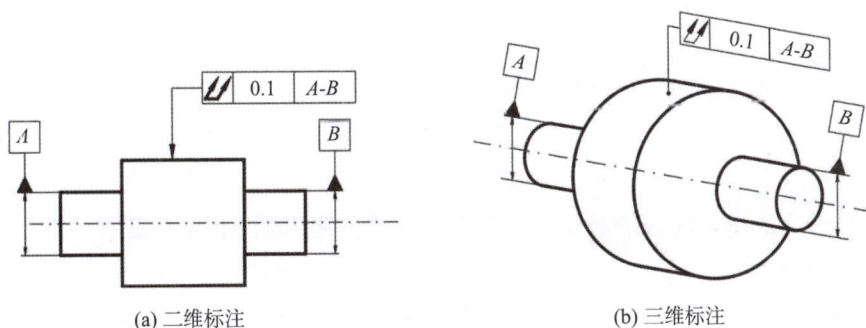

(a) 二维标注

(b) 三维标注

图 3-147 径向全跳动公差的标注

（2）轴向全跳动公差的标注

如图 3-148 所示，提取（实际）表面应限定在间距等于 0.1mm，垂直于基准轴线 *D* 的两个平行平面之间。

注意：该描述与垂直度公差的含义相同。

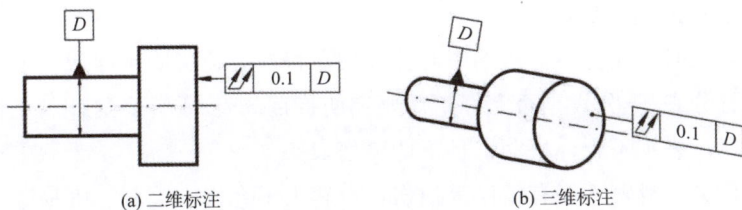

(a) 二维标注

(b) 三维标注

图 3-148 轴向全跳动公差的标注

## 3.8.8 知识拓展

### 1. 偏摆仪概述

1）偏摆仪的工作原理

偏摆仪通过测量物体的水平度和垂直度来确定其偏摆情况。

2）偏摆仪的结构组成

偏摆仪主要由水平泡管、垂直泡管、支架和读数器等部分组成。

3）偏摆仪的精度和灵敏度

偏摆仪的精度通常在 0.1mm/m 以内，灵敏度可根据实际需要进行调整。

### 2. 偏摆仪的正确使用方法

1）准备工作

（1）确保偏摆仪处于稳定的工作环境中，避免受到外界振动和干扰。

（2）检查仪器的电源是否正常，如有需要，可连接适当的电源线。

（3）清洁仪器的测量表面，确保没有灰尘或杂质。

2）仪器校准

（1）打开偏摆仪电源，待仪器启动完成后，进入校准式。

（2）按照仪器说明书的指引，进行校准操作。校准操作通常包括调零、零位校准等。

（3）校准完成后，确认仪器显示的数值为零，并且仪器没有异常提示。

3）进行测量

（1）将待测物体放在偏摆仪的测量台上，并确保物体与仪器之间没有干涉。

（2）手动调整偏摆仪的测量范围，使得物体的偏摆角度在仪器的测量范围内。

（3）通过调整支架和读数器，使水平泡管和垂直泡管指示中心位置，记录读数。

4）分析结果

（1）将测量得到的偏摆角度记录下来。可以使用电子表格或其他数据处理软件对数据进行整理和分析。

（2）根据偏摆仪的读数，判断物体的偏摆情况，进行必要的调整和修正。

### 3. 偏摆仪的使用注意事项

（1）零件装入时，先将零件两端中心孔和偏摆仪左右顶尖吹干净。

（2）检查百分表/千分表是否完好，需要定期将百分表/千分表送计量室检测确认。

（3）测量时，表头不允许松动，且不能碰伤表头。

（4）左右顶尖和滑轨不能有磕碰等损伤，滑轨上不允许有毛刺、脏物。

（5）偏摆仪需要精心保养，滑轨及其表面保持干净，各润滑点要加润滑油，保证检测机器的使用寿命和精度。

**4. 偏摆仪的维护保养**

(1)使用过程中禁止撞击各定位面，避免影响仪器精度。

(2)检测仪器必须放在干燥、通风良好干燥的场所，每周润滑点加注润滑油。

(3)每周用无尘布擦拭支撑座和滑轨等的外表面。

(4)每月用无尘布蘸防锈油擦拭滑轨和顶尖，防止表面生锈。

## 3.8.9　练习与思考

1. 如图 3-149 所示，分析如何利用指示表对工件进行圆跳动误差的检测。

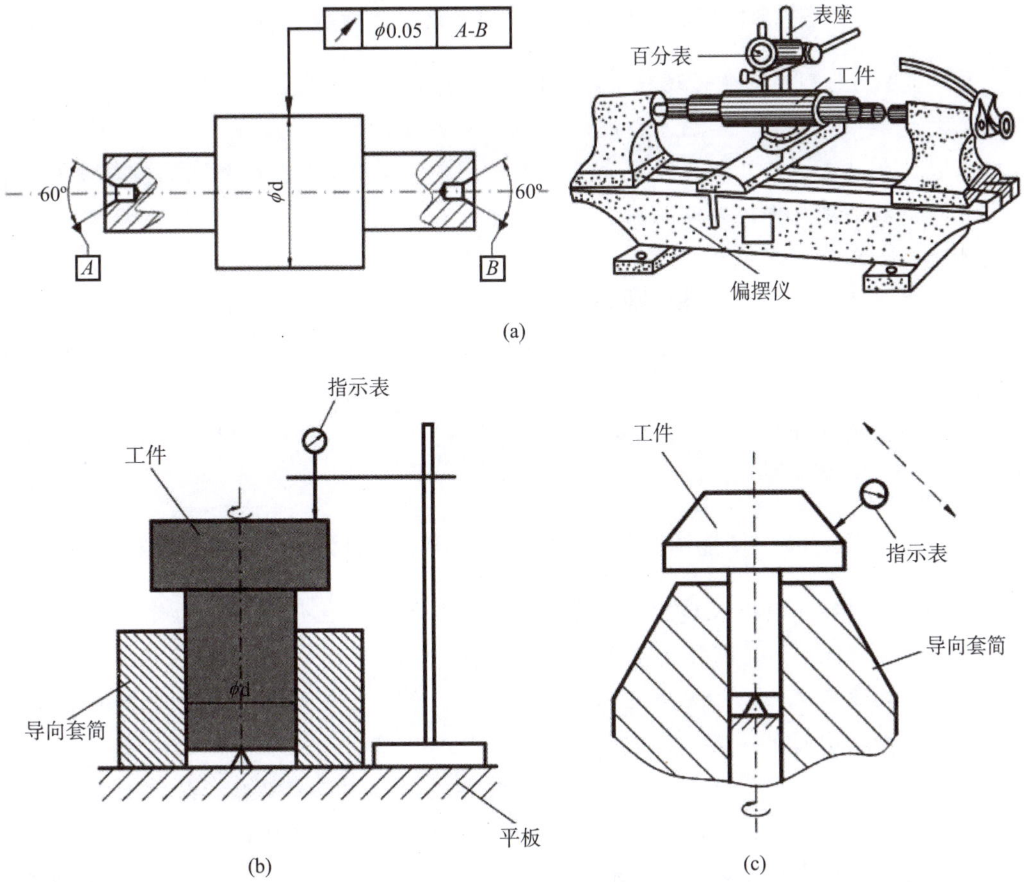

图 3-149　圆跳动误差的检测

2. 某一实际圆柱面的实测径向圆跳动量为_____，则它的圆度误差一定不会超过 $f$。

3. 径向圆跳动公差带与圆度公差带的区别是两者形状不同。（　　）

4. 轴向全跳动公差和平面对轴线的垂直度公差的控制效果完全相同。（　　）

5. 径向圆跳动的被测要素为(　　　)。

    A. 轴线　　　　　　　　　　　　B. 垂直轴线的任一圆柱面

    C. 整个圆柱面　　　　　　　　　D. 轴线或圆

6. 径向全跳动公差带的形状和(　　　)公差带的形状相同。

    A. 同轴度　　　　B. 圆度　　　　C. 圆柱度　　　　D. 位置度

7. 什么是跳动公差?跳动公差有什么特点?可以分为哪几类?

# 精技弘德

## 从几何公差护航"复兴号"列车的安全与舒适之旅看敬业精神与安全意识

在"复兴号"列车的制造过程中,几何公差扮演着举足轻重的角色。在进行车体装配时,对于底架、侧墙、车顶等构成的壳形结构各部件的几何公差须严格把控,如底架平面度、侧墙垂直度及部件连接位置精度等,直接关乎车体整体结构强度与密封性。轮对制造同样关键,车轮踏面形状、轮缘高度、轮对同轴度等几何参数必须控制在公差范围内,否则会引发振动、噪声,甚至发生脱轨事故。

在轨道铺设环节,几何公差的严格控制也不可或缺。在进行钢轨焊接时,焊缝导向面及行车面的平直度偏差须控制在 0.2mm 以内,以此保证列车运行的平稳性和旅客乘坐的舒适度。同时,轨道的直线度、平面度、轨距等几何公差对列车运行安全和舒适性有直接影响,铺设时必须严格按设计要求控制,否则列车行驶时会产生振动冲击,加速磨损,危及行车安全。

## 从几何公差——新能源汽车性能提升的关键保障看大国担当与质量意识

在全球倡导环保与高效出行的大背景下,新能源汽车凭借其显著的优势,如零尾气排放、低能耗等,迅速在汽车市场中崭露头角,成为未来汽车发展的主流方向。

在新能源汽车领域,几何公差控制极为关键。例如,某汽车制造企业制造电动机时,对转子和定子的圆柱度、圆度等几何公差要求严格。研发某高性能电动机时,曾因转子圆柱度偏差,电动机振动噪声大、效率降低,影响车辆动力。之后,该汽车制造企业加大研发投入,改进工艺,成功解决了问题,提升了电动机性能。另一汽车制造企业在变速器研发中,齿轮的齿形、齿向等几何公差不达标,致使齿轮啮合冲击大、噪声大、传动效率低。经技术团队努力改进工艺和严控质量,精准控制公差后,变速器换挡更顺畅了,提升了驾驶体验。

随着新能源汽车技术进步和市场需求增长,我国的汽车制造企业更加重视几何公差的控制与优化,生产出性能更优、质量更可靠的新能源汽车,推动产业持续健康发展。

# 模块四　表面粗糙度与检测

表面粗糙度是指物体表面微小的凹凸不平度，影响物体的触感、光学性能和流体动力学特性，在日常生活与工业加工生产中都有广泛应用，对其合理运用能满足各类实际需求。

表面粗糙度

在日常生活中，物体表面粗糙度塑造了触觉感受，如纸张、衣物、家具表面的不同质感，且物体表面粗糙度对其功能性和寿命也有重要影响。例如，鞋底花纹、洗手间瓷砖、平底锅的表面粗糙度分别起到防滑、均匀受热等作用。

在工业加工生产过程中，表面粗糙度是决定零件性能与使用寿命的关键因素之一。以发动机中的活塞与气缸壁为例，其表面粗糙度直接关系到动力输出的稳定性和零部件的磨损程度；轴承和齿轮等机械零件，合适的表面粗糙度能确保精准传动与高效运转；电子行业的电路板，特定的表面粗糙度有助于信号的稳定传输和电子元器件的可靠焊接；医疗领域的手术刀，精细的表面处理更是关乎手术的精准性与安全性。可以说，精准把握和有效控制表面粗糙度，对于提高产品质量以及改善生活品质都具有不可忽视的重要意义。

本模块以 2023 年全国职业院校技能大赛中职组"现代加工技术"赛项中斯特林风扇的典型零件为检测实例进行讲解分析。

## 任务一　用表面粗糙度比较样块检测底板上表面的表面粗糙度

### 🎷学习目标

**知识目标：**

(1)理解表面粗糙度的基本术语及定义。

(2)了解表面粗糙度对零件使用性能的影响。

(3)熟悉表面粗糙度图形符号的含义。

**技能目标：**

(1)能依据零件功能需求与加工工艺合理选定表面粗糙度。

(2)能正确使用表面粗糙度比较样块检测零件。

**素养目标：**

(1)具备独立解决问题的能力。

(2)提升团队协作精神。

(3)培养强烈的安全与质量责任意识以及严谨、精益求精的职业态度。

## 4.1.1 任务描述

在将一批底板装配后，发现斯特林风扇在运行过程中不够平稳。请利用车间内现有的量具，对这批底板展开检测，进而分析风扇运行不平稳的原因。

## 4.1.2 任务分析

经过检测，底板的尺寸精度和形位公差均在公差范围以内，此时问题聚焦于与支柱相配合的底板上表面的表面粗糙度是否符合技术要求。检测底板上表面的表面粗糙度成为解决问题的关键所在。图 4-1 为利用表面粗糙度比较样块检测底板上表面的表面粗糙度流程图，图 4-2 为底板零件图纸，图 4-3 为底板零件实物图。

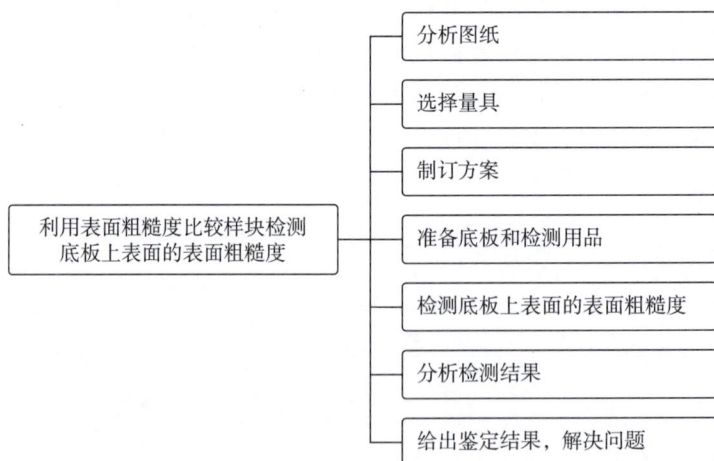

图 4-1 利用表面粗糙度比较样块检测底板上表面的表面粗糙度流程图

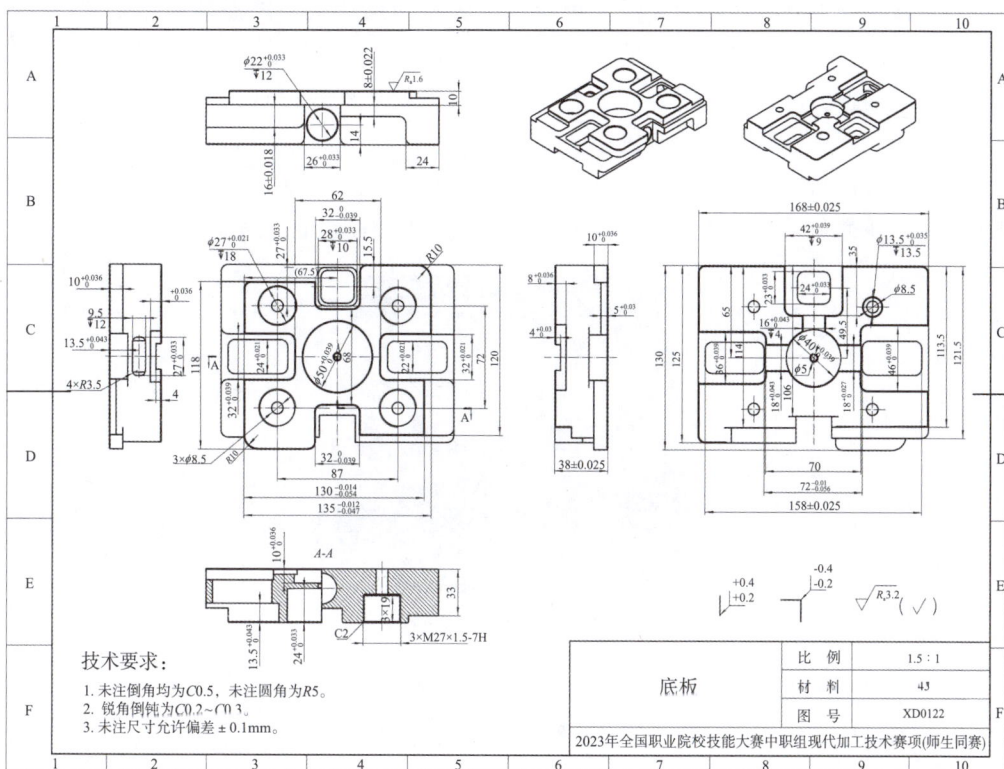

图 4-2　底板零件图纸

图 4-3　底板零件实物图

## 1. 分析图纸

通过观察，发现与支柱相配合的上表面的表面粗糙度数值为 $1.6\mu m$，而其余表面的表面粗糙度为 $3.2\mu m$。本次任务主要是对上表面的表面粗糙度数值进行检测。

## 2. 选择量具

本次使用的量具是表面粗糙度比较样块，如图 4-4 所示。

## 3. 测量原理

表面粗糙度比较测量法是指将被测表面与已知其评定参数值的表面粗糙度比较样

块进行对比，若被测表面较为光滑，可使用放大镜辅助比较，以提高检测精度。在选择表面粗糙度比较样块时，样块的材料、形状和加工方法应尽量与被测工件保持一致。这种比较法简便实用，适用于在车间环境下对中低精度的表面进行判断。其判断的准确程度在很大程度上取决于检测人员的熟练程度。

注意：表面粗糙度比较样块的加工纹理方向应与被测表面一致，并且一般表面粗糙度比较样块的加工纹理总方向平行于表面粗糙度比较样块的短边。

图 4-4　表面粗糙度比较样块

### 4. 认识表面粗糙度比较样块

表面粗糙度比较样块规格主要有（单位为 $\mu m$）0.025、0.05、0.1、0.2、0.4、0.8、1.6、3.2（磨），0.4、0.8、1.6、3.2、6.3、12.5（镗），0.4、0.8、1.6、3.2、6.3、12.5（铣），0.4、0.8、1.6、3.2、6.3、12.5、25（刨），0.8、1.6、3.2、6.3（车）。

### 5. 表面粗糙度比较样块使用方法

1）检测准备——检查外观

表面粗糙度比较样块表面不能有锈蚀、划伤、缺损及明显磨耗。被测表面也不能有铁屑、毛刺和油污。

2）比较测量方法

表面粗糙度比较样块工作面和被测工作面的表面粗糙度通过表面轮廓算术平均偏差 $R_a$ 参数来评定。

表面粗糙度比较样块与被测件放在同一位置。在进行比较检验时，被测零部件和表面粗糙度比较样块应处于相同的检测条件下。比如，在比较时，所用的表面粗糙度比较样块的材料、形状和加工方法应尽可能与被测零件表面相同；保持照明亮度一致，并将表面粗糙度比较样块与被测零部件置于一处，这样可以减少检测误差，提高判断的准确性。

3）表面粗糙度判断的准则

根据被检工件加工痕迹的深浅，判断表面粗糙度是否符合图纸（工艺）要求。当被检工件的加工痕迹深浅不超过表面粗糙度比较样块工作面加工痕迹深度时，被检工件的表面粗糙度一般不超过表面粗糙度比较样块的标称值。

4）评定表面粗糙度的方法

(1)表面粗糙度比较样块工作面的表面粗糙度为标准，通过触觉（如指甲）、视觉（可借助放大镜、比较显微镜）与被检工件表面进行比较。被检工件表面加工痕迹的表面粗糙度与对应痕迹比较相近的一块表面粗糙度比较样块的表面粗糙度一致，即该表面粗糙度比较样块的表面粗糙度值就是被检工件的表面粗糙度值。

(2)当采用放大镜观察时（适用 $R_a$ 为 $0.8\sim1.6\mu m$），可采用 $5\sim10$ 倍数的放大镜。有的企业在生产线上安置了 $5\sim10$ 倍数的放大镜，既可检查表面粗糙度，也可观察裂纹等缺陷。

(3)目视一般适合检查被测零件表面粗糙度 $R_a$ 为 $3.2\sim12.5\mu m$ 的工件。对表面粗糙度 $R_a$ 为 $0.1\sim0.4\mu m$ 的工件，采用便携式表面粗糙度仪器测量较为准确。

(4)当大批量生产时，可以从加工零件中挑选出样品，经检定后作为表面粗糙度比较样块。这种方法简单易行，适合在车间使用。但是这种方法评定的可靠性在很大程度上取决于检验人员的经验，仅适用于评定对于表面粗糙度要求不高的零件。

## 4.1.3　制订方案

### 1. 视觉法

将底板上表面和标准表面粗糙度比较样块的工作面放在一起，注意加工纹理与表面粗糙度比较样块的加工纹理方向一致，用肉眼观察比较，依据两个表面反射光线的强弱和色彩来判断底板上表面的表面粗糙度与标准表面粗糙度比较样块上哪一块的表面粗糙度数值相当，该表面粗糙度比较样块的表面粗糙度数值即被检工件的表面粗糙度参数值。

### 2. 触觉法

用手指或指甲触摸底板上表面和标准表面粗糙度比较样块的工作面，凭借手触摸时的感觉进行比较，以此来判断两个表面的表面粗糙度数值。如果手感觉底板上表面和表面粗糙度比较样块的表面粗糙度相同，则说明这两个表面的表面粗糙度数值一样，此时可取表面粗糙度比较样块的表面粗糙度数值作为底板上表面的表面粗糙度参数值。

## 4.1.4　任务实施

(1)准备好底板和表面粗糙度比较样块。

(2)用细棉布对底板上表面和表面粗糙度比较样块进行清洁。

(3)利用视觉法和触觉法检测底板上表面，做好检测记录并将检测结果填入表 4-1、表 4-2。

表 4-1　检测记录表（视觉法）

| 检测项目 | 表面粗糙度数值 | 视觉法 | 测量工具 |
|---|---|---|---|
| 底板上表面 | $\sqrt{R_a 1.6}$ | | 表面粗糙度比较样块 |

表 4-2　检测记录表（触觉法）

| 检测项目 | 表面粗糙度数值 | 触觉法 | 测量工具 |
|---|---|---|---|
| 底板上表面 | $\sqrt{R_a 1.6}$ | | 表面粗糙度比较样块 |

（4）检测完成后，将标准表面粗糙度比较样块用细棉布擦干净后放入盒内，注意防潮。如果长时间不用，应涂防锈油，防止表面粗糙度比较样块腐蚀生锈。

## 4.1.5　鉴定结论

（1）将检测数据填写到表 4-3 和表 4-4 中，处理检测数据。

表 4-3　检测数据表（视觉法）

| 检测项目 | 表面粗糙度数值 | 视觉法 | 结论 | |
|---|---|---|---|---|
| | | | 合格 | 不合格 |
| 底板上表面 | $\sqrt{R_a 1.6}$ | | | |

表 4-4　检测数据表（触觉法）

| 检测项目 | 表面粗糙度数值 | 触觉法 | 结论 | |
|---|---|---|---|---|
| | | | 合格 | 不合格 |
| 底板上表面 | $\sqrt{R_a 1.6}$ | | | |

（2）给出鉴定结论，解决问题，完成任务。

## 4.1.6　任务评价

任务结束后，根据本次任务的完成情况，认真填写表 4-5。

表 4-5　任务评价表

| 项目 | 自我评价 | | | 小组评价 | | | 教师评价 | | | 增值评价 | | |
|---|---|---|---|---|---|---|---|---|---|---|---|---|
| | 9～10 | 6～8 | 1～5 | 9～10 | 6～8 | 1～5 | 9～10 | 6～8 | 1～5 | 9～10 | 6～8 | 1～5 |
| | 占总评的 10% | | | 占总评的 20% | | | 占总评的 30% | | | 占总评的 40% | | |
| 量具校验 | | | | | | | | | | | | |
| 规范检测 | | | | | | | | | | | | |
| 检测报告 | | | | | | | | | | | | |
| 整理现场 | | | | | | | | | | | | |
| 职业素养 | | | | | | | | | | | | |
| 小计 | | | | | | | | | | | | |
| 总评 | | | | | | | | | | | | |

## 4.1.7　检测相关知识

### 1. 表面粗糙度的概念

无论是机械加工后的零件表面，还是用其他方法获得的零件表面，总会存在由较小间距和峰谷组成的微量高低不同的痕迹，如图 4-5 所示。这种加工表面上由较小间距和微小峰谷构成的不平度，被称为表面粗糙度。表面粗糙度越小，则表面越光滑。这种加工表面两波峰或两波谷之间的距离(波距)在 1mm 以下时，用肉眼是难以区别的，因此它属于微观几何形状误差。表面粗糙度反映的是实际零件表面几何形状误差的微观特征，而形状误差表述的则是零件几何要素的宏观特征，介于表面粗糙度与形状误差，两者之间的是表面波纹度。

目前对表面粗糙度、表面波纹度和形状误差还没有统一的划分标准，通常是按相邻的峰间距离或谷间距离来区分。间距小于 1mm 的属于表面粗糙度，间距在 1～10mm 范围内的属于表面波纹度，而间距大于 10mm 的属于形状误差。图 4-6 为表面实际轮廓、表面粗糙度、表面波纹度、形状误差对比图 。

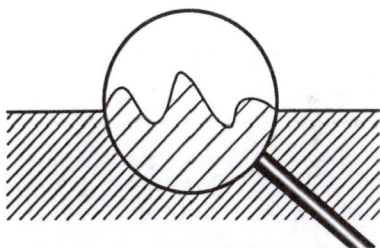

图 4-5　表面粗糙度轮廓

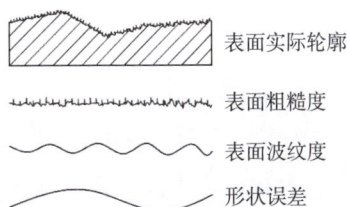

图 4-6　表面实际轮廓、表面粗糙度、表面波纹度、形状误差对比图

对于已完工的零件，只有同时满足尺寸精度、几何精度、表面结构的要求，才能保证零件几何参数的互换性。

**2. 表面粗糙度的识读**

图样上给定的表面特征代（符）号是对完工后表面的要求。《产品几何技术规范（GPS）技术产品文件中表面结构的表示法》（GB/T 131—2006）中对表面粗糙度的符号、代号及其标注做了规定。

表面粗糙度的基本符号如图4-7所示，表面粗糙度符号及含义见表4-6。

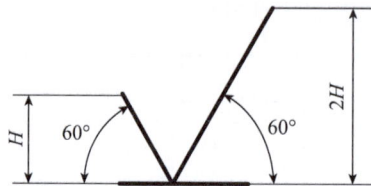

图 4-7　表面粗糙度的基本符号

**表 4-6　表面粗糙度符号及意义**

| 符号 | 说明 |
| --- | --- |
| | 基本图形符号，表示表面可用任何方法获得，当不加注表面粗糙度参数值或有关说明（如表面热处理、局部热处理状况等）时，仅适用于简化代号标注 |
| | 扩展图形符号，在基本图形符号上加一短横，表示指定表面是用去除材料的方法获得的，如车、铣、钻、磨、剪切、抛光、腐蚀、电火花加工等。仅当其含义是"被加工表面"时可单独使用，如通过机械加工方法获得。该符号也可如上简化标注 |
| | 扩展图形符号，在基本图形上加一个圆圈，表示用不去除材料的方法（如铸、锻、冲压变形、热轧、粉末冶金等）获得的表面，也可用于表示保持上道工序形成的表面，不管这种状态是通过去除材料形成的还是不去除材料形成的。该符号也可如上进行简化标注时使用 |
| | 完整图形符号，在基本图形符号和扩展图形符号的长边加一横线，表示要求标注表面结构特征的有关参数和说明 |
| | 视图上封闭轮廓的各表面有相同的表面结构要求时的符号，在基本图形符号和扩展图形符号上均加一小圆，表示在图样某个视图上构成封闭轮廓的所有表面具有相同的表面结构要求 |

注：摘自《产品几何技术规范（GPS）技术产品文件中表面结构的表示法》（GB/T 131—2006）。

在常用的参数值范围内，优先选用轮廓算术平均偏差 $R_a$，其参数的具体含义将在下个任务中进行具体讲解。本次检测的底板上表面的表面粗糙度数值为 $1.6\mu m$，其具体含义如下。

$\sqrt{^{R_a1.6}}$：表示底板上表面的表面粗糙度 $R_a$ 的上限值为 $1.6\mu m$。

**3. 表面粗糙度对零件使用性能和使用寿命的影响**

表面粗糙度是保证零件功能的重要因素，其参数值的大小对零件的使用性能和使用寿命有直接影响，主要体现在以下几个方面。

1）对零件运动表面摩擦和磨损的影响

零件实际表面越粗糙，摩擦因数越大，两个相对运动的表面峰顶间的实际有效接触面积就越小，单位面积的压力越大，零件运动表面磨损越快。但是，不能认为表面粗糙度数值越小，耐磨性就越好。因为表面过于光滑，不利于在该表面上储存润滑油，容易使运动表面间形成半干摩擦甚至干摩擦，反而使摩擦因数增大，从而加剧磨损。

2）对配合性质的稳定性和机器的工作精度的影响

对间隙配合来说，表面粗糙则易磨损，使配合表面间的实际间隙逐渐增大；对过盈配合来说，粗糙表面轮廓的峰顶在装配时被挤平，实际有效过盈减小，降低了连接强度，从而影响配合性质的稳定性，降低机器的工作精度。

3）对疲劳强度的影响

零件表面越粗糙，一般表面微观不平度的凹谷就越深，应力集中就越严重，零件在交变应力作用下，疲劳损坏的可能性就越大，疲劳强度就越低，越容易导致零件表面产生裂纹而损坏。

4）对接触刚度的影响

零件表面越粗糙，表面间的实际接触面积就越小，单位面积受力就越大，这就会加剧峰顶处的局部塑性变形，使接触刚性降低，影响机器的工作精度和抗振性。

5）对耐腐蚀性的影响

零件表面越粗糙，腐蚀性物质越容易附着于表面的微观凹谷，并渗入金属内层，造成表面锈蚀。腐蚀性物质与零件的材料不同，因而形成电位差，对零件表面产生电化学腐蚀。表面越粗糙，则电化学腐蚀就越严重。

此外，表面粗糙度对连接的密封性、零件的外观质量和表面涂层的质量等都有很大的影响。因此，在零件的几何精度设计中，对表面粗糙度提出合理的技术要求是一项不可缺少的重要内容。

## 4.1.8　知识拓展

**1. 表面粗糙度理论与标准的发展**

表面粗糙度标准的提出和发展与工业生产技术的发展密切相关，它经历了由定性评定到定量评定两个阶段。表面粗糙度对机器零件表面性能的影响从 1918 年开始受到关注。在飞机和飞机发动机设计中，由于要求用最少的材料达到最大的强度，人们开始研究加工表面的刀痕和刮痕对疲劳强度的影响。但由于测量困难,当时没有定量数值上的评定要求,只是根据目测感觉来确定。20 世纪 20—30 年代,世界上很多工业国家广泛采用三角符号(▽)的组合来表示不同精度的加工表面。

为研究表面粗糙度对零件性能的影响,满足度量表面微观不平度的需要,从 20 世纪 20 年代末到 30 年代,德国、美国和英国等国家的一些专家设计制作了轮廓记录仪、轮廓仪,同时研发出光切式显微镜和干涉显微镜等利用光学原理来测量表面微观不平度的仪器,这为从数值上定量评定表面粗糙度提供了条件。从 20 世纪 30 年代起,人们已经对表面粗糙度定量评定参数进行了研究。例如,美国的 Abbott 提出了用距表面轮廓峰顶的深度和支承长度率曲线来表征表面粗糙度。1936 年出版了 Schmaltz 论述表面粗糙度的专著,对表面粗糙度的评定参数和数值的标准化提出了建议。但表面粗糙度评定参数及其数值的使用,真正成为一个被广泛接受的标准还是从 20 世纪 40 年代各国相应的国家标准发布以后开始的。

首先,美国在 1940 年发布了 ASA B46.1 国家标准,之后又进行了几次修订,形成现行标准《表面结构表面粗糙度、表面波纹度和加工纹理》(ANSI/ASMEB46.1—1988)。该标准采用中线制,并将 $R_a$ 作为主参数;接着苏联在 1945 年发布了《表面光洁度、表面微观几何形状、分级和表示法》(GOCT 2789—1945)的国家标准,而后进行了 3 次修订形成《表面粗糙度参数和特征》(GOCT 2789—1973)。该标准也采用中线制,并规定了包括轮廓均方根偏差(现在的 $R_q$)在内的 6 个评定参数及其相应的参数值。另外,其他工业发达国家的标准大多是在 20 世纪 50 年代制定的,如联邦德国在 1952 年 2 月发布了 DIN4760、DIN4762 有关表面粗糙度的评定参数和术语等的标准等。

以上各国的国家标准都采用了中线制作为表面粗糙度参数的计算制,具体参数千差万别,但其定义的主要参数依然是 $R_a$($R_q$),这也是国际交流使用非常广泛的一个参数。

**2. 表面粗糙度标准中的基本参数定义**

随着工业的发展和对外开放与技术合作的需要,我国对表面粗糙度的研究和标准化越来越被科技和工业界所重视,为迅速改变国内表面粗糙度方面术语和概念不统一的局面,并达到与国际统一,我国等效采用国际标准化组织(ISO)有关的国际标准制定《产品几何技术规范(GPS) 表面结构 轮廓法 术语定义及表面结构参数)》(GB/T 3505—2009)。

上述标准专门对有关表面粗糙度的表面及其参数等术语做了规定,其中有三个部分共 27 个参数术语。

1)与微观不平度高度特性有关的表面粗糙度参数术语

其中定义的常用术语有轮廓算术平均偏差 $R_a$、轮廓均方根偏差 $R_q$、轮廓最大高度 $R_y$ 和微观不平度十点高度 $R_z$ 等 11 个参数。

2)与微观不平度间距特性有关的表面粗糙度参数术语

其中有轮廓微观不平度的平均间距 $S_m$、轮廓峰密度 $D$、轮廓均方根波长 $l_q$ 以及轮廓的

单峰平均间距 $S$ 等共 9 个参数。

3）与微观不平度形状特性有关的表面粗糙度参数术语

其中有轮廓偏斜度 $S_k$、轮廓均方根斜率 $D_q$ 和轮廓支承长度率 $t_p$ 等共 5 个参数。

### 3. 精密加工表面性能评价的内容及其迫切性

表面粗糙度这一概念开始提出就是为了研究零件表面和其性能之间的关系，实现对表面形貌准确的量化描述。随着加工精度要求的提高以及对具有特殊功能零件表面的加工需求的增加，我国提出了表面粗糙度评价参数的定量计算方法和数值规定，这推动了国家标准及国际标准的形成和发展。

在现代工业生产中，许多制件的表面被加工，因而具有特定的技术性能特征，如制件表面的耐磨性、密封性、配合性质、传热性、导电性以及对光线和声波的反射性，液体和气体在壁面的流动性、腐蚀性、薄膜、集成电路元器件以及人造器官的表面性能，测量仪器和机床的精度、可靠性、振动和噪声等功能。这些技术性能的评价常常依赖制件表面特征的状况，也就是与制件表面的几何结构特征有密切联系。因此，控制加工表面质量的核心问题在于它的使用功能，应该根据各类制件自身的特点规定能满足其使用要求的表面特征变量。不难看出，对于特定的加工表面，我们总希望用最（比较）恰当的表面特征参数去评价它，以期达到预期的功能要求；同时我们希望参数本身稳定，能够反映表面本质的特征，不受评定基准及仪器分辨率的影响，减少对随机过程进行测量带来的参数示值误差。

但是从标准制定的特点和内容上容易发现，随着现代工业的发展，特别是新型表面加工方法不断出现和新的测量工具及测量方法的应用，标准中的许多参数已无法满足现代生产的需求，尤其是在一些特殊加工场合。例如，精加工时，用不同方法加工得到的 $R_a$ 值相同（很相近）的表面不一定具有相同的使用功能。可见，此时 $R_a$ 值对这类表面的评定显得无能为力，而且传统评定方法过于注重对高度信息做平均化处理，而几乎忽视水平方向的属性，未能反映表面形貌的全面信息。近年来，在表面特性研究领域，相对地说，关于零件表面功能特性的研究本身就较为薄弱，因为它涉及很多学科和技术领域。机器的各类零件在使用中各有不同的要求，研究表面特征的功能适应性将十分复杂，这也限制了对表面形貌与其功能特性关系的研究。

工业生产的飞速发展迫切需要更加行之有效且适应性更强的表面特征评价参数。为解决这一问题，各国的许多学者都在这方面加大了研究力度，以期在不远的将来制定出一套功能特性显著的参数。另外，为了防止"参数爆炸"，防止大量相关参数的出现，要做到用一个参数来评价多个性能特性，用数量很少的一组参数实现对表面本质特征的准确描述。

### 4. 表面粗糙度理论的新进展

表面形貌评定的核心在于特征信号的无失真提取和对使用性能的量化评定。国内外学者在这方面做了大量工作，提出了许多分离与重构方法。随着当今微型计算机处理技术、集成电路技术、机电一体化技术等的发展，出现了分形法、Motif 法、功能参数集法、时间序列技术分析法、最小二乘多项式拟合法、滤波法等各种评定理论与方法，取得了显著进展。

为满足零件的表面功能要求，为产品设计和生产提供依据，我国制定了相应的表面结构国家标准。我国表面结构国家标准主要有《产品几何技术规范（GPS）表面结构轮廓法 术语、定义及表面结构参数》（GB/T 3505—2009）、《产品几何技术规范（GPS）表面结构 轮廓法 表面粗糙度参数及其数值》（GB/T 1031—2009）、《产品几何技术规范（GPS）技术产品文件中表面结构的表示法》（GB/T 131—2006）等。

## 4.1.9　练习与思考

### 1. 填空题

(1)表面粗糙度是指加工表面所具有的微小间距和微小峰谷所组成的微观几何形状特征。表面粗糙度值越小，表面越_____。

(2)用表面粗糙度比较样块测量工件表面粗糙度的方法有_____和_____两种。

(3)"√"是_____，表示表面可用任何方法获得。

(4)对于间隙配合来说，表面_____则易磨损，使配合表面间的实际间隙逐渐_____，影响配合性质。

(5)零件实际表面越_____，则摩擦因数越_____，两个相对运动的表面峰顶间的实际有效接触面积越_____，使单位面积上的压力_____，零件运动表面磨损_____。

(6)_____反映的是实际零件表面几何形状误差的微观特征，而_____表述的则是零件几何要素的宏观特征，介于两者之间的是_____。

### 2. 判断题

(1)表面粗糙度对零件的耐磨性有影响。　　　　　　　　　　　　　（　　）

(2)表面粗糙度是微观的几何形状误差，所以对零件的使用性能影响不大。（　　）

(3)"√"扩展图形符号表示用不去除材料的方法获得的表面。　　　　（　　）

(4)表面粗糙度数值越大，零件的表面越光滑。　　　　　　　　　　（　　）

(5)表面粗糙度数值越小越好。　　　　　　　　　　　　　　　　　（　　）

(6)采用表面粗糙度比较样块测量工件之前，需采用细棉布清洁被测工件和表面粗糙度比较样块表面。　　　　　　　　　　　　　　　　　　　　　　　　　（　　）

(7)表面粗糙度数值越大，越有利于零件耐磨性和耐蚀性的提高。　　（　　）

(8)表面粗糙度会影响零件的配合性质。　　　　　　　　　　　　　（　　）

(9)从间隙配合的稳定性或过盈配合的连接强度考虑，表面粗糙度数值越小越好。（　　）

(10)只有选择合适的表面粗糙度，才能有效地减少工件的摩擦与磨损。（　　）

**3. 选择题**

(1)在下列描述中,（ ）不属于表面粗糙度对零件性能的影响。

    A. 配合性           B. 韧性           C. 耐蚀性           D. 耐磨性

(2)图形符号"$\checkmark\checkmark\checkmark$"中右上部加的一个小圆圈,表示（ ）。

    A. 要求标注表面结构特征的有关参数和说明

    B. 用不去除材料的方法获得的表面

    C. 所有表面具有相同的表面结构要求

    D. 指定表面用去除材料的方法获得

(3)评定表面粗糙度时,优先选用（ ）。

    A. $R_a$           B. $R_z$           C. $R_y$           D. $R_x$

(4)表面粗糙度数值越小,零件的（ ）。

    A. 抗疲劳强度越差    B. 加工越容易    **D. 磨损性越**越差

(5) $R_a$ 数值越大,工件表面就越（ ）,反之表面就越（ ）。

    A. 平滑、光整        B. 粗糙、光滑平整    C. 光滑平整、粗糙  D. 圆滑、粗糙

**4. 综合题**

分析图 4-8 所示的曲轴中心轴,用表面粗糙度比较样块检测其表面粗糙度值是否符合技术要求,并填写表 4-7。

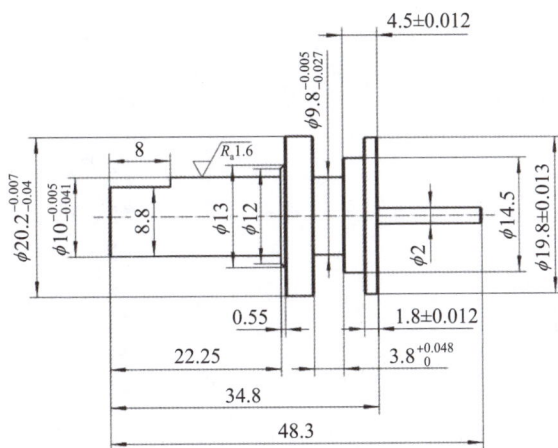

图 4-8 曲轴中心轴

表 4-7 检测数据表

| 检测项目 | 表面粗糙度数值 | 视觉法 | 结论 | | 测量工具 |
|---|---|---|---|---|---|
| | | | 合格 | 不合格 | |
| $\phi$10 轴的外轮廓 | $\sqrt{R_a 1.6}$ | | | | 表面粗糙度比较样块 |

# 任务二　用表面粗糙度仪检测活塞的表面粗糙度

## 学习目标

**知识目标：**

(1)理解表面粗糙度评定参数的含义。

(2)掌握表面粗糙度在零件图中的标注方法。

(3)掌握用表面粗糙度仪测量零件表面粗糙度的方法及表面粗糙度数值的选择。

**技能目标：**

(1)能够在零件图上的正确标注表面粗糙度。

(2)能正确使用表面粗糙度仪检测零件的表面质量。

**素养目标：**

(1)培养严谨、精益求精的工作态度。

(2)精准、科学选点，强化误差分析与控制意识，降低检测误差。

(3)探索融合新兴技术，提升检测智能化。

(4)依据国内外标准，适配多样产品检测。

## 4.2.1　任务描述

在斯特林发动机活塞加工完成后，进行缸体装配时发现，部分活塞在缸体内运动时存在卡顿现象，不够顺畅。请利用车间现有的量具，对这批活塞展开检测，以找到其运动卡顿的具体原因。

## 4.2.2　任务分析

经检测，活塞的尺寸精度和形位公差均处于公差范围以内，由此判断问题的关键在于与缸体相配合的活塞外轮廓表面的表面粗糙度是否符合技术要求。因此，检测活塞外轮廓表面的表面粗糙度成为解决活塞运动卡顿问题的核心所在。图4-9为利用表面粗糙度仪检测活塞表面的表面粗糙度流程图，图4-10为活塞零件图，图4-11为活塞零件实物图。

### 1. 分析图纸

通过观察，活塞外轮廓直径为16mm，表面粗糙度的数值为$1.6\mu m$，其余表面的表面粗糙度为$3.2\mu m$。本次任务主要检测活塞外轮廓表面的表面粗糙度数值。

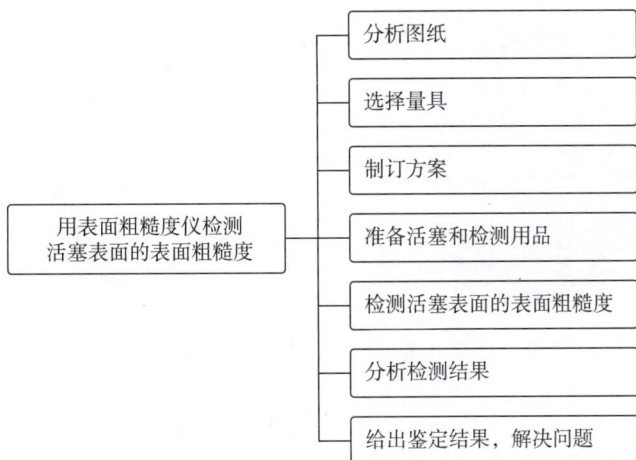

图 4-9　利用表面粗糙度仪检测活塞表面的表面粗糙度流程图

## 2. 选择量具

活塞在缸体内部运动的过程中，对于表面质量的要求极高，这便要求对表面粗糙度数值予以精准量化。鉴于表面粗糙度比较样块比较法难以满足此高精度要求，必须采用各类适配的计量器具来实施测量操作。本次任务选用的是 SJ-210 表面粗糙度仪，如图 4-12 所示。

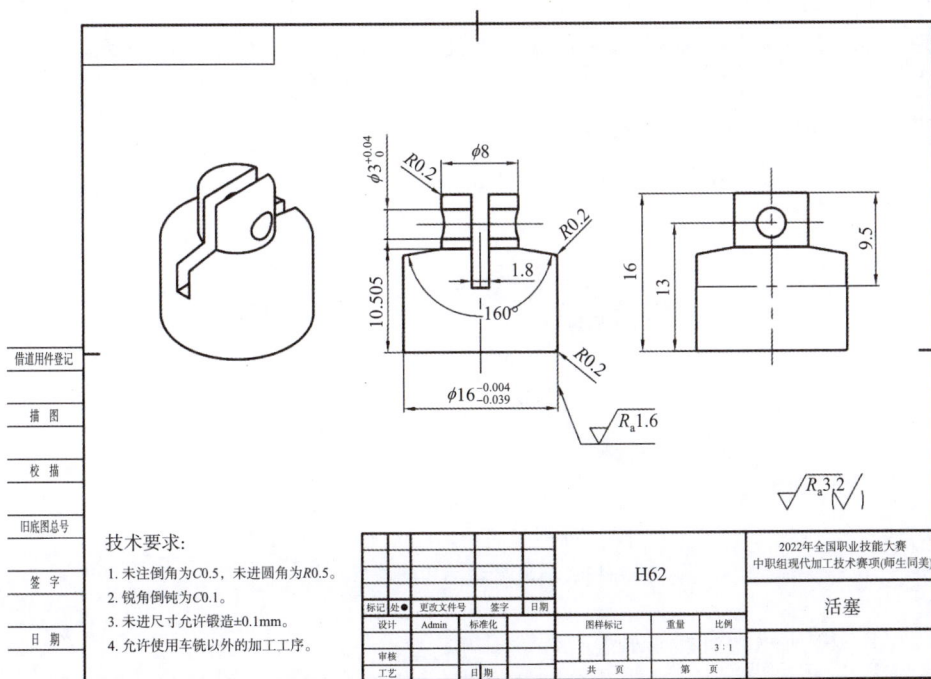

技术要求：
1. 未注倒角为 C0.5，未注圆角为 R0.5。
2. 锐角倒钝为 C0.1。
3. 未注尺寸允许锻造±0.1mm。
4. 允许使用车铣以外的加工工序。

图 4-10　活塞零件图

图 4-11　活塞零件实物图　　　　图 4-12　SJ-210 表面粗糙度仪

SJ-210 表面粗糙度仪是传感器主机一体化的袖珍式仪器，为手持式，具有测量精度高、测量范围大、操作简便、便于携带、工作稳定等特点，可以广泛用于各种金属与非金属加工表面的检测，更适宜在生产现场使用。

1）SJ-210 表面粗糙度仪测量原理

用 SJ-210 表面粗糙度仪测量工件表面粗糙度时，将传感器放在工件被测表面上，由仪器内部的驱动机构带动传感器沿被测表面做等速滑行，传感器通过内置的锐利触针感受被测表面的表面粗糙度。此时工件被测表面的表面粗糙度使触针产生位移，该位移使传感器电感线圈的电感量发生变化，从而在相敏整流器的输出端产生与被测表面粗糙度成比例的模拟信号。该信号经过放大及电平转换进入数据采集系统，数字信号处理（DSP）芯片将采集的数据进行数字滤波和参数计算，测量结果在液晶显示器上显示。

2）SJ-210 表面粗糙度仪的结构

（1）图 4-13 所示为演算显示部和驱动检出部。

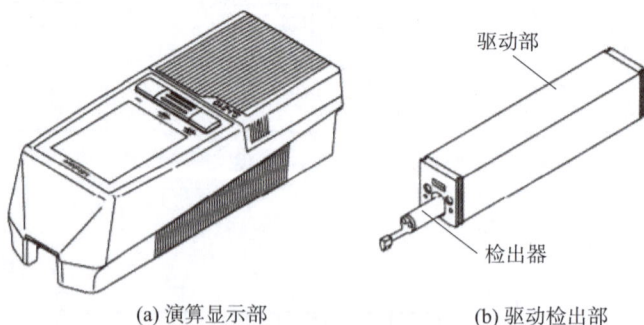

(a) 演算显示部　　　　　　　　(b) 驱动检出部

图 4-13　演算显示部和驱动检出部

（2）图 4-14 所示为演算显示部各部分名称。

（3）图 4-15 所示为驱动检出部各部分名称。

图 4-14 演算显示部各部分名称

图 4-14 中各键名称如下：

POWER/DATA 键，电源/数据线。

START/STOP 键，开始/停止键。

PAGE 键，翻页键。

Blue 键，蓝色键。

Red 键，红色键。

↑、↓、←、→键，光标键。

Esc/Guide 键，退出/引导键。

Enter/Menu 键，输入/菜单键。

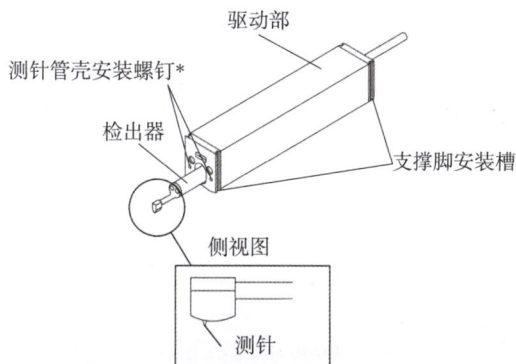

图 4-15 驱动检出部各部分名称

注：＊为支撑脚安装槽和支撑脚是特殊附件。

3)SJ-210 表面粗糙度仪的使用方法

（1）测量准备。测量物的测量面比 SJ-210 表面粗糙度仪大时，将 SJ-210 表面粗糙度仪放在测量物上面。

①将测量物的测量面设定为水平。

②将 SJ-210 表面粗糙度仪放在测量物上面（图 4-16），将驱动检出部底部的基准面 $A$ 和 $B$ 作为支点。

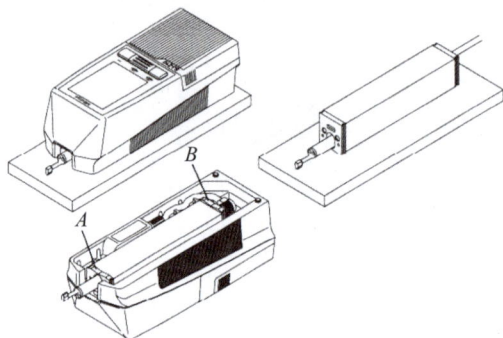

图 4-16　基准面 $A$ 和 $B$ 支点图

③确认测针正确接触测量面。另外，还须确认检出器和测量面是否平行，如图 4-17 所示。

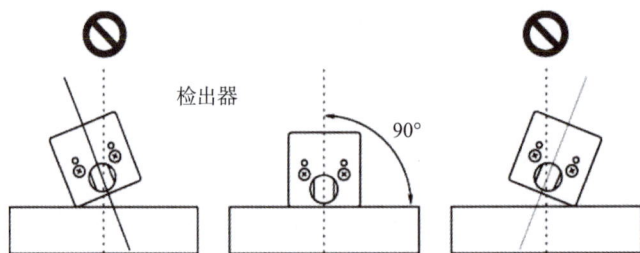

(a) 正面观察检出器

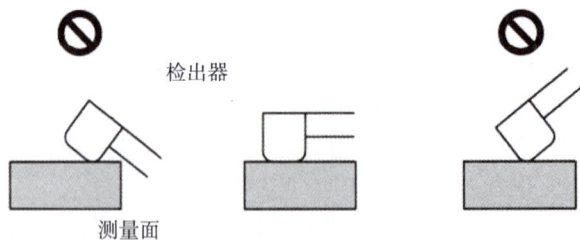

(b) 侧面观察检出器

图 4-17　确认检出器和测量面是否平行

如图 4-18 所示，如果测量物的测量面比 SJ-210 表面粗糙度仪小，可使用高度尺测量附件设定 SJ-210 表面粗糙度仪。

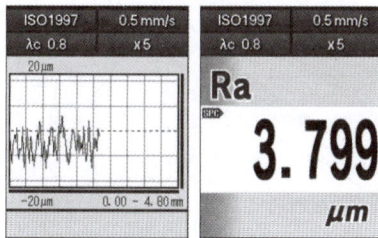

21(0.827)
9(0.354)
9(0.354)
55.5 (2.185)

用于高度尺的测量附件
驱动部
用于平面的测针管壳
高度尺
测量物

用于高度尺测量附件的规格和使用示例

**图 4-18　高度尺测量附件设定**

（2）测量步骤。

①在主页画面上按"START/STOP"键。

②检出器移动并进行测量。测量过程中（检出器移动过程中）显示测量图形画面。

③测量结束后显示测量值，如图 4-19 所示。

| ISO1997 | 0.5 mm/s | ISO1997 | 0.5 mm/s |
| λc 0.8 | ×5 | λc 0.8 | ×5 |

20μm

Ra
3.799
μm

−20μm　0.00 ~ 4.00 mm

**图 4-19　测量**

④参数显示的切换。在主页画面上按"PAGE"键，测量结果可以切换到根据参数自定义功能选择的其他的参数。如图 4-20 所示，依次按 PAGE 键，根据参数自定义功能选择的参数依次切换为 $R_a \rightarrow R_q \rightarrow R_z \rightarrow \cdots$。显示对象仅限自定义的参数。

（3）设备的校正。校正就是测量表面粗糙度标准片，进行增益补偿，使测量值等于表面粗糙度标准片的 $R_a$ 值。表面粗糙度标准片的测量面为连续的正弦波形状，显示 $R_a$ 值（标准值），需根据使用情况定期进行校正。另外，刚开始使用、安装或拆卸检出器以及更换时，也需进行校正。如果不进行校正，则无法得到正确的测量结果。

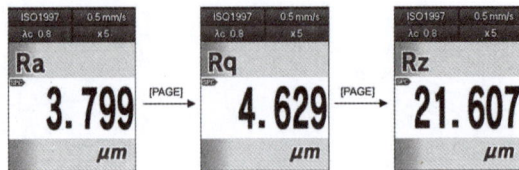

图 4-20　参数显示切换

校正测定须使用表面粗糙度标准片。校正准备工作步骤如下。

①将表面粗糙度标准片和校正用工作台放在水平的台面上。

②如图 4-21 所示，将 SJ-210 表面粗糙度仪放在校正用工作台上面。

图 4-21　校正准备工作

③如图 4-22 所示，设定 SJ-210 表面粗糙度仪的表面粗糙度标准，使检出器的移动方向和精度标准片的切削纹路成直角。

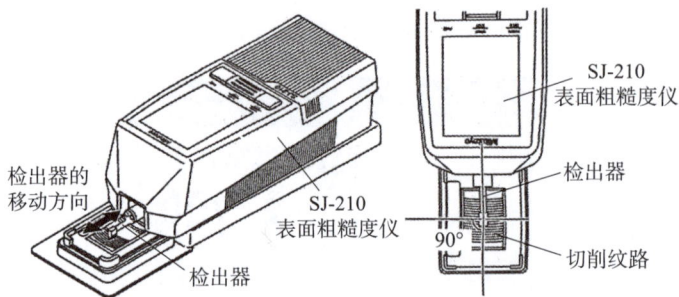

图 4-22　设定标准

④确定检出器平行于测量面，如图 4-17 所示。

⑤如图 4-23 所示，按照校正条件设定的画面切换图提示完成校正。

（4）操作注意事项。

①驱动检出部、探针与产品接触时轻拿轻放。

②测量时检出器应与测量产品放在一条水平线上。

③携带本仪器时应注意避免滑落到地面，造成仪器的损坏。

④在使用 Surftest SJ-210 软件前，应先关闭 SJ-210 表面粗糙度仪的自动休眠功能，

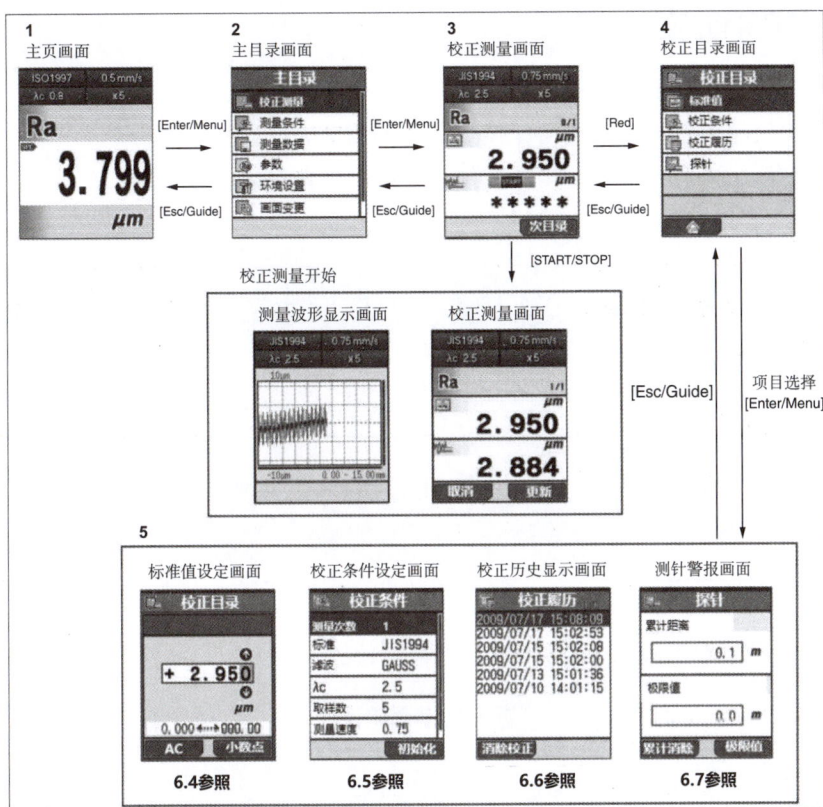

图 4-23　完成校正

否则会因为自动休眠而使通信中断，引起软件的错误退出。当出现此类错误时，先关闭 SJ-210 表面粗糙度仪的自动休眠功能，再重新启动 Surftest SJ-210 软件即可。

（5）设备日常保养。

①每 1 个月至少使用表面粗糙度标准片进行一次校正。安装和拆卸检出器时，也要进行校正。

②测量操作结束后，将 SJ-210 表面粗糙度仪和附件放在箱内保存，避免受到灰尘和潮气的影响。

③仪器的保存温度为－10～40℃。

④如果 SJ-210 表面粗糙度仪上有污垢，应用柔软的干布擦拭干净。擦拭污垢时，不得使用稀释剂或挥发液等材料。

## 4.2.3　制订方案

因活塞外轮廓表面与缸体内表面配合，对其表面要求较高。因此采用表面粗糙度仪对活塞外轮廓表面的表面粗糙度进行检测。

## 4.2.4 任务实施

(1)准备好活塞和表面粗糙度仪。

(2)用柔软的干布将表面粗糙度仪和活塞外轮廓表面擦拭干净。

(3)做好检测记录，将表面粗糙度仪检测结果记录到表 4-8 中。

表 4-8 检测数据表

| 检测项目 | 表面粗糙度数值 | 检测结果 | | | 量具 |
| --- | --- | --- | --- | --- | --- |
| | | 1 | 2 | 3 | |
| 活塞外轮廓表面 | $\sqrt{\phantom{x}} R_a 1.6$ | | | | 表面粗糙度仪 |

(4)测量操作结束后，将 SJ-210 表面粗糙度仪和附件放在箱内保存，避免灰尘和潮气影响。

## 4.2.5 鉴定结论

(1)将检测数据填写到表 4-9 中，处理检测数据。

表 4-9 检测数据表

| 检测项目 | 表面粗糙度数值 | 检测结果 | 结论 | |
| --- | --- | --- | --- | --- |
| | | | 合格 | 不合格 |
| 活塞外轮廓表面 | $\sqrt{\phantom{x}} R_a 1.6$ | | | |

(2)给出鉴定结论，解决问题，完成任务。

## 4.2.6 任务评价

任务结束后，根据本次任务的完成情况，认真填写表 4-10。

表 4-10 任务评价表

| 项目 | 自我评价 | | | 小组评价 | | | 教师评价 | | | 增值评价 | | |
| --- | --- | --- | --- | --- | --- | --- | --- | --- | --- | --- | --- | --- |
| | 9~10 | 6~8 | 1~5 | 9~10 | 6~8 | 1~5 | 9~10 | 6~8 | 1~5 | 9~10 | 6~8 | 1~5 |
| | 占总评的 10% | | | 占总评的 20% | | | 占总评的 30% | | | 占总评的 40% | | |
| 量具校验 | | | | | | | | | | | | |
| 规范检测 | | | | | | | | | | | | |
| 检测报告 | | | | | | | | | | | | |
| 整理现场 | | | | | | | | | | | | |

（续表）

| 项目 | 自我评价 | | | 小组评价 | | | 教师评价 | | | 增值评价 | | |
|---|---|---|---|---|---|---|---|---|---|---|---|---|
| | 9～10 | 6～8 | 1～5 | 9～10 | 6～8 | 1～5 | 9～10 | 6～8 | 1～5 | 9～10 | 6～8 | 1～5 |
| | 占总评的 10% | | | 占总评的 20% | | | 占总评的 30% | | | 占总评的 40% | | |
| 职业素养 | | | | | | | | | | | | |
| 小计 | | | | | | | | | | | | |
| 总评 | | | | | | | | | | | | |

## 4.2.7　检测相关知识

表面粗糙度是评定零件表面质量优劣的一项指标，为了客观、合理地反映和评定表面粗糙度，首先应明确它的评定基准和评定参数。这样才能更好地选择恰当的参数值来控制零件的表面质量。

### 1. 表面粗糙度基本术语及其定义

1）取样长度 $l_r$

取样长度 $l_r$ 用于判别被评定轮廓的不规则特征的 $X$ 轴方向上的长度，即具有表面粗糙度特征的一段基准线长度。$X$ 轴的方向与轮廓总的走向一致。取样长度一般应包含 5 个以上的波峰和波谷，表面越粗糙，则取样长度 $l_r$ 就越大。图 4-24 所示为取样长度和评定长度。国家标准规定的取样长度见表 4-11。

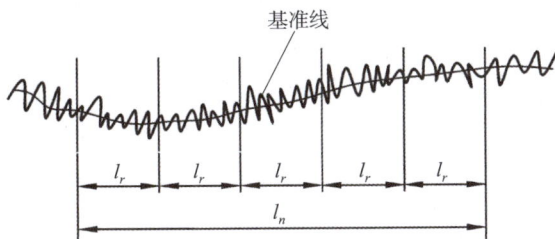

图 4-24　取样长度和评定长度

表 4-11　国家标准规定的取样长度（摘自 GB/T 1031—2009）

| $R_a/\mu m$ | $R_z/\mu m$ | $l_r/mm$ | $l_n(l_n = 5l_r)/mm$ |
|---|---|---|---|
| ≥0.008～0.02 | ≥0.025～0.10 | 0.08 | 0.4 |
| >0.02～0.10 | >0.10～0.50 | 0.25 | 1.25 |
| >0.1～2.0 | >0.50～10.0 | 0.8 | 4 |
| >2.0～10.0 | >10.0～50.0 | 2.5 | 12.5 |
| >10.0～80.0 | >50.0～320 | 8 | 40 |

2）评定长度 $l_n$

评定长度是指评定表面粗糙度需要的一段长度，通常包含一个或多个取样长度，国家标准推荐 $l_n = 5l_r$。

3）轮廓中线（基准线）

轮廓中线（基准线）是指具有几何轮廓形状并划分轮廓的基准线。轮廓中线是定量计算表面粗糙度数值的基准线。确定轮廓中线的方法有最小二乘法和算术平均法。

（1）最小二乘法。在取样长度内使轮廓线上各点的轮廓偏距的平方和最小（图 4-25），即 $\sum_{i=1}^{n} Z_i^2 = \min$。轮廓偏距是指轮廓线上的点与该线之间的距离，如 $Z_1$，$Z_2$，$\cdots$，$Z_n$。

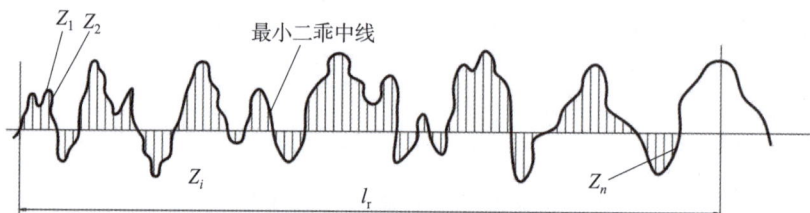

图 4-25　轮廓最小二乘中线

（2）算术平均法。在取样长度内与轮廓走向一致的基准线，该线划分轮廓并使上、下两部分的面积相等（图 4-26），即

$$\sum_{i=1}^{n} F_i = \sum_{i=1}^{n} F'_i \tag{4-1}$$

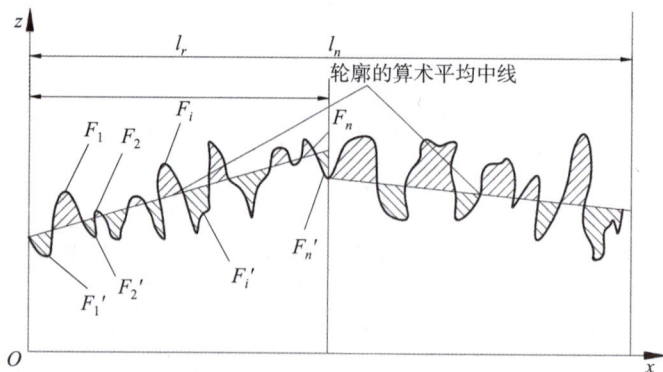

图 4-26　轮廓的算术平均中线

4）轮廓峰顶线

轮廓峰顶线是指在取样长度内，平行于基准线并通过轮廓最高点的线。

5）轮廓谷底线

轮廓谷底线是指在取样长度内，平行于基准线并通过轮廓最低点的线。

## 2. 表面粗糙度的主要评定参数

《产品几何技术规范（GPS）表面结构 轮廓法 表面粗糙度参数及其数值（GB/T 1031—2009）》规定，评定表面粗糙度轮廓的参数有高度特征参数、间距特征参数、形状特征参数。此处仅介绍最常用的高度特征参数。

1）轮廓算术平均偏差 $R_a$

轮廓算术平均偏差是指在取样长度 $l_r$ 内，轮廓偏距绝对值的算术平均值，用 $R_a$ 表示，如图 4-27 所示。其计算公式为

$$R_a = \frac{1}{n}\sum_{i=1}^{n}|z_i| \tag{4-2}$$

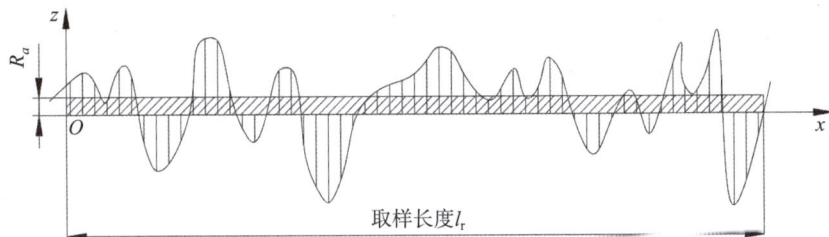

图 4-27 轮廓算术平均偏差 $R_a$

加工后表面测得的 $R_a$ 值越大，则表面越粗糙。

2）轮廓最大高度 $R_z$

轮廓最大高度 $R_z$ 是指在一个取样长度 $l_r$ 内，最大轮廓峰高与最大轮廓谷深之间的距离，如图 4-28 所示。其计算公式为

$$R_z = Z_P + Z_v \tag{4-3}$$

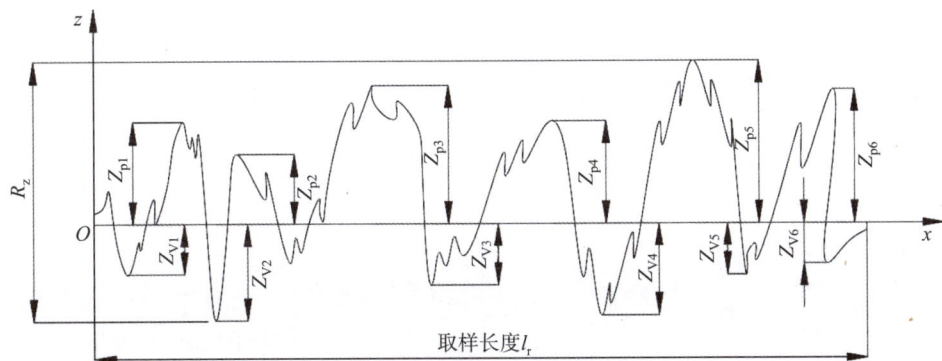

图 4-28 轮廓最大高度 $R_z$

加工后的表面测得的 $R_z$ 值越大，表面越粗糙。

在零件图上，对零件某一表面的表面粗糙度要求，按需要选择 $R_a$ 和 $R_z$ 标注。

《产品几何技术规范（GPS）表面结构 轮廓法 表面粗糙度参数及其数值》（GB/T 1031—2009）规定 $R_a$ 的数值见表 4-12。

表 4-12 轮廓的算术平均偏差 $R_a$ 的数值（单位：μm）

| | | | | |
|---|---|---|---|---|
| $R_a$ | 0.012 | 0.2 | 3.2 | 50 |
| | 0.025 | 0.4 | 6.3 | 100 |
| | 0.05 | 0.8 | 12.5 | |
| | 0.1 | 1.6 | 25 | |

《产品几何技术规范（GPS）表面结构 轮廓法 表面粗糙度参数及其数值》（GB/T 1031—2009）规定 $R_z$ 的数值见表 4-13。

表 4-13 轮廓的最大高度 $R_z$ 的数值（单位：μm）

| | | | | | |
|---|---|---|---|---|---|
| $R_z$ | 0.025 | 0.4 | 6.3 | 100 | 1600 |
| | 0.05 | 0.8 | 12.5 | 200 | |
| | 0.1 | 1.6 | 25 | 400 | |
| | 0.2 | 3.2 | 50 | 800 | |

### 3. 表面粗糙度的标注方法

在上个任务中我们已经学习过表面粗糙度的符号及其含义，本任务我们主要学习表面粗糙度参数及其他补充要求在图形符号中的注写位置。

为了明确表面结构要求，除了标注表面结构参数和数值之外，在必要时还应标注补充要求。补充要求包括传输带、取样长度、加工工艺、表面纹理及方向、加工余量等。表面结构补充要求和注写位置见表 4-14，表面粗糙度代号含义示例见表 4-15。

表 4-14 表面结构补充要求和注写位置

| 符号 | 位置 | 注写内容 |
|---|---|---|
| | $a$ | 注写表面结构的单一要求 |
| | $a$ 和 $b$ | 注写两个或多个表面结构要求 |
| | $c$ | 注写加工方法、表面处理、涂层等，如车、磨、电镀等加工表面 |
| | $d$ | 注写要求的表面纹理和纹理的方向 |
| | $e$ | 注写加工余量数值（mm） |

表 4-15　表面粗糙度代号的含义

| 表面粗糙度代号 | 含义/解释 | 补充说明 |
|---|---|---|
| $\sqrt{R_a\,0.8}$ | 表示不允许去除材料，单向上限值，默认传输带，$R$ 轮廓（表面粗糙度轮廓），轮廓的算术平均偏差上限值为 $0.8\mu m$，评定长度为 5 个取样长度（默认），"16％规则"（默认） | 为了避免误解，在参数代号与极限值之间应插入空格（下同） |
| $\sqrt{R_z\,0.4}$ | 表示去除材料，单向上限值，默认传输带，$R$ 轮廓，轮廓最大高度的上限值为 0.4，评定长度为 5 个取样长度（默认），"16％规则"（默认） | |
| $\sqrt{R_{zmax}\,0.2}$ | 表示去除材料，单向上限值，默认传输带，$R$ 轮廓，轮廓最大高度的最大值为 0.2，评定长度为 5 个取样长度（默认），"最大规则" | |
| $\sqrt{0.008{\sim}0.8/R_a\,3.2}$ | 表示去除材料，单向上限值，传输带为 $0.008{\sim}0.8$mm，$R$ 轮廓，轮廓算术平均偏差上限值为 3.2，评定长度为 5 个取样长度（默认），"16％规则"（默认） | 传输带"$0.008{\sim}0.8$"中的前后数值分别为短波（$\lambda_s$）和长波（$\lambda_c$）滤波器的截止波长，表示波长范围。此时取样长度等于 $\lambda_c$，则 $l_r=0.8$mm |
| $\sqrt{-0.8/R_a\,33.2}$ | 表示去除材料，单向上限值，传输带根据《产品几何技术规范（GPS）表面结构 轮廓法 接触（触针）式仪器的标称特性》（GB/T 6062—2009）规定，取样长度为 $0.8$mm（$\lambda_s$ 默认 $0.0025$mm），$R$ 轮廓，轮廓算术平均偏差上限值为 3.2，评定长度为 3 个取样长度（默认），"16％规则"（默认） | 传输带仅注出一个截止波长值（本例 0.8mm 表示 $\lambda_c$ 值）时，另一截止波长值 $\lambda_s$ 应理解成默认值，由《产品几何技术规范（GPS）表面结构 轮廓法 接触（触针）式仪器的标称特性》（GB/T 6062—2009）中查知 $\lambda_s=0.0025$mm |
| $\sqrt{\begin{array}{l}U/R_{amax}\,3.2\\LR_a\,0.8\end{array}}$ | 表示不允许去除材料，双向极限值，两极限值均使用默认传输带，$R$ 轮廓。上限值：算术平均偏差为 $3.2\mu m$，评定长度为 5 个取样长度（默认），"最大规则"。下限值：算术平均偏差 $0.8\mu m$，评定长度为 5 个取样长度（默认），"16％规则"（默认） | 本例为双向极限要求，用"U"和"L"分别表示上限值和下限值。在不致引起歧义时，可不加注"U"和"L" |

注：

1. 参数代号与极限之间应留空格。

2. "U"和"L"分别表示上限值和下限值。当只有单向极限要求时，若为单向上限值，则均可不加注"U"；若为单向下限值，则应加注"L"。如果是双向极限值要求，在不至于引起歧义时，可不加注"U""L"。

3. "16％（默认）"表示参数的实测值允许少于总数 16％的实测值超过规定值，标准上规定为"16％规则"。一般情况下没有特殊说明均默认为"16％规则"要求。

4. 最大规则：当代号上标注 max 时，表示参数中所有的实测值均不得超过规定值，标准上规定为最大规则。此规则要标注出来。

5. 加工余量单位为毫米（mm）。

6. 传输带是指评定时的波长范围。传输带被一个截止短波的滤波器（短波滤波器）和另一个截止长波的滤波器（长波滤波器）所限制。

### 1）表面粗糙度代号在零件图上的标注方法

表面粗糙度代号的标注规则如下：

（1）标注表面粗糙度代号时，其数字或字母大小和方向必须与图中尺寸数值大小和方向一致。

（2）同一图样上，每一个表面只标注一次表面粗糙度代号。

（3）表面粗糙度代号标注在可见轮廓线（或面）、尺寸线、尺寸界线或它们的延长线上。

（4）表面粗糙度代号的三角形的尖底由材料外指向表面并接触。

表面粗糙度要求在图样上的标注见表 4-16。

表 4-16　表面粗糙度要求在图样上的标注

| 说明 | 图例 |
| --- | --- |
| 表面粗糙度要求可标注在可见轮廓线或轮廓线的延长线上，符号的尖端必须从材料外指向表面，读数的注写方向与尺寸线一致 | 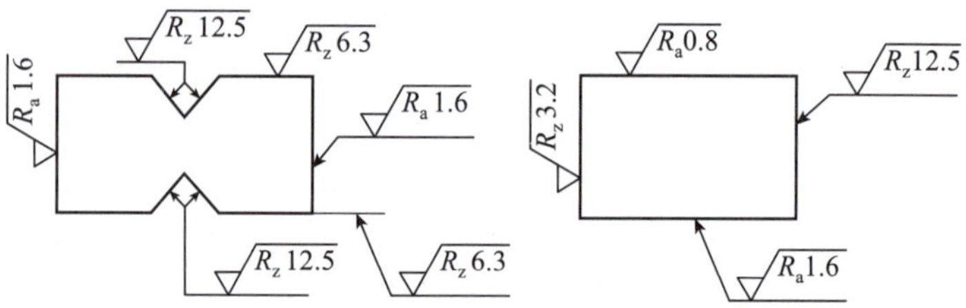 |
| 当被测表面很小时，表面粗糙度要求也可用带箭头或黑点的指引线标注。表面粗糙度要求也可标注在几何公差框格的上方 | 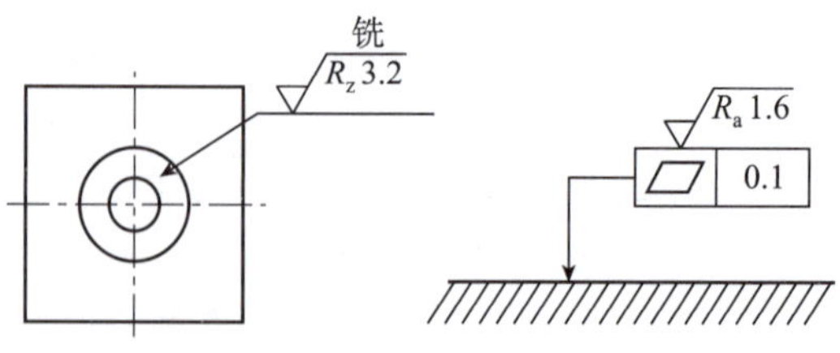 |

（续表）

| 说明 | 图例 |
|---|---|
| 圆柱和棱柱的表面粗糙度要求只标注一次 | 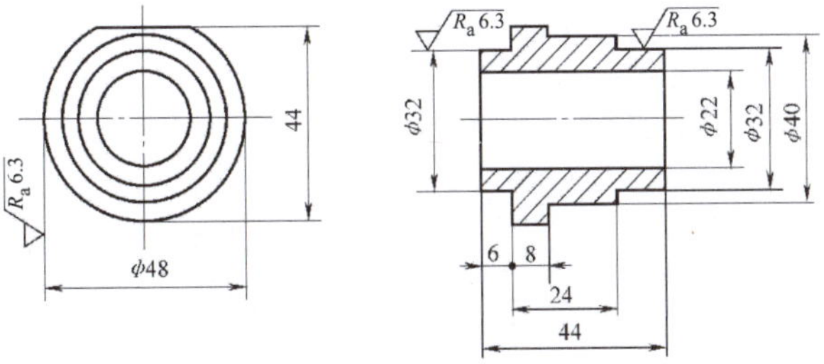 |
| 如果零件的多数表面有相同的表面粗糙度要求，那么可统一标注在图样的标题栏附近。此时（除全部表面有相同要求外），表面粗糙度要求的符号后面应在小括号内给出无任何其他标注的基本符号 | 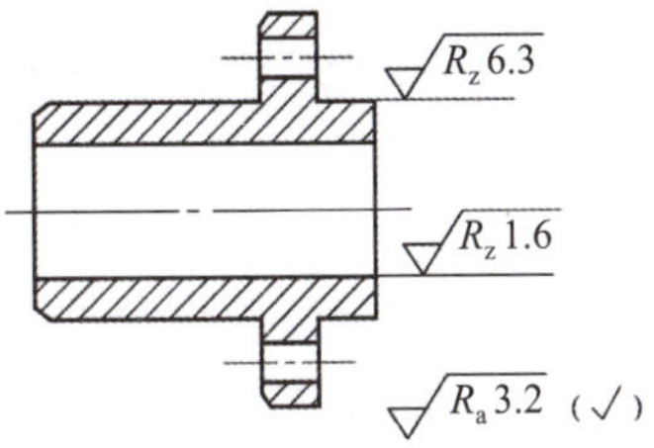 |

注：摘自《产品几何技术规范(GPS)表面结构　轮廓法　表面粗糙度参数及其数值》(GB/T 1031—2009)。

2）表面粗糙度加工纹理

表面粗糙度加工纹理符号及说明见表 4-17。

表 4-17　表面粗糙度加工纹理符号及说明

| 符号 | 示意图 | 符号 | 示意图 |
|---|---|---|---|
| = | 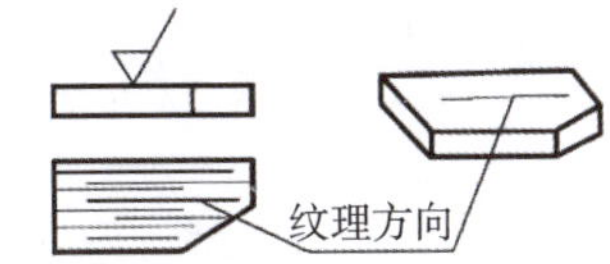 纹理平行于标注代号的视图的投影面 | C | 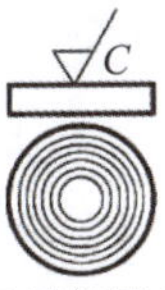 纹理呈近似同心圆形 |
| ⊥ | 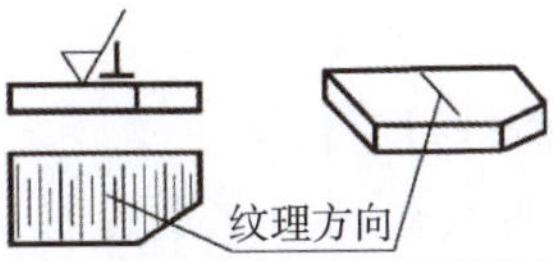 纹理垂直于标注代号的视图的投影面 | R |  纹理呈近似放射形 |

（续表）

| 符号 | 示意图 | 符号 | 示意图 |
|---|---|---|---|
| ╳ | <br>纹理呈两相交的方向 | P | <br>纹理无方向或呈凸起的细粒状 |
| M | <br>纹理呈多方向 | | |

（1）若表 4-17 中所列符号不能清楚地表明所要求的纹理方向，应在图样上用文字说明。

（2）若没有指定测量方向，该方向垂直于被测表面纹理，即与 $R_a$、$R_z$ 的最大值相一致。

（3）对无方向的表面，测量截止的方向可以是任意的。

3）表面粗糙度要求的简化标注

（1）有相同表面粗糙度要求的简化注法。如果在零件的多数（包括全部）表面有相同的表面粗糙度要求，则其表面粗糙度要求可统一标注在图样的标题栏附近。图 4-29 所示为简化标注。

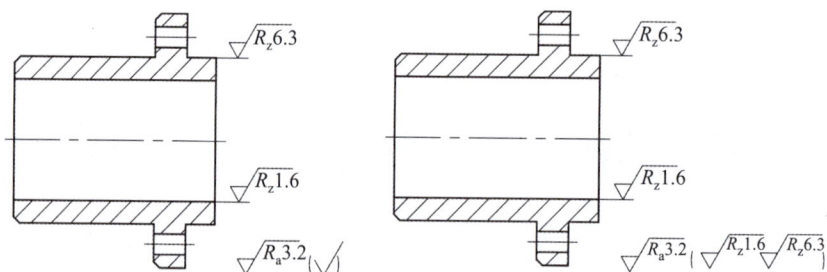

图 4-29　简化标注

（2）多个表面有共同表面粗糙度要求的注法。

①用带字母的完整符号的简化注法。可用带字母的完整符号，以等式的形式，在图形或标题栏附近，对有相同表面粗糙度要求的表面进行简化标注。

②只用表面粗糙度符号的简化注法。以等式的形式给出对多个表面共同的表面粗糙度要求。

表面有共同要求的注法如图 4-30 所示。

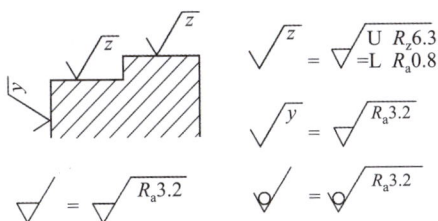

**图 4-30　表面有共同要求的注法**

### 4. 根据检测结果判断表面质量

通过上述学习发现，被测零件所有表面的表面粗糙度 $R_a$ 值都符合图样要求，则该零件的表面质量合格；若有一项不合格，则该零件的表面质量不合格。

1）表面粗糙度的选择

表面粗糙度评定参数分为高度评定参数、间距评定参数和形状评定参数。这些参数分别从不同角度反映了工件的表面特征，但都存在不同程度的不完整性。高度评定参数能较全面地反映工件表面质量精度。在高度评定参数中，轮廓算术平均偏差 $R_a$ 最能反映工件表面质量，是表面粗糙度评定的首选参数。在图样上没有必要同时采用 $R_a$ 和 $R_z$ 两个参数来控制同一表面，只有在不能满足工件表面质量要求时，才需要选择其他表面粗糙度高度评定参数。

表面粗糙度参数值的选用原则：在满足功能要求的前提下，尽可能选用较大的参数值，简化加工工艺，以获得最佳的技术经济效益。在实际应用中，常用类比法来确定。具体选用时需从以下几方面考虑。

（1）同一零件上，工作表面的表面粗糙度参数值应比非工作表面小。

（2）摩擦表面的表面粗糙度参数值应比非摩擦表面的表面粗糙度参数值小，滚动摩擦表面的表面粗糙度参数值应比滑动摩擦表面的表面粗糙度参数值小。

（3）运动速度高、单位面积压力大的表面，以及受交变载荷作用的零件的圆角、沟槽的表面粗糙度参数值要小。

（4）配合性质要求越稳定（要求高的结合面、配合间隙小的配合表面以及过盈配合的表面），其配合表面的表面粗糙度参数值应越小；配合性质相同的零件尺寸越小，其表面粗糙度参数值应越小。同一公差等级的小尺寸比大尺寸、轴比孔的表面粗糙度参数值要小。

（5）表面粗糙度参数值应与尺寸公差及几何公差协调一致。尺寸精度和几何精度高的表面，其表面粗糙度参数值也应小。

（6）对密封性、耐蚀性要求高，以及外表要求美观的表面，其表面粗糙度参数值应小。

（7）表面粗糙度与加工方法有密切关系，在确定表面粗糙度时，应考虑可能的加工方法。一般加工条件下的工艺水平能达到的，可以考虑选择适当大一点的表面粗糙度参数值。

（8）有关标准已对表面粗糙度要求做出规定的，应按相应标准确定表面粗糙度参数值。

2）表面粗糙度值的选用

常用零件表面的表面粗糙度推荐值见表4-18。

表 4-18　常用零件表面的表面粗糙度推荐值

| 表面特征 | | | $R_a$/μm | | |
|---|---|---|---|---|---|
| 经常装拆零件的配合表面（如交换齿轮、滚刀等） | 公差等级 | 表面 | 公称尺寸/mm | | |
| | | | ～50 | >50～500 | |
| | IT5 | 轴 | 0.2 | 0.4 | |
| | | 孔 | 0.4 | 0.8 | |
| | IT6 | 轴 | 0.4 | 0.8 | |
| | | 孔 | 0.4～0.8 | 0.8～1.6 | |
| | IT7 | 轴 | 0.4～0.8 | 0.8～1.6 | |
| | | 孔 | 0.8 | 1.6 | |
| | IT8 | 轴 | 0.8 | 1.6 | |
| | | 孔 | 0.8～1.6 | 1.6～3.2 | |

| 表面特征 | | | $R_a$/μm | | |
|---|---|---|---|---|---|
| 过盈配合的配合表面 | 装配按机械压入法 | 公差等级 | 表面 | 公称尺寸/mm | |
| | | | | ～50 | >50～120 | >120～500 |
| | | IT5 | 轴 | 0.1～0.2 | 0.4 | 0.4 |
| | | | 孔 | 0.2～0.4 | 0.8 | 0.8 |
| | | IT6～IT7 | 轴 | 0.4 | 0.8 | 1.6 |
| | | | 孔 | 0.8 | 1.6 | 1.6 |
| | | IT8 | 轴 | 0.8 | 0.8～1.6 | 1.6～3.2 |
| | | | 孔 | 1.6 | 1.6～3.2 | 1.6～3.2 |
| | 装配按热装法 | — | 轴 | 1.6 | | |
| | | | 孔 | 1.6～3.2 | | |

| 表面特征 | | | 径向跳动公差/μm | | | | | |
|---|---|---|---|---|---|---|---|---|
| 精密定心用配合的零件表面 | | 表面 | 2.5 | 4 | 6 | 10 | 16 | 25 |
| | | | $R_a$/μm | | | | | |
| | | 轴 | 0.05 | 0.1 | 0.1 | 0.2 | 0.4 | 0.8 |
| | | 孔 | 0.1 | 0.2 | 0.2 | 0.4 | 0.8 | 1.6 |

（续表）

| 表面特征 | | | $R_a/\mu m$ | | |
|---|---|---|---|---|---|
| 滑动轴承的配合表面 | | 表面 | 标准公差等级 | | 液体湿摩擦条件 |
| | | | IT6～IT9 | IT10～IT12 | |
| | | | $R_a/\mu m$ 不大于 | | |
| | | 轴 | 0.4～0.8 | 0.8～3.2 | 0.1～0.4 |
| | | 孔 | 0.8～1.6 | 1.6～3.2 | 0.2～0.8 |
| 齿轮传动 | 直齿、斜齿、人字齿轮 | 齿轮精度等级 | 4 | 5 | 6 | 7 | 8 | 9 | 10 | 11 |
| | | $R_a/\mu m$ 不大于 | 0.2～0.4 | | 0.4～0.8 | | 1.6 | 3.2 | 6.3 | |

表面特征、加工方法及应用见表 4-19

表 4-19  表面特征、加工方法及应用

| 表面微观特征 | | $R_a/\mu m$ | 加工方法 | 应用举例 |
|---|---|---|---|---|
| 粗糙表面 | 微见刀痕 | ≤20 | 粗车、粗刨、粗铣、钻、毛锉、锯断 | 半成品粗加工过的表面、非配合的加工表面，如轴端面、倒角、钻孔、齿轮及带轮侧面、键槽底面、垫圈接触面 |
| 半光表面 | 微见加工痕迹方向 | ≤10 | 车、刨、铣、镗、钻、粗铰 | 轴上不安装轴承、齿轮处的非配合表面，紧固件的自由装配表面，轴和孔的退刀槽 |
| | 微见加工痕迹方向 | ≤5 | 车、刨、铣、镗、磨、粗刮、滚压 | 半精加工表面，箱体、支架、盖面、套筒和其他零件接合面而无配合要求的表面 |
| | 看不清加工痕迹方向 | ≤2.5 | 车、刨、铣、镗、磨、刮、拉、滚压、铣齿 | 接近精加工表面，箱体上安装轴承的镗孔表面，齿轮的工作面 |
| 光表面 | 可辨加工痕迹方向 | ≤1.25 | 车、镗、磨、拉、刮、精铰、磨齿、滚压 | 圆柱销、圆锥销、与滚动轴承配合的表面，普通车床导轨面，内、外花键定心表面等 |
| | 微辨加工痕迹方向 | ≤0.63 | 精铰、精镗、磨、刮、滚压 | 要求配合性质稳定的配合表面，工作时受交变应力的重要零件，较高精度车床的导轨面 |

（续表）

| 表面微观特征 | | $R_a/\mu m$ | 加工方法 | 应用举例 |
|---|---|---|---|---|
| 光表面 | 不可辨加工痕迹方向 | ≤0.32 | 精磨、珩磨、研磨、超精加工 | 精密机床主轴锥孔、顶尖圆锥面、发动机曲轴、齿轮轴工作表面、高精度齿轮齿面 |
| 极光表面 | 暗光泽面 | ≤0.16 | 精磨、研磨、普通抛光 | 精密机床主轴轴径表面、一般量规工作表面、气缸套内表面、活塞销表面 |
| | 亮光泽面 | ≤0.08 | 超精磨、精抛光、镜面磨削 | 精密机床主轴轴径表面、滚动轴承的滚珠、高压液压泵中柱塞孔和柱塞套配合表面 |
| | 镜状光泽面 | ≤0.04 | | |
| | 镜面 | ≤0.01 | 镜面磨削、超精研 | 量块的工作表面、光学仪器中的金属镜面等 |

## 4.2.8　知识拓展

表面粗糙度是评估材料表面质量的关键参数，广泛应用于制造、质量控制等领域。为了实现准确的表面粗糙度评估，通常有两种方法，即使用表面粗糙度比较样块和表面粗糙度仪。这两种方法各有其优缺点。

**1. 表面粗糙度比较样块**

1）优点

（1）直观性：直接观察比较，无须复杂的测量设备，结果一目了然。

（2）稳定性：根据固定的标准制作而成，性能稳定，不易受到环境或使用因素的影响。

（3）易于携带：表面粗糙度比较样块通常较小，方便在现场或不同地点之间进行传递和比较。

2）缺点

（1）主观性：评价结果依赖观察者的主观判断，对于同一表面，可能会产生不同的评价结果。

（2）适用范围有限：只能用于有限的几种表面形状和尺寸，不适用于所有类型的表面。

（3）无法量化：无法给出具体的数值结果，无法进行定量分析。

**2. 表面粗糙度仪**

1）优点

（1）客观性：通过仪器测量，可以得到量化的、客观的测量结果，避免了主观因素的影响。

（2）适用范围广：可以对各种形状、尺寸和材料的表面进行测量，具有较广的适用范围。

(3)可重复性：相同的测量条件和操作下，可以获得一致的测量结果，具有较好的可重复性。

2)缺点

(1)对操作人员要求较高：只有经过专业培训的操作人员才能获得准确的测量结果。

(2)易受环境影响：仪器的性能可能会受到环境因素的影响，如温度、湿度等。

(3)成本较高：仪器的价格通常较贵，增加了使用成本。

表面粗糙度比较样块和表面粗糙度仪各有优劣，应根据实际需求选择使用。如果需要客观、量化的测量结果，并且测量范围广，应选择表面粗糙度仪；如果只需要进行简单的表面比较，且成本有限，可以选择表面粗糙度比较样块。

## 4.2.9 练习与思考

### 1. 填空题

(1)规定取样长度是为了限制和减弱表面波纹度对表面粗糙度测量结果的影响。一般在一个取样长度内应包含_____个以上的轮廓峰和轮廓谷。

(2)用于判别被评定轮廓所必需的一段长度称为_____，它可以包含一个或几个_____。

(3)选用表面粗糙度时，应在满足表面功能要求的情况下，尽量选择较_____的表面粗糙度数值。

(4)$\sqrt{R_\mathrm{a}\,0.8}$ 表示用不去除材料的方法获得，轮廓算术平均偏差 $R_\mathrm{a}$ 为_____ $\mu\mathrm{m}$。

(5)轮廓算术平均偏差用_____表示，轮廓最大高度用_____表示。一般情况下，优先选择_____。

(6)表面粗糙度代号在图样上应标注在_____或其延长线上，符号的尖端必须从材料外_____表面，读数的注写方向与_____一致。

### 2. 判断题

(1)在确定表面粗糙度的参数值时，取样长度可以任意选定。 （    ）

(2)在评定表面粗糙度时，如无特别指明，通常指横向表面轮廓。 （    ）

(3)表面粗糙度要求可标注在几何公差框格的下方。 （    ）

(4)表面粗糙度要求可注写在轮廓线上，其符号应从材料内指向材料表面。必要时，表面粗糙度符号也可用带箭头或黑点的指引线引出标注。 （    ）

(5)表面粗糙度一般要求对每一表面只标注一次，并尽可能标注在相应的尺寸及其公差的同一视图上。 （    ）

(6)表面粗糙度的取样长度一般就是评定长度。 （    ）

(7)参数 $R_\mathrm{a}$、$R_\mathrm{z}$ 均可反映微观几何形状高度方面的特性，可互相替换使用。 （    ）

(8)同一公差等级时，孔的表面粗糙度数值应比轴的小。　　　　　　　　　　（　　）

(9)表面粗糙度不划分精度等级，直接用参数代号及数值表示。　　　　　　（　　）

(10)用表面粗糙度仪检测工件时，应用柔软的湿布擦拭干净表面粗糙度仪和被测工件表面。　　　　　　　　　　　　　　　　　　　　　　　　　　　　　　（　　）

**3. 选择题**

(1) $\sqrt{R_{zmax}0.2}$ 表示（　　　）。

    A. 不去除材料，$R$ 轮廓，轮廓下限算术平均偏差为 $0.2\mu m$

    B. 去除材料，$R$ 轮廓，轮廓最大高度的最大值为 $0.2\mu m$

    C. 去除材料，$R$ 轮廓，轮廓算术平均偏差为 $0.2\mu m$

    D. 不去除材料，$R$ 轮廓，轮廓最大高度的最大值为 $0.2\mu m$

(2)表面粗糙度符号或代号不应标注在（　　　）。

    A. 虚线上　　　　　　　　　　　　B. 可见轮廓线上

    C. 尺寸界限上　　　　　　　　　　D. 引出线或它们的延长线上

(3)国标规定，当图样上标注表面粗糙度评定参数的上限值或(和)下限值时，表示参数的实测值中允许少于总数的（　　　）实测值超过规定值。

    A.26% 　　　　　　　　　　　　　B.16%

    C.10% 　　　　　　　　　　　　　D.20%

(4)表面加工纹理方向符号标注在表面粗糙度符号的（　　　）。

    A. 左下角　　　　　　　　　　　　B. 横线上

    C. 右下角　　　　　　　　　　　　D. 横线下

(5)轮廓的算术平均偏差是指在（　　　）长度内，轮廓偏距绝对值的算术平均值。

    A. 取样　　　　　　　　　　　　　B. 中线

    C. 评定　　　　　　　　　　　　　D. 基准线

**4. 综合题**

(1)利用表面粗糙度仪检测图 4-31 中零件的表面粗糙度，将检测结果填入表 4-20，并判断其是否符合技术要求。

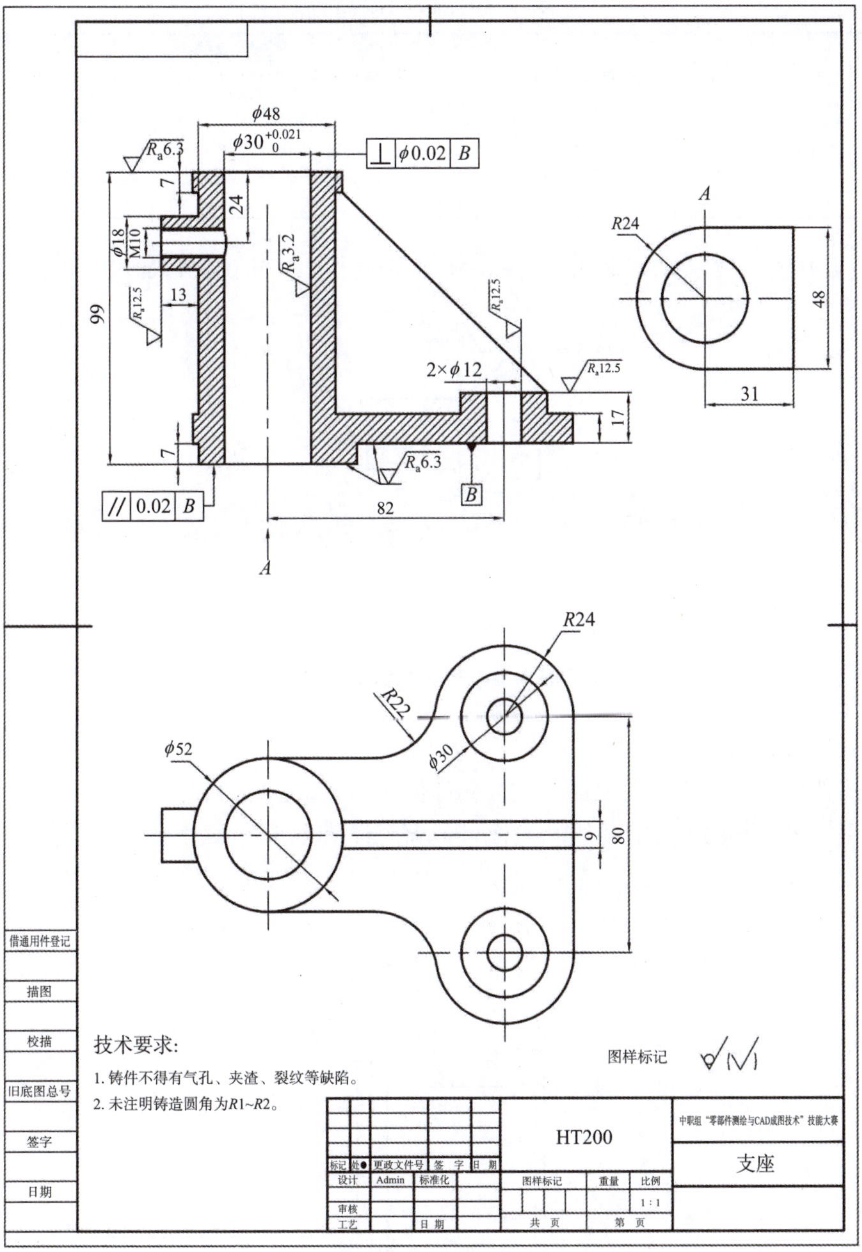

ϕ48
ϕ30$^{+0.021}_{0}$
⊥ ϕ0.02 B
Ra6.3
7
24
ϕ18
M10
Ra3.2
13
Ra12.5
99
Ra12.5
2×ϕ12
Ra12.5
17
7
// 0.02 B
Ra6.3
B
82
A
A
R24
48
31
R24
R22
ϕ30
ϕ52
9
80
技术要求:
1. 铸件不得有气孔、夹渣、裂纹等缺陷。
2. 未注明铸造圆角为R1~R2。
图样标记
借通用件登记
描图
校描
旧底图总号
签字
日期
标记
处●
更改文件号
签　字
日　期
设计
Admin
标准化
审核
工艺
日期
HT200
图样标记
重量
比例
1∶1
共　页
第　页
中职组“零部件测绘与CAD成图技术”技能大赛
支座


图 4-31　支座图纸

表 4-20　检测数据表

| 检测项目 | 表面粗糙度数值 | 检测结果 | 合格 | 不合格 | 测量工具 |
|---|---|---|---|---|---|
| | | | 结论 | | |
| 支座 $\phi$ 30 内孔表面 | $\sqrt{}\ R_a 3.2$ | | | | 表面粗糙度仪 |

（2）观察图 4-32 中的表面粗糙度标注是否正确，如有错误，请加以改正。

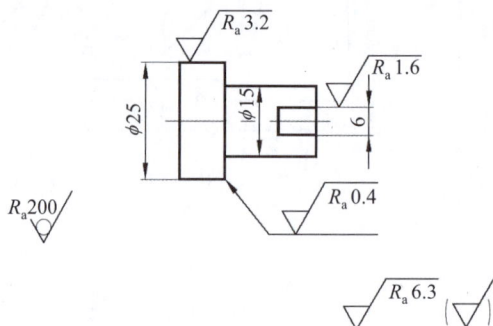

图 4-32　表面粗糙度标注

（3）将下面的表面粗糙度要求标注在图 4-33 中，要求：

①用任何方法加工内孔表面，最大允许值为 $3.2\mu m$。

②用去除材料的方法获得内孔表面，最大允许值为 $6.3\mu m$。

③用去除材料的方法获得表面上端面，上限值为 $12.5\mu m$。

④螺纹工作表面的粗糙度最大值为 $3.2\mu m$，最小值为 $1.6\mu m$。

⑤其余用去除材料的方法获得表面，上限值均为 $25\mu m$。

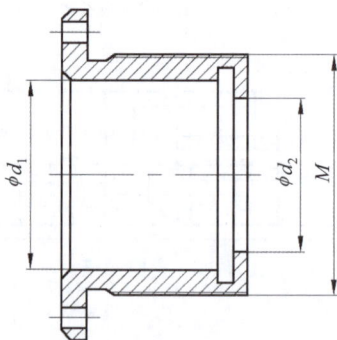

图 4-33　标注表面粗糙度

（4）解释图 4-34 中标注的含义：

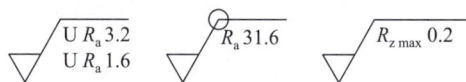

$$\sqrt{\begin{array}{l}\text{U } R_a 3.2 \\ \text{U } R_a 1.6\end{array}} \qquad \sqrt{R_a 31.6} \qquad \sqrt{R_{z\,max} 0.2}$$

**图 4-34　标注含义**

# 精技弘德

## 从航空发动机叶片表面粗糙度的极致追求看团队协作与民族自豪感

　　在航空航天领域，航空发动机被誉为"工业皇冠上的明珠"，而航空发动机叶片则是这颗明珠上的关键所在，其性能优劣直接影响发动机的推力、燃油效率以及整体可靠性，进而关乎飞机的飞行性能与安全。航空发动机叶片的制造难度极大，对其表面粗糙度的控制更是一项极具挑战性的任务。中国航发沈阳黎明航空发动机有限责任公司高级技师洪家光带领团队经过 5 年 1000 多次试验，研发出金刚石滚轮精密磨削工具，将航空发动机叶片安装部位的加工精度大幅提高，叶片打磨符合高标准要求，为发动机的安全运行提供了有力保障。安徽应流航源动力科技有限公司的施长坤带领团队突破多项关键技术，成功研发出航空发动机耐高温叶片等热端部件，为国之重器C919、C929 提供了关键零件支持。施长坤的团队在研发过程中对叶片表面粗糙度等质量指标的严格把控，体现了他们对卓越品质的执着追求。工匠精神激励着从业者不断追求卓越，通过技术创新和精益求精的态度，实现对叶片表面粗糙度的高精度控制，推动我国航空发动机制造技术迈向更高水平，为我国航空航天事业的发展贡献坚实力量。

# 模块五　现代测量技术

现代测量技术融合多领域手段，实现精确测量。现代测量技术涵盖电子、光学、遥感、三维测量等类型，具有高精度、高效率、自动化与智能化特点。现代测量技术广泛应用于机械制造、建筑工程、环境监测、医疗等领域，推动各行业发展。本模块将主要介绍现代机械制造中常见的检测设备——三坐标测量机的基本操作方法。

## 任务一　轴类零件的三坐标检测及尺寸报告

本案例以 2023 年现代加工技术赛项赛题中的主支柱为检测对象，该零件拥有较复杂的轮廓特征和较高的尺寸公差，通过对该零件的检测实训，学生能够掌握利用三坐标测量机检测轴类零件的检测知识，掌握三坐标测量机简单的应用知识，学会三坐标测量机的保养方法，培养实际操作能力。

### 🔧 学习目标

**知识目标：**

(1)了解三坐标测量机基本知识。

(2)了解测量软件 Rational DMIS 的执行操作。

(3)了解轴类零件建立零件坐标系的方法。

**技能目标：**

(1)掌握三坐标测量机的开、关机方法。

(2)掌握三坐标测量机工件坐标系的简单创建方法。

(3)掌握三坐标测量机的自动测量方法。

(4)能通过现有程序对零件进行检测。

**素养目标：**

(1)培养严谨治学、追求真理的科学精神。

(2)培养精益求精的工匠精神。

(3)培养敢于创新的创新精神。

## 5.1.1 任务描述

学校参加技能大赛的同学根据比赛赛题加工了一批零件，其中一部分轴类零件形状较为复杂，采用手工检测较为烦琐，需要使用三坐标测量机对工件进行检测，并提供三坐标检测报告。

## 5.1.2 任务分析

图5-1所示为轴类零件三坐标检测流程，图5-2所示为主支柱1零件图纸，图5-3所示为主支柱1实物图。请根据测量零件图纸上标定的几何尺寸及形位公差，完成对零件尺寸的评定，出具零件的检测报告。

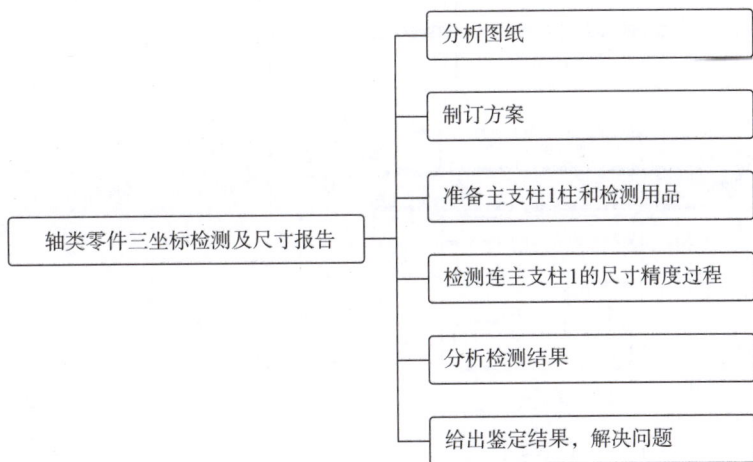

图 5-1 轴类零件三坐标检测流程

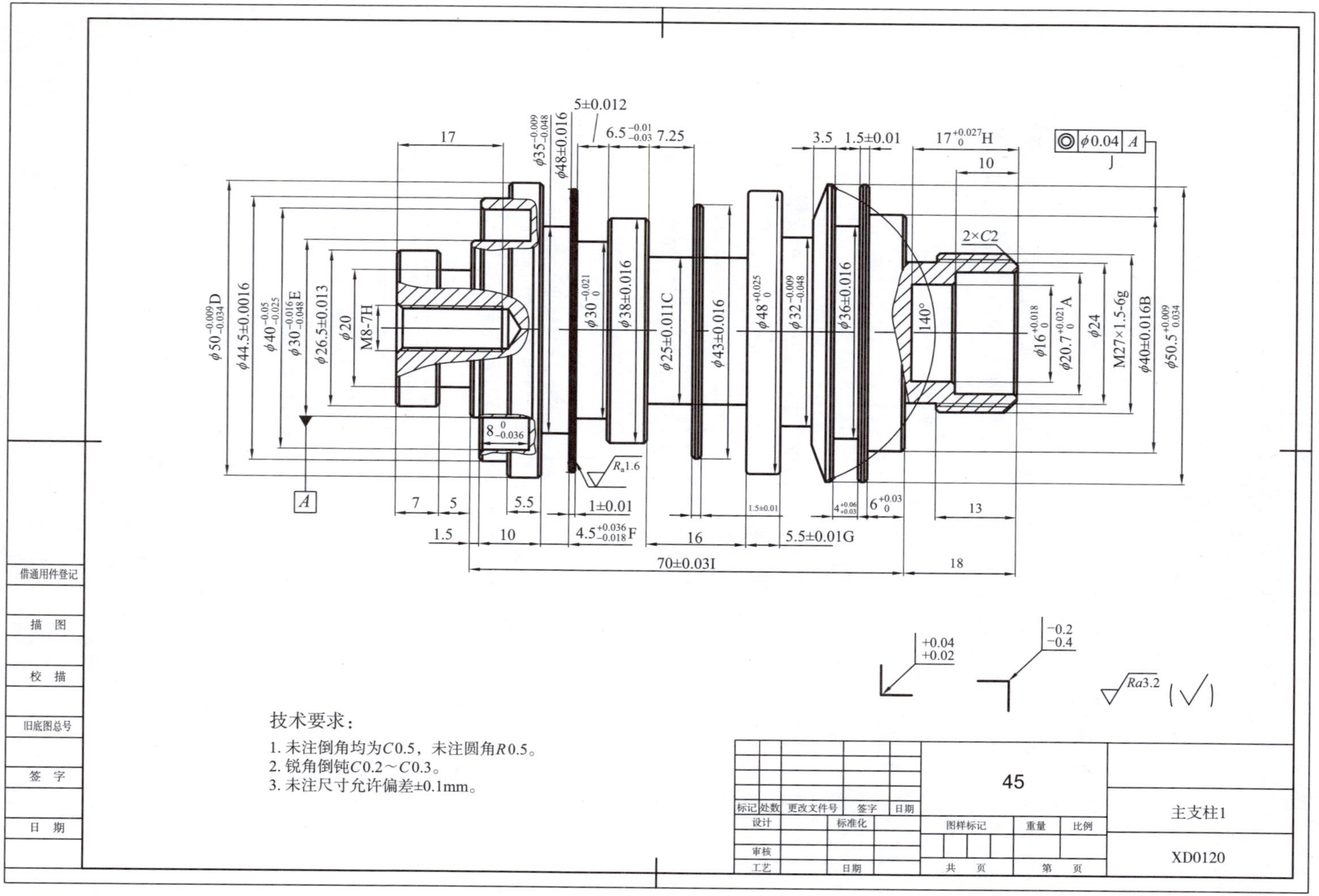
技术要求：
1. 未注倒角均为C0.5，未注圆角R0.5。
2. 锐角倒钝C0.2～C0.3。
3. 未注尺寸允许偏差±0.1mm。
45
主支柱1
XD0120
标记 处数 更改文件号 签字 日期
设计 标准化
审核
工艺 日期
图样标记 重量 比例
共 页 第 页
借通用件登记
描 图
校 描
旧底图总号
签 字
日 期
70±0.03I
M27×1.5-6g
M8-7H
Ra3.2

图5-2　主支柱1零件图纸

图 5-3　主支柱 1 实物图

## 1. 确定检测尺寸

检测内容是指检测任务中工件需要被检测的各项参数内容、几何公差，如同轴度、平行度等。分析过程中，需要明确各项参数、公差的评价要求、基准情况、评价公差需要测量采集的数据及数据量等。尺寸检测表见表 5-1。

表 5-1　尺寸检测表（单位：mm）

| 序号 | 尺寸类型 | 公称尺寸 | 上偏差 | 下偏差 | 备注 |
|------|----------|----------|--------|--------|------|
| A | $\phi$ | 20.7 | 0.021 | 0 | |
| B | $\phi$ | 40 | 0.016 | −0.016 | |
| C | $\phi$ | 25 | 0.011 | −0.011 | |
| D | $\phi$ | 50 | −0.009 | −0.034 | |
| E | $\phi$ | 80 | −0.016 | −0.048 | |
| F | $L$ | 4.5 | 0.036 | 0.018 | |
| G | $L$ | 5.5 | 0.01 | −0.01 | |
| H | $L$ | 17 | 0.027 | 0 | |
| I | $L$ | 70 | 0.03 | −0.03 | |
| J | 同轴度 | 0.04 | 0.04 | | |

## 2. 确定合适的装夹和摆放位置

根据零件的形状和被测尺寸要素进行分析。零件的形状为回转体，可选用 V 形块进行装夹。被测尺寸要素中有形位公差尺寸要求，故应在一次装夹中完成检测任务。综合以上分析，应将零件竖向摆放，如图 5-4 所示。

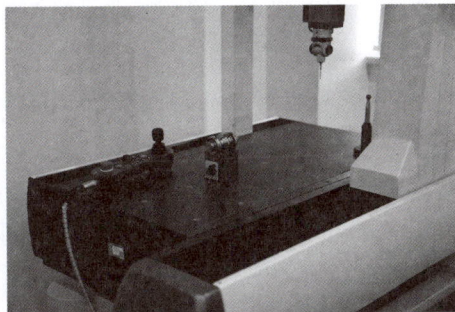

图 5-4　零件摆放

### 3. 选择合适的测针配置及测头角度

根据待测零件的实际状态选择合适的测针，在能够满足测量条件的情况下尽可能选用较大测球直径的测针，本次测量选用测针为 D3L40，再综合零件的摆放位置，合理选用测针及测头角度。测头角度分别为 A0°B0°、A90°B0°、A90°B180°

## 5.1.3 制订方案

使用三坐标测量机进行测量，需确定每个测量要素的测头角度及测量点数，请同学们根据图 5-4 填写表 5-2。

表 5-2 尺寸测量方案

| 序号 | 尺寸类型 | 公称尺寸/mm | 测头角度 | 测量点数 | 备注 |
|------|---------|------------|---------|---------|------|
| A | $\phi$ | 20.7 | | | |
| B | $\phi$ | 40 | | | |
| C | $\phi$ | 25 | | | |
| D | $\phi$ | 50 | | | |
| E | $\phi$ | 30 | | | |
| F | $L$ | 4.5 | | | |
| G | $L$ | 5.5 | | | |
| H | $L$ | 17 | | | |
| I | $L$ | 70 | | | |
| J | 同轴度 | 0.04 | | | |

## 5.1.4 任务实施

### 1. 三坐标测量机开机

(1)检查三坐标测量机的外观及测量机导轨处是否有障碍物。

(2)对导轨及工作台面进行清洁。

(3)检查温度、湿度、气压、配电等是否符合要求，对前置过滤器、储气罐、除水机进行放水检查。

检查确认以上条件都具备后，可进行三坐标测量机开机操作。三坐标测量机的开机顺序如下：

(1)打开气源，要求测量机气压高于 0.5MPa。

(2)开启控制柜电源和计算机电源，系统进入自检状态(手操器所有指示灯全亮，使能键闪烁)。控制柜电源开关示意图如图 5-5 所示。

## 2. 测头校验

### 1) 测头构建

选择"测头"→"构建测头"选项，根据测头的型号，在软件中选择相应型号的测座、测力模块和测针，如图 5-6 所示。单击"添加/激活"命令，完成测头激活。

图 5-5　控制柜电源开关示意图

图 5-6　测头构建

### 2) 添加需要校准的角度

添加测量所需角度，即 A0°B0°、A90°B0°、A90°B180°。

### 3) 校验各角度测针

(1) 在三坐标测量机工作台上选择合适位置摆放校验规，软件中选择"测头"→"校准测头"→"探头校验"选项。

(2) 选择定义完成的球形规，单击"更新校验规"按钮。

(3) 用操纵盒手动测量标准球，测量 5 个点(在标准球的左、右、前、后、上各测量一个点)，按"Done"键，在软件中更新标准球位置。

(4) 如图 5-7 所示，在测头数据区，选择"球形规"选项，单击"测量点数"下拉列表，选择校准时所需测量点数。

(5) 用操纵盒将测针移动到标准球上方，右击所有测量所需角度，选择"校验使用"选项，选择"更新位置"后的球形规名称，开始校验。

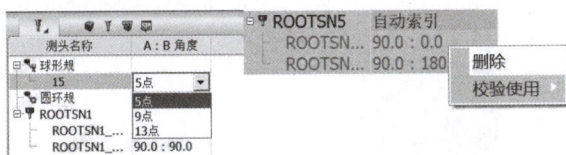

图 5-7　校准点数确认

## 3. 坐标系建立

### 1) 粗建零件坐标系

粗建零件坐标系的目的是确定零件的位置，为后面程序自动运行做准备，所以通常会测量最少的测量点数。将测头角度转到

轴类零件坐标系建立方法

A90°B180°，即可开始粗建零件坐标系，具体步骤如下。

（1）在自学习模式下，将命令方式选为"模式/手动模式"，如图5-8所示。

（2）导入数模后，以测头为参考，查看软件中数模的位置和测量机上零件摆放位置是否一致。如图5-9所示，CAD数模在软件中的摆放位置和测量机摆放位置不一致。

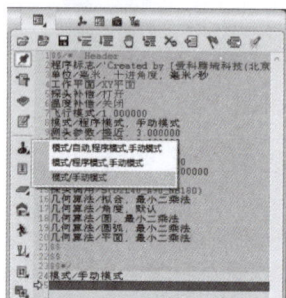

图5-8　切换命令方式

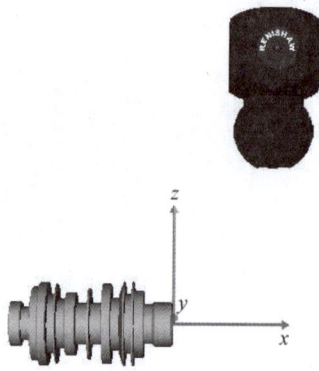

图5-9　CAD模型导入

（3）如图5-10所示，选择"坐标"→"旋转"选项，选择旋转轴向，输入角度，预览坐标轴，确认无误后单击"添加/激活坐标系"按钮。

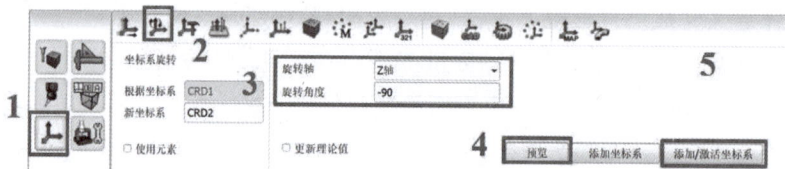

图5-10　旋转坐标系

（4）如图5-11所示，在双数据区元素区右击"导入模型"，在弹出的快捷菜单中选择"模型对齐"选项，查看软件中CAD数模方向与测量机上零件摆放是否一致。

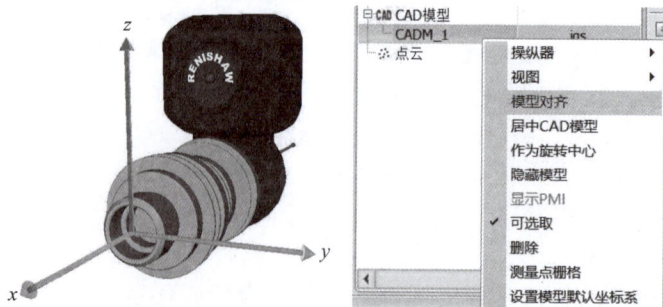

图5-11　模型对齐

（5）如图 5-12 所示，在基准 $A$ 轴线上手动测量圆元素，将测量完的圆拖放至双数据区的坐标处。

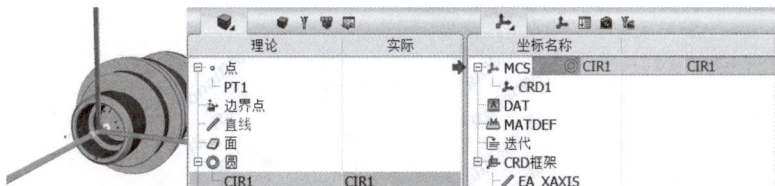

图 5-12　手动测量圆

（6）如图 5-13 所示，手动测量面元素，将测量完的面拖放至双数据区的坐标处。

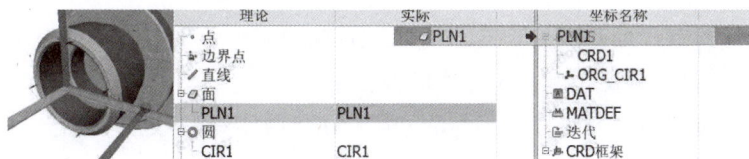

图 5-13　手动测量面

（7）如图 5-14 所示，在 CAD 数模处右击"模型对齐"选项，完成粗建零件坐标系。

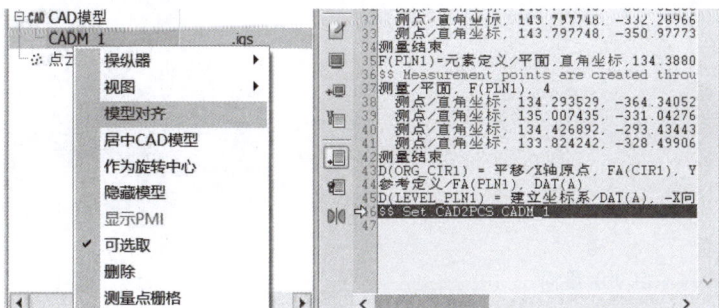

图 5-14　CAD 模型对齐

2）精建零件坐标系

精建零件坐标系的目的是准确测量坐标系相关基准元素，作为后续尺寸评价的基准，所以通常会测量更多的点数。因为自动坐标系在执行时是自动运行的，所以测量元素间需要加上安全移动点。具体步骤如下。

（1）将命令方式选为"模式/程序模式、手动模式"。为了确保测量的安全性，一般建议粗建零件坐标系使用"模式/手动模式"，精建零件坐标系使用"模式/程序模式、手动模式"。

（2）设置安全平面，如图 5-15 所示。

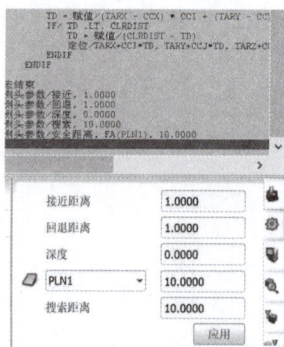

图 5-15　设置安全平面

（3）自动测量面，如图 5-16 所示。用"CAD 面型图形定义"，在 CAD 模型上提取端面，使用自动测量的方法，测量所提取的面元素。

（4）自动测量圆柱，如图 5-17 所示。用"CAD 面型图形定义"，在 CAD 模型上提取圆柱。选中提取的圆柱，右击"产生测量点"选项，修改测量参数，预览无误后，单击"测量"按钮。

图 5-16　自动测量面

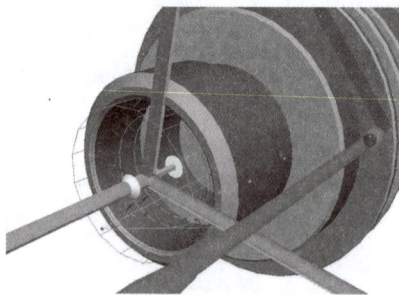

图 5-17　自动测量圆柱

（5）构造圆，如图 5-18 所示。将圆柱和面拖入"构造"→"相交"命令中，预览元素，确认无误后单击"添加结果"按钮。

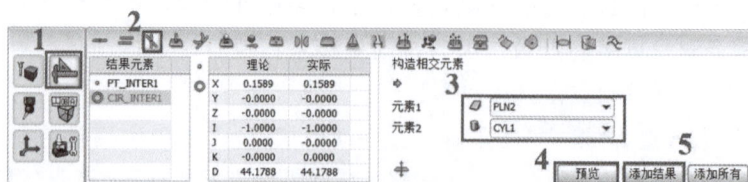

图 5-18　构造圆

（6）如图 5-19 所示，选择"坐标"→"生成坐标"选项，将圆柱拖入第一栏，选择相应的圆柱轴向，预览坐标系，查看两个坐标系的方向是否一致，确认无误后单击"添加/

激活坐标系"按钮。长轴类零件用圆柱进行找正，短轴类零件可用面找正。

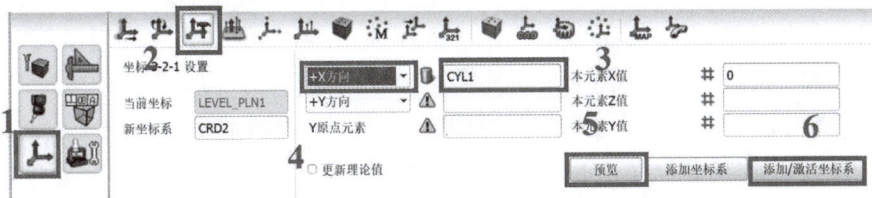

图 5-19　找正

（7）如图 5-20 所示，选择"坐标"→"平移"选项，将圆拖入 X、Y、Z 轴，更改坐标值，预览坐标系，查看两个坐标系的方向是否一致，确认无误后单击"添加/激活坐标系"按钮。

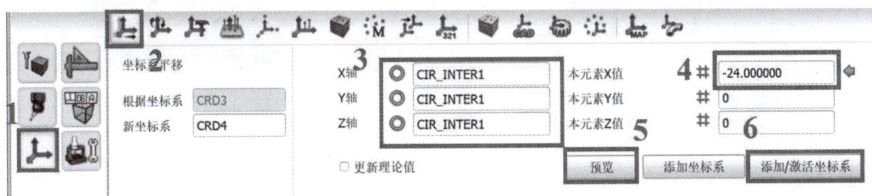

图 5-20　原点

（8）在双数据区元素区选中导入的模型，右击选择"模型对齐"选项，手动操作测量机，将测针放在零件某个特征点（如圆的象限点或圆心）上，查看测针在软件中的位置与三坐标测量机上位置是否一致（图 5-21），完成精建零件坐标系。

图 5-21　模型对齐

## 4. 元素测量

1）面元素测量

如图 5-22 所示，使用"CAD 面型图形定义"在 CAD 数模中提取被测元素理论值，将定义的理论元素拖入测量界面，在测点管理模式下，使用在几何元素上创建的编辑测量点，在元素面上选择要测量的点，测量平面。

2）圆元素测量

如图 5-23 所示，先使用"CAD 线型图形定义"在 CAD 数模中提取被测元素理论值。在双数据区的元素区右击选择"CIR2"，选择"产生测量点"选项，修改测量点窗口的参数（圆的参数含义与圆柱大致相同；导程是指测量点按螺纹方向分布，同螺旋线上相邻对应点的轴向距离），单击产生的测量点（圆的测量点拖动操作和圆柱一致），选中数模中的箭头，移动测量点位置，单击"预览"按钮，如无干涉和不当的测点，则可单击"测量"按钮，自动测量元素。

图 5-22　面元素测量

图 5-23　圆元素测量

3）更换角度测量

更换测头角度时，应先将测头移至安全高度，并且保证周围无干涉物。

使用手操器将测头移动至距离零件最高点的 110～120mm 处，在周围无干涉的情况下，进行角度更换；或者在软件右下角选择"机器位置"→"相对移动"选项，选择相应轴向，输入距离，预览无误后，单击"应用"按钮，如图 5-24 所示。

每次更换测头角度后，都需要重新设置安全平面，如图 5-25 所示；测头用 $A0°B0°$，测量回转类零件时，为了提高检测效率，一般关闭安全平面和深度距离，这样不仅可以提高检测效率，而且可以在测量圆时防止产生干涉点。

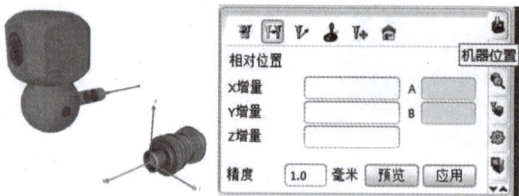

图 5-24　移动测头

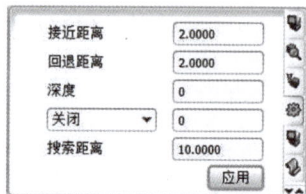

图 5-25　关闭安全平面

关闭安全平面后，测量各特征元素时，需要手动移动特征至被测元素附近，或在右下方选择"机器位置"→"相对移动"选项，选择相应轴向，输入距离，预览无误后，单击"应用"按钮移动，然后继续测量特征元素。

**5. 元素评价**

1）清空输出屏幕

选择"插入注释行"下拉列表，选择"清空输出屏幕"选项，如图 5-26 所示。

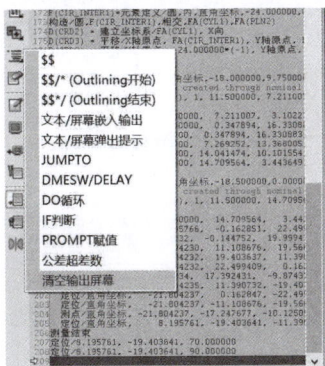

图 5-26　清空输出屏幕

2）尺寸评价

（1）距离尺寸评价示范如图 5-27 所示。距离的计算是两个元素相对于当前工作平面的距离。选择需要评价的两个元素，选择计算方式（如圆心距评价选择"平均"，两圆的最长距离用"最大评价"，两圆的最短距离用"最小评价"）、距离方式（$X$ 轴、$Y$ 轴和 $Z$ 轴评价是单轴评价，$XY$ 平面、$YZ$ 平面和 $ZX$ 平面评价是投影评价，点对点是空间评价）和 ISO 公差（根据尺寸公差大小选择相应的公差等级）。

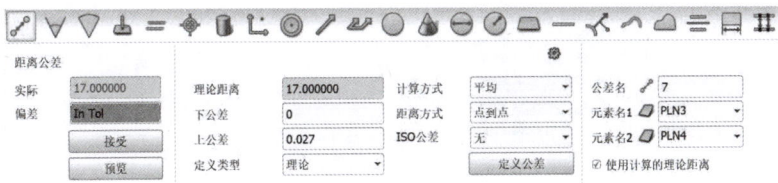

图 5-27　距离尺寸评价

（2）直径尺寸评价如图 5-28 所示。

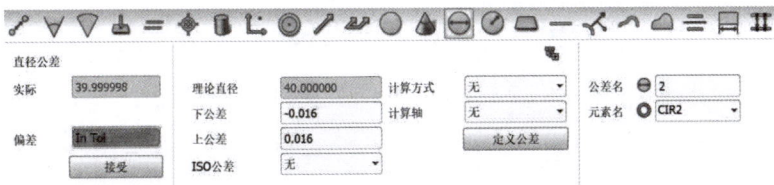

图 5-28　直径尺寸评价

（3）同轴度评价如图 5-29 所示。评价同轴度这种定位公差之前，需要先设定基准，根据图纸要求，将相对应的基准元素拖入 DAT，形成基准 $A$，如图 5-30 所示。

图 5-29 同轴度评价

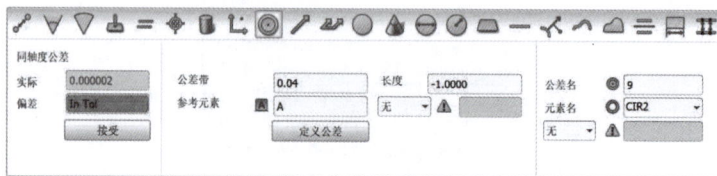

图 5-30 基准设置

3）检测报告输出

（1）在报告输出窗口，单击"设置"按钮。如图 5-31 所示，选择"格式定义"→"显示公差数据的描述"→"激活"选项，可根据需求显示检测报告中形位公差尺寸的评价显示。

（2）如图 5-31 所示，选择"格式定义"→"缺省"选项，可根据需求控制检测报告中的检测项目显示。

报告输出及分析

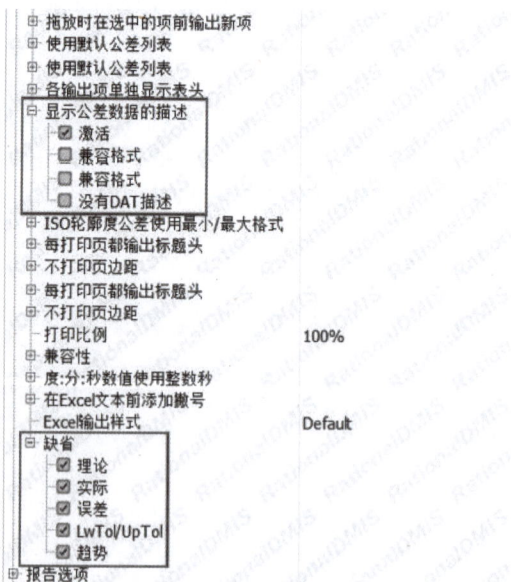

图 5-31 检测报告设置

（3）图 5-32 所示为 PDF 保存语句格式，报告保存完毕，即可关闭自学习。

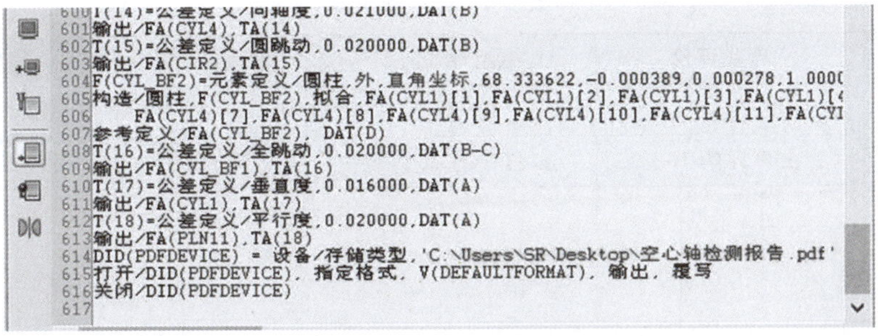

图 5-32　PDF 保存语句格式

### 6. 三坐标测量机关机操作

(1)将测头移动到安全的位置和高度(避免造成意外碰撞)。

(2)退出 Rational DMIS 软件,关闭控制系统电源和测座控制器电源。

(3)关闭计算机,关闭气源。

## 5.1.5　鉴定结论

(1)根据三坐标检测报告填写表 5-3,处理检测数据。

(2)给出鉴定结论,解决问题,完成任务。

表 5-3　尺寸检测表

| 序号 | 尺寸类型 | 公称尺寸 | 上偏差 | 下偏差 | 测量尺寸 | 是否合格 |
|---|---|---|---|---|---|---|
| A | $\phi$ | 20.7 | 0.021 | 0 | | |
| B | $\phi$ | 40 | 0.016 | $-0.016$ | | |
| C | $\phi$ | 25 | 0.011 | $-0.011$ | | |
| D | $\phi$ | 50 | $-0.009$ | $-0.034$ | | |
| E | $\phi$ | 30 | $-0.016$ | $-0.048$ | | |
| F | $L$ | 4.5 | 0.036 | 0.018 | | |
| G | $L$ | 5.5 | 0.01 | $-0.01$ | | |
| H | $L$ | 17 | 0.027 | 0 | | |
| I | $L$ | 70 | 0.03 | $-0.03$ | | |
| J | 同轴度 | 0 | 0.04 | | | |

检测组:　　　　　　　　　　　　　　检测人:

## 5.1.6　任务评价

任务结束后,根据本次任务的完成情况,认真填写表 5-4。

表 5-4　任务评价表

| 项目 | 自我评价 | | | 小组评价 | | | 教师评价 | | | 增值评价 | | |
|---|---|---|---|---|---|---|---|---|---|---|---|---|
| | 9～10 | 6～8 | 1～5 | 9～10 | 6～8 | 1～5 | 9～10 | 6～8 | 1～5 | 9～10 | 6～8 | 1～5 |
| | 占总评的 10% | | | 占总评的 20% | | | 占总评的 30% | | | 占总评的 40% | | |
| 测头校验 | | | | | | | | | | | | |
| 规范检测 | | | | | | | | | | | | |
| 检测报告 | | | | | | | | | | | | |
| 整理现场 | | | | | | | | | | | | |
| 职业素养 | | | | | | | | | | | | |
| 小计 | | | | | | | | | | | | |
| 总评 | | | | | | | | | | | | |

## 5.1.7　检测相关知识

### 1. 三坐标测量机的测量原理

将被测零件放入三坐标测量机允许的测量空间，精确地测出被测零件表面的点在空间 3 个坐标位置的数值，将这些点的坐标数值交给计算机处理，拟合形成测量元素，如圆、球、圆柱、圆锥、曲面等，再利用数学计算的方法得出其形状、位置公差及其他几何数据。

### 2. 三坐标测量机环境要求

1）温度

对于高精度的测量仪器与测量工作，温度的影响是不容忽视的。温度引起的变形包括膨胀及结构上的扭曲。三坐标测量机环境温度的变化主要包括温度范围、温度时间梯度、温度空间梯度。为有效地防止温度造成的变形问题，保证测量精度，三坐标测量机制造厂商对温度都有严格的限定。一般要求如下。

温度范围：（20±2）℃。

温度时间梯度：≤1℃/h 或≤2℃/24h。

温度空间梯度：≤1℃/m。

2）湿度

相较于其他环境因素，湿度对测量机的影响较小。通常湿度对三坐标测量机的影响主要集中在机械部分的运动和导向装置方面，以及非接触式测头方面。事实上，湿度对某些材料的影响非常大，为防止块规或其他计量设备的氧化和生锈，对环境湿度的要求如下。

空气相对湿度：25%～75%（推荐 40%～60%）。

3）电源

电源对三坐标测量机的影响主要体现在测量机的控制部分。用户需注意的主要是接地问题。一般配电要求如下。

电压：交流（220±22）V。

电流：15A。

独立专用接地线：接地电阻不大于 4Ω。

4）气源

许多三坐标测量机由于使用了精密的空气轴承而需要压缩空气。因此，应满足三坐标测量机对压缩空气的要求，防止水和油侵入压缩空气对测量机产生影响；同时应防止突然断气，对三坐标测量机空气轴承和导轨产生损害。气源要求如下。

供气压力：>0.5MPa。

耗气量：>150NL/min=2.5dm³/s(NL 为标准升，代表在 20℃，1 个大气压下的 1L)。

含水：<6g/m³。

含油：<5mg/m³。

微粒大小：<40μm。

微粒浓度：<10mg/m³。

气源的出口温度：（20±4）℃。

**3. 手操器**

三坐标测量机由于型号不同，有多种手操器，下面以图 5-33 和图 5-34 所示的三坐标测量机的手操器来描述各个按键的功能。

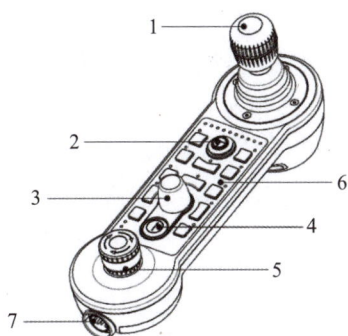

图 5-33 三坐标测量机的手操器

1—摇杆；2—启动按钮；3—速度旋钮；4—机器启动按钮；5—紧急停止；6—小键盘；7—电源插头

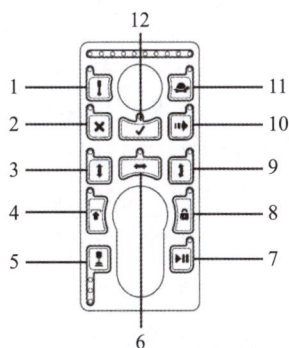

图 5-34 手操器按键功能

1—探针启用；2—删除点；3—Y 轴；4—转移；5—点动模式；6—X 轴；7—执行/持有；8—锁定/解锁；9—Z 轴；10—移动点；11—慢速；12—完成

(1)摇杆(joystick)：主要是用来手动控制测头的前后、左右、上下运动。

(2)启动按钮(enable button)：按住此按钮后，用手操作摇杆，机器才可以移动。

(3)速度旋钮(speed knob)：用于调整机器的测量速度。

(4)机器启动按钮(machine start)：用于给控制器加电，控制器重启后或按下应急按钮后需按此按键给控制器加电。

(5)紧急停止(emergency stop)：在遇到特殊情况时，可按此按钮使机器停止运行。

(6)小键盘(key pad)：小键盘区。

(7)电源插头(wire plug)：用于连接手操器与控制器之间的电缆。

(8)探针启用(probe enable)：用于屏蔽测头。

(9)慢速(slow)：用于切换机器快慢速。

(10)删除点(delete point)：用于删除测量点。

(11)完成(done)：测量完一个元素后按此键可结束测量。

(12)移动点(move point)：用于添加移动点。

(13)Y 轴(Y axis)：用于锁定 Y 轴。

(14)X 轴(X axis)：用于锁定 X 轴。

(15)Z 轴(Z axis)：用于锁定 Z 轴。

(16)转移(shift)：用于六轴测量机的坐标轴切换，一般测量机不使用此键。

(17)锁定/解锁(kock/unlock)：用于控制 X5 测头吸盘，一般测头不使用此键。

(18)点动模式(jog mode)：用于切换不同的坐标系。

(19)执行/持有(run/hold)：机器自动运行程序时，用于暂停或开始程序。

## 5.1.8　知识拓展

随着时代的不断发展，出现了形状日益复杂、尺寸精度要求较高的零件，传统的检测工具及检测技术已不能满足产品生产的检测要求。20 世纪 60 年代出现了一种新型高效、多功能的精密测量仪器——三坐标测量机。目前，三坐标测量机已广泛应用于我国的机械制造业、汽车工业、电子工业、航空航天工业和国防工业等各行业，为我国生产高质量、高精度产品作出了巨大的贡献，成为现代工业检测和质量控制不可缺少的精密测量设备。

## 5.1.9　练习与思考

1. 简述三坐标测量机手操器的各种功能。

2. 简述三坐标测量机的保养方法。

3. 对图 5-35 所示的主支柱 3 进行测量，根据检测报告，完成下面的尺寸检测表(表 5-5)。

4. 通过观察程序运行，思考轴类零件坐标系是如何建立的。

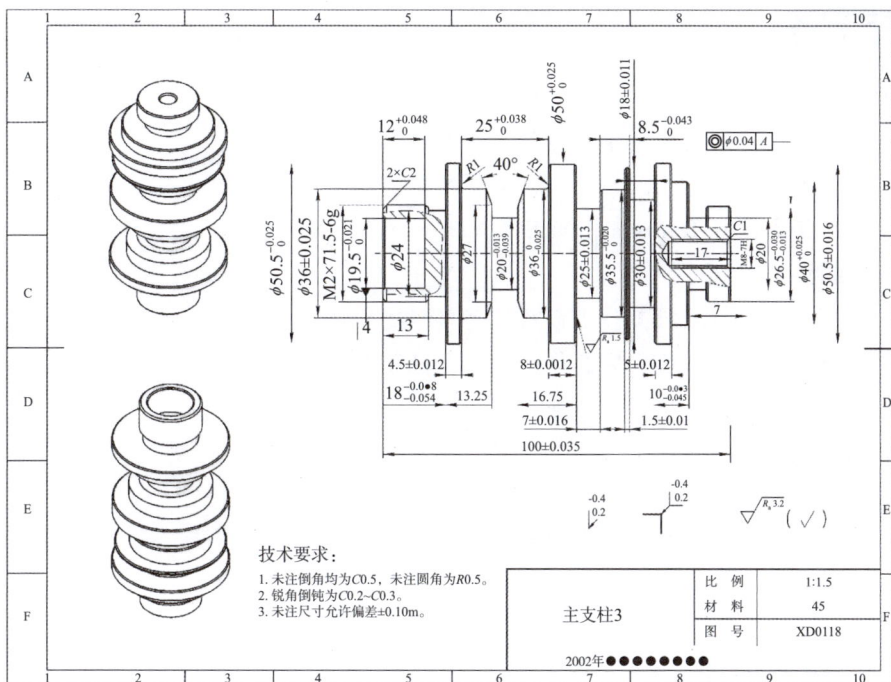

图 5-35　主支柱 3

表 5-5　主支柱 3 尺寸检测表（单位：mm）

| 序号 | 位置 | 尺寸类型 | 公称尺寸 | 上偏差 | 下偏差 | 检测值 | 是否合格 |
|------|------|----------|----------|--------|--------|--------|----------|
| A | C9 | $\phi$ | 26.5 | 0.039 | 0.013 | | |
| B | C4 | $\phi$ | 19.5 | 0.021 | 0 | | |
| C | B6 | $\phi$ | 25 | 0.011 | −0.011 | | |
| D | C3 | $\phi$ | 50.5 | 0.025 | 0 | | |
| E | C4 | $\phi$ | 36 | 0.025 | −0.025 | | |
| F | D5 | $L$ | 4.5 | 0.012 | −0.012 | | |
| G | E6 | $L$ | 100 | 0.035 | −0.035 | | |
| H | A9 | 同轴度 | 0 | 0.04 | | | |

# 任务二　箱体类零件三坐标检测及尺寸报告

本案例以 2023 年现代加工技术赛项赛题中的底板为检测对象。该零件拥有较复杂的轮廓特征和较高的尺寸公差，通过对该零件的检测实训，学生能够掌握利用三坐标测量机检测箱体类零件的相关知识，学会三坐标测量机简单程序编写方法，从而培养实际操作能力。

### 学习目标

**知识目标：**

(1)了解三坐标测量机测量箱体类零件的基本知识。

(2)掌握利用三坐标"面—线—点"建立箱体类零件坐标系的方法。

(3)掌握测量软件 Rational DMIS 简单的自动编程操作。

**技能目标：**

(1)掌握三坐标测量机工件坐标系的简单创建方法。

(2)掌握 Rational DMIS 的简单测量程序编写方法。

(3)能够对简单的箱体类零件进行检测。

**素养目标：**

(1)强化责任意识。

(2)培养严谨负责、勇于担当的品质。

(3)成为知法、守法、用法的高素质技术人才。

## 5.2.1 任务描述

学校参加技能大赛的同学根据比赛的赛题加工了一批零件，其中一部分箱体类零件形状较为复杂，手工检测较为烦琐，现需要使用三坐标测量机对工件进行检测，并提供三坐标检测报告，以完成对零件尺寸的评定。

## 5.2.2 任务分析

图 5-36 所示为箱体类零件三坐标检测及尺寸报告流程，图 5-37 所示为底板零件图纸，图 5-38 所示为底板零件实物图。请根据测量零件图纸上标定的几何尺寸及形位公差，完成对零件尺寸的评定，出具零件的检测报告。

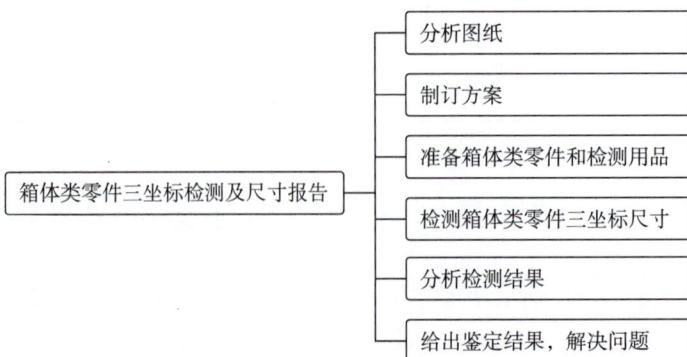

图 5-36　箱体类零件三坐标检测及尺寸报告流程

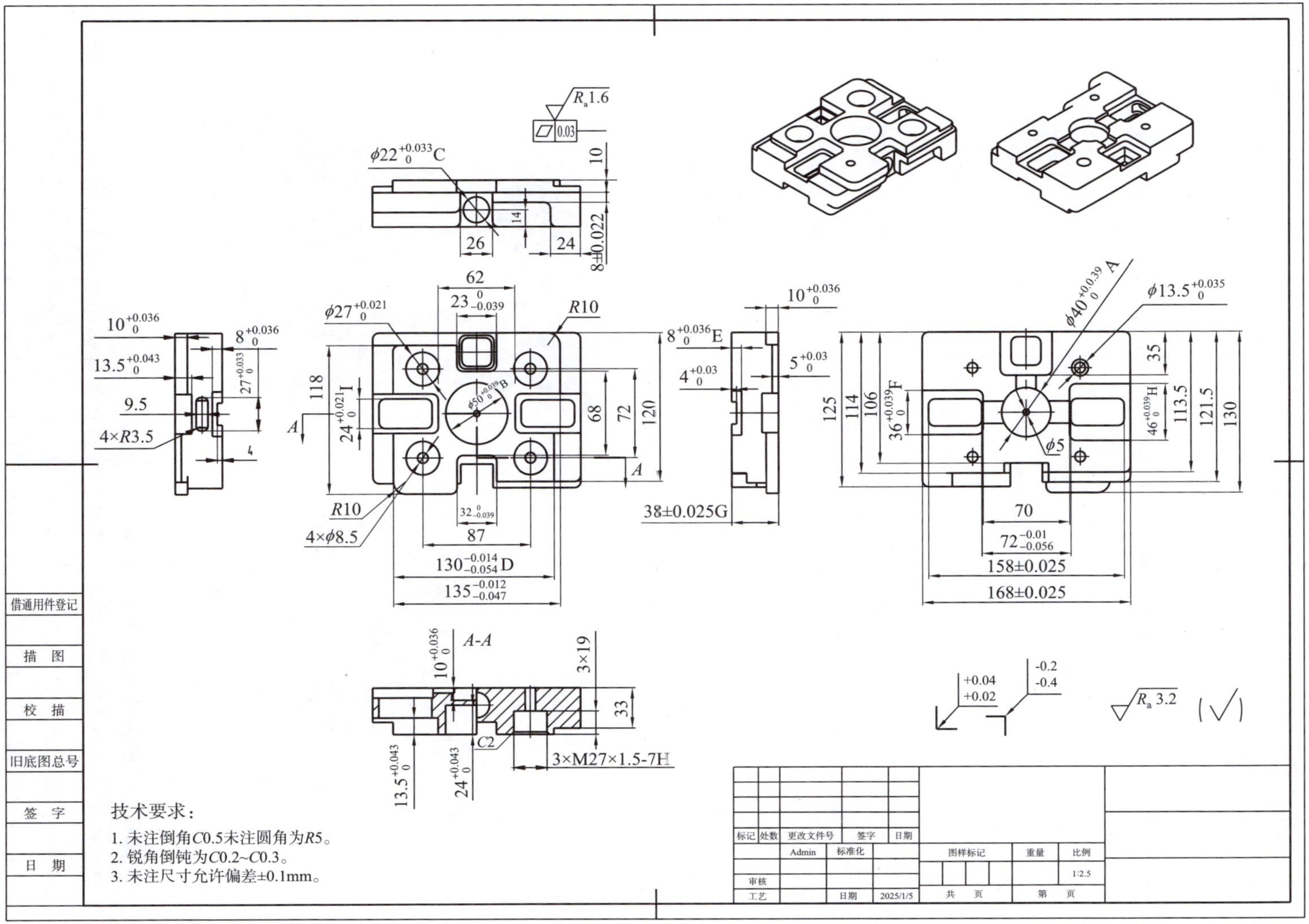
$R_a$1.6
0.03
$\phi22^{+0.033}_{0}$C
10
14
26
24
8±0.022
62
$23^{0}_{-0.039}$
$\phi27^{+0.021}_{0}$
R10
$10^{+0.036}_{0}$
$8^{+0.036}_{0}$
$13.5^{+0.043}_{0}$
$27^{+0.033}_{0}$
9.5
4×R3.5
4
118
$24^{+0.021}_{0}$I
A
$\phi50^{+0.039}_{0}$B
68
72
120
R10
4×ϕ8.5
$32^{0}_{-0.039}$
87
$130^{-0.014}_{-0.054}$D
$135^{-0.012}_{-0.047}$
$8^{+0.036}_{0}$E
$4^{+0.03}_{0}$
$10^{+0.036}_{0}$
$5^{+0.03}_{0}$
38±0.025G
$\phi40^{+0.039}_{0}$A
$\phi13.5^{+0.035}_{0}$
125
114
106
$36^{+0.039}_{0}$F
ϕ5
$46^{+0.039}_{0}$H
35
113.5
121.5
130
70
$72^{-0.01}_{-0.056}$
158±0.025
168±0.025
A-A
$10^{+0.036}_{0}$
3×19
33
C2
$13.5^{+0.043}_{0}$
$24^{+0.043}_{0}$
3×M27×1.5-7H
+0.04
+0.02
-0.2
-0.4
$R_a$ 3.2
(√)
借通用件登记
描 图
校 描
旧底图总号
签 字
日 期
技术要求：
1. 未注倒角C0.5未注圆角为R5。
2. 锐角倒钝为C0.2~C0.3。
3. 未注尺寸允许偏差±0.1mm。
标记
处数
更改文件号
签字
日期
Admin
标准化
审核
工艺
日期
2025/1/5
图样标记
重量
比例
1:2.5
共 页
第 页

图5-37 底板零件图纸

### 1. 确定检测的尺寸

根据测量尺寸，制定测量要素，见表 5-6。

表 5-6　尺寸测量表(单位：mm)

| 序号 | 尺寸类型 | 公称尺寸 | 上偏差 | 下偏差 | 测量要素 |
|------|---------|---------|--------|--------|---------|
| A | $\phi$ | 40 | 0.039 | 0 | |
| B | $\phi$ | 50 | 0.039 | 0 | |
| C | $\phi$ | 22 | 0.033 | 0 | |
| D | $L$ | 130 | $-0.014$ | $-0.054$ | |
| E | $L$ | 8 | 0.036 | 0 | |
| F | $L$ | 36 | 0.039 | 0 | |
| G | $L$ | 38 | 0.025 | $-0.025$ | |
| H | $L$ | 46 | 0.039 | 0 | |
| I | $L$ | 24 | 0.021 | 0 | |

### 2. 选择合适的装夹和摆放位置

对零件的形状和被测尺寸进行分析，零件的形状为箱体类，可选用平口钳进行装夹，被测尺寸中有形位公差尺寸要求，因此应在一次装夹中完成检测任务。综合以上分析，应将零件以横向摆放，如图 5-39 所示。

图 5-38　底板零件实物图　　　　　图 5-39　零件摆放

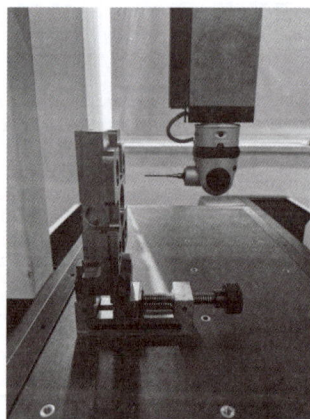

### 3. 选择合适的测针配置及测头角度

根据待测零件的实际状态选择合适的测针。在能够满足测量条件的情况下，尽可能选用较大测球直径的测针，再综合零件的摆放位置，合理选用测针及测头角度。本次实例选用测针配置为 D3L40，测头角度分别为 A0°B0°、A90°B−90°、A90°B90°、A90°B180°。

## 5.2.3　制订方案

使用三坐标测量机进行测量，需确定每个测量要素的测头角度及测量点数，请同学们根据图 5-39 填写表 5-7。

表 5-7　尺寸测量方案

| 序号 | 尺寸类型 | 公称尺寸 | 测头角度 | 测量点数 | 备注 |
|------|---------|---------|---------|---------|------|
| A | $\phi$ | 40 | | | |
| B | $\phi$ | 50 | | | |
| C | $\phi$ | 22 | | | |
| D | $\phi$ | 130 | | | |
| E | $\phi$ | 8 | | | |
| F | $L$ | 36 | | | |
| G | $L$ | 38 | | | |
| H | $L$ | 46 | | | |
| I | $L$ | 24 | | | |
| 检测组 | | | 检测人 | | |

## 5.2.4　任务实施

### 1. 测头校验

1）构建测头

选择"测头"→"构建测头"选项，根据测头的型号，在软件中选择相应型号的测座、测力模块和测针，单击"添加/激活"命令，完成测头激活。

2）添加需要校准的角度

添加测量所需角度，即 A0°B0°、A90°B－90°、A90°B90°、A90°B180°。

3）校验各角度测针

(1)在三坐标测量机工作台上选择合适位置摆放校验规，在软件中选择"测头"→"校准测头"→"探头校验"选项。

(2)选择定义完成的球形规，单击"更新校验规"按钮。

(3)用操纵盒手动测量标准球，测量 5 个点(在标准球的左、右、前、后、上各测量 1 个点)，按 Done 键，在软件中更新标准球位置。

(4)在测头数据区，选择球形规，单击测量点数并下拉，选择校准时所需测量点数。

(5)用操纵盒将测针移到标准球上方，选中所有测量所需角度，右击"校验使用"选项，选择更新位置过后的球形规名称，开始校验。

**2. 坐标系建立**

1）粗建坐标系

粗建坐标系的目的是确定零件的位置，为后面程序自动运行做准备，所以通常会测量最少的测量点数。将测头角度转到 A90°B−90°，即可开始粗建坐标系，具体步骤如下。

（1）在自学习模式关闭的情况下，通过旋转坐标系将模型旋转至与工件实际位置相同，通过元素定义与构造——相交命令找到特征点与坐标系的相对位置关系，并记录坐标数值。

（2）在自学习模式打开的情况下，在点元素测量设置界面，将点的最小点数修改为零，如图 5-40 所示。在统计图模式中定义一个特征点，将特征点拖入坐标系移动界面，形成特征点坐标系，如图 5-41 所示。

（3）如图 5-42～图 5-44 所示，选择"坐标"→"旋转"选项，选择旋转轴向，输入角度，预览坐标轴，确认无误后单击"添加/激活坐标系"按钮，通过坐标系的旋转，使软件中数模的位置与零件的实际装夹位置一致。旋转完成，右击选择"模型对齐"选项。

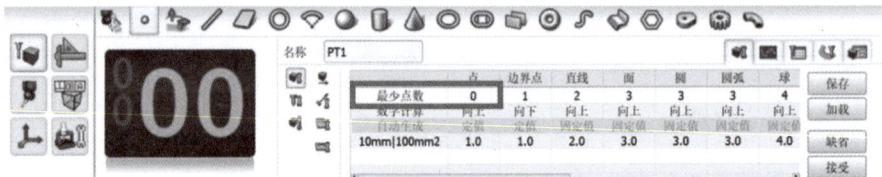

图 5-40　修改最小点数

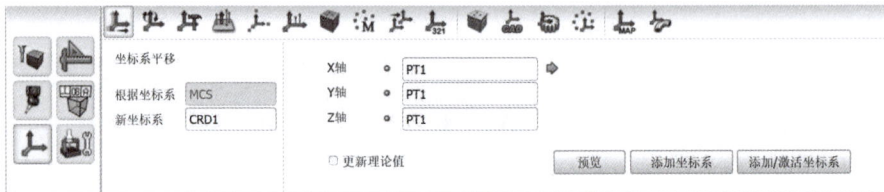

图 5-41　特征点坐标系

图 5-42　X 轴旋转

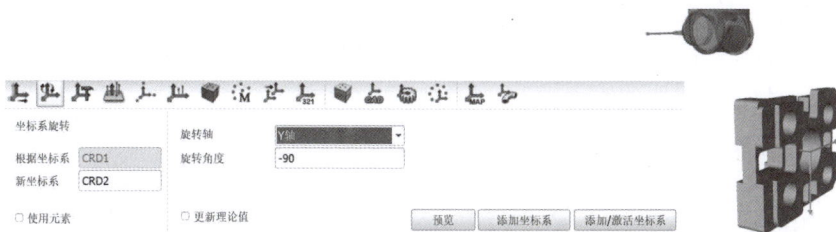

图 5-43 Y 轴旋转

（4）移动坐标系，移动的数值为在自学习关闭模式下所记录的数值的负值，添加激活坐标系，右击，选择"模型对齐"选项，对齐后，测针的位置就在特征点之上，粗建坐标系完成，如图 5-45 所示。

图 5-44 Z 轴旋转

2）精建坐标系

精建坐标系的目的是准确测量坐标系相关基准元素，作为后续尺寸评价的基准，所以通常会测量更多的点数。因为自动坐标系在执行时是自动运行的，所以测量元素间需要加上安全移动点。具体步骤如下。

（1）自动测量面，如图 5-46 所示。用"CAD 面型图形定义"，在 CAD 模型上提取端面，使用自动测量的方法，测量所提取的面元素。

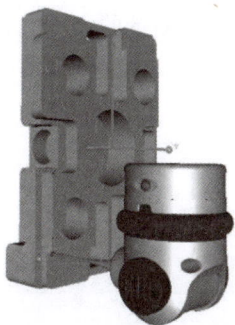

图 5-45 模型对齐

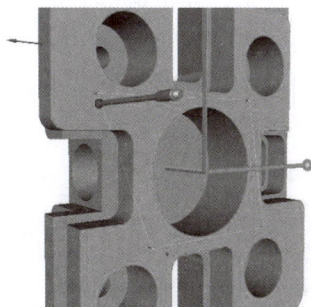

图 5-46 自动测量面

（2）设置安全平面，如图 5-47 所示。

（3）自动测量线元素，如图 5-48 所示。用在几何模型上创建编辑测量点，使用自动测量的方法，测量所提取的线元素。

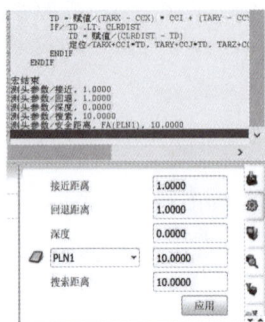

图 5-47　设置安全平面

图 5-48　线元素测量

（4）自动测量圆，如图 5-49 所示。用"CAD 面型线形定义"，在 CAD 模型上提取圆，使用自动测量的方法，测量所提取的圆元素。

图 5-49　自动测量圆

（5）如图 5-50 所示，在坐标系上建立界面，利用刚刚测量的面、线、圆元素，建立坐标系，通过改变坐标系的方向与位置，使新建立的坐标系与粗建坐标系重合，添加激活坐标系，模型对齐后，完成坐标系的精建。

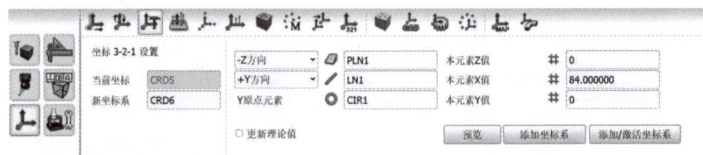

图 5-50　精建坐标系

### 3. 元素测量

1）面元素测量

如图 5-51 所示，使用"CAD 面型图形定义"在 CAD 数模中提取被测元素理论值，将定义的理论元素拖入测量界面，在测点管理模式下，使用在几何元素上创建编辑的测量点，在元素面选择要测量的点，测量平面。

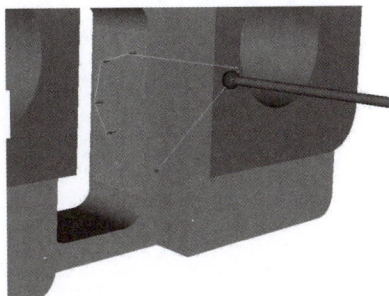

图 5-51　面元素测量

2）圆元素测量

如图 5-52 所示，先使用"CAD 线型图形定义"在 CAD 数模中提取被测元素理论值，在双数据区的元素区右击"CIR1"，在弹出的快捷菜单中，选择"产生测量点"选项，修改测量点窗口的参数（圆的参数含义与圆柱大致相同；导程是指测量点按螺纹方向分布，同螺旋线上相邻对应点的轴向距离），单击，产生测量点。圆的测量点拖动操作和圆柱一致，选中数模中的箭头，移动测量点位置，单击"预览"按钮，如无干涉和不当的测点，则可单击"测量"按钮自动测量元素。

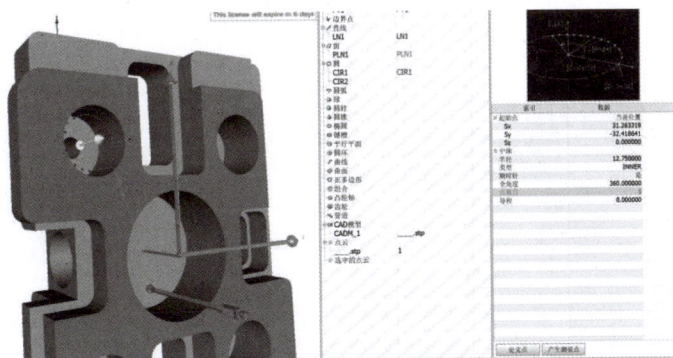

图 5-52　圆元素测量

3）更换角度测量

更换测头角度时，在软件中通过机器位置的改变实现。先将测头移至安全高度，并保证周围无干涉物，在更换测头角度无影响的条件下，更改测头角度。设置安全平面进行剩余元素的测量。

### 4. 元素评价

(1)距离尺寸评价如图 5-53 所示。

图 5-53　距离尺寸评价

(2)直径尺寸评价如图 5-54 所示。

图 5-54　直径尺寸评价

(3)尺寸评价完成后,在报告输出界面,保存输出报告。

### 5. 程序验证

(1)离线编程完的程序需进行验证。将零件放在三坐标测量机上,利用手操器控制测头,将零件找正,找正后,将探针顶端的红宝石球放在离线编程时特征点的位置上,如图 5-55 所示。

(2)确认程序中测头的名称与建立的测头名称一致,单击程序第一行,验证程序,如图 5-56 所示。

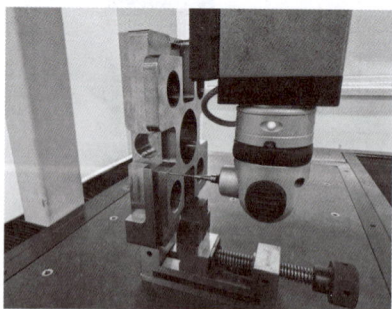

图 5-55　工件验证摆放

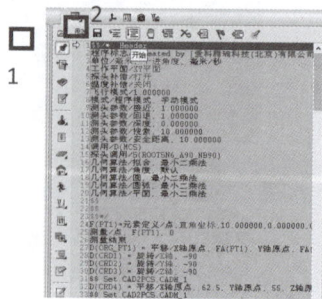

图 5-56　程序验证

(3)程序验证完成后,在报告输出界面修改报告名称,如图 5-57 所示;最后进行报告的保存,如图 5-58 所示。底板报告如图 5-59 所示。

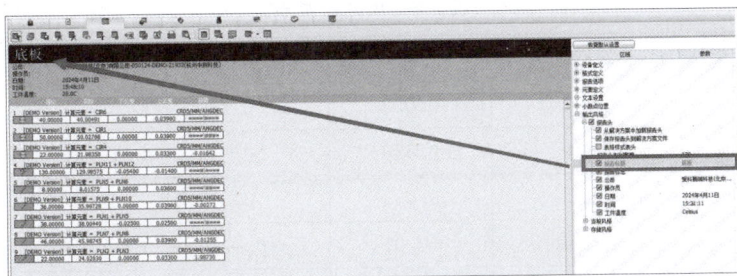

图 5-57　修改报告名称

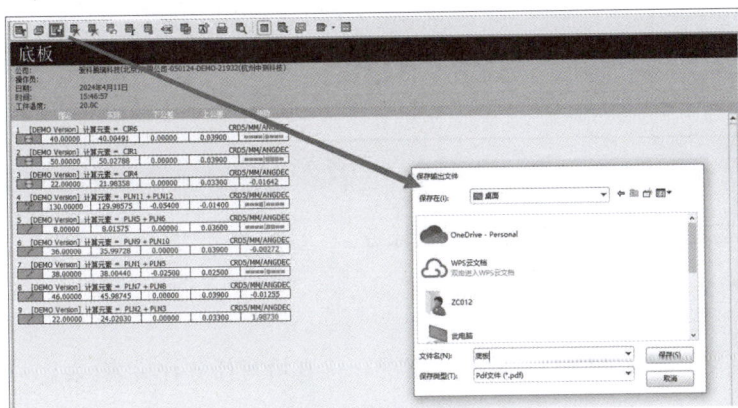

图 5-58　保存报告

图 5-59　底板报告

## 5.2.5　鉴定结论

(1)根据三坐标检测报告填写表 5-8，处理检测数据。

表 5-8　尺寸检测表

| 序号 | 尺寸类型 | 公称尺寸 | 上偏差 | 下偏差 | 测量尺寸 | 是否合格 |
|------|----------|----------|--------|--------|----------|----------|
| A | $\phi$ | 40 | 0.039 | 0 | | |
| B | $\phi$ | 50 | 0.039 | 0 | | |
| C | $\phi$ | 22 | 0.033 | 0 | | |
| D | $\phi$ | 130 | $-0.014$ | $-0.054$ | | |
| E | $\phi$ | 8 | 0.036 | 0 | | |
| F | $L$ | 36 | 0.039 | 0 | | |
| G | $L$ | 38 | 0.025 | $-0.025$ | | |
| H | $L$ | 46 | 0.039 | 0 | | |
| I | $L$ | 24 | 0.021 | 0 | | |

检测组：　　　　　　　　　　　　　　检测人：

（2）给出鉴定结论，解决问题，完成任务。

## 5.2.6　任务评价

任务结束后，根据本次任务的完成情况，认真填写任务评价表（表 5-9）。

表 5-9　任务评价表

| 项目 | 自我评价 | | | 小组评价 | | | 教师评价 | | | 增值评价 | | |
|------|------|------|------|------|------|------|------|------|------|------|------|------|
| | 9～10 | 6～8 | 1～5 | 9～10 | 6～8 | 1～5 | 9～10 | 6～8 | 1～5 | 9～10 | 6～8 | 1～5 |
| | 占总评的 10% | | | 占总评的 20% | | | 占总评的 30% | | | 占总评的 40% | | |
| 测头校验 | | | | | | | | | | | | |
| 规范检测 | | | | | | | | | | | | |
| 检测报告 | | | | | | | | | | | | |
| 整理现场 | | | | | | | | | | | | |
| 职业素养 | | | | | | | | | | | | |
| 小计 | | | | | | | | | | | | |
| 总评 | | | | | | | | | | | | |

## 5.2.7　检测相关知识

几何特征（geometrical feature）又称几何元素或几何要素，简称特征、元素或要素。常规几何特征包括点、直线、平面、圆、圆柱、圆锥、球。三坐标测量机的主要工作是测量各种几何特征，并进行相关尺寸、形状、位置的评价。

### 1. 几何特征的测量方法

几何特征的测量主要有以下几种方法。

(1)手动特征：通过手动测量获取的几何特征。

(2)自动特征：通过输入理论值生成的几何特征。

(3)构造特征：通过已有几何特征构造的几何特征，如中点、交点等。

### 2. 几何特征的属性

每种类型的几何特征都包含位置、方向及其他特有属性。通常用特征的质心坐标代表特征的位置，用特征的矢量表示特征的方向。表 5-10 列举了几种常规几何特征的属性和实际测量时需要的最少测量点数。

表 5-10　几种常规几何特征的属性和实际测量时需要的最少测量点数

| 几何特征 | 特征名称 | 说明 |
|---|---|---|
| | 矢量点 | 位置属性(质心)：点本身的坐标值。<br>方向属性(矢量)：测头回退的方向。<br>数学表达式：POINT，CART，$X$，$Y$，$Z$，$I$，$J$，$K$。<br>最少测点数：1 个点 |
| | 直线 | 位置属性(质心)：直线中点的坐标值。<br>方向属性(矢量)：第一点指向最后一点的方向。<br>数学表达式：LINE，CART，$X$，$Y$，$Z$，$I$，$J$，$K$。<br>最少测点数：2 个点 |
| | 平面 | 位置属性(质心)：平面重心点的坐标值。<br>方向属性(矢量)：垂直于平面测头回退的方向。<br>数学表达式：PLANE，CART，$X$，$Y$，$Z$，$I$，$J$，$K$。<br>最少测点数：3 个点(不在一条直线上) |
| | 圆 | 位置属性(质心)：圆心点的坐标值。<br>方向属性(矢量)：工作(投影)平面的方向。<br>其他属性：圆的直径。<br>数学表达式：CIRCLE，CART，$X$，$Y$，$Z$，$I$，$J$，$K$。<br>最少测点数：3 个点(不在一条直线上) |

（续表）

| 几何特征 | 特征名称 | 说明 |
|---|---|---|
|  | 圆柱 | 位置属性(质心)：重心点的 $X$、$Y$、$Z$ 坐标值。<br>方向属性(矢量)：第一层指向最后一层的方向。<br>其他属性：圆柱的直径。<br>数学表达式：CYLNDR，CART，$X$，$Y$，$Z$，$I$，$J$，$K$。<br>最少测点数：6 个点(两层)。<br>注：自动特征坐标为圆柱轴线上指定的点 |
|  | 圆锥 | 位置属性(质心)：锥顶点的 $X$、$Y$、$Z$ 坐标值。<br>方向属性(矢量)：小圆指向大圆的方向。<br>其他属性：圆的锥顶角。<br>数学表达式：CONE，CART，$X$，$Y$，$Z$，$I$，$J$，$K$。<br>最少测点数：6 个点(两层) |
|  | 球 | 位置属性(质心)：球心点的坐标值。<br>方向属性(矢量)：工作平面的方向。<br>其他属性：球的直径。<br>数学表达式：SPHERE，CART，$X$，$Y$，$Z$，$I$，$J$，$K$。<br>最少测点数：4 个点(两层) |

### 3. 几何特征测量策略

实际测量时，由于工件表面存在形状、位置等几何误差，以及波纹度、表面粗糙度、缺陷等结构误差，仅仅测量最少测量点数是不够的。从理论上来说，测量几何特征时测点越多越好，但受限于实际测量条件、测量时间及经济性等因素，很难对所有被测几何特征做全面的测量，实际上也没有必要。因此，在实际测量中会根据尺寸要求和被测特征的精度，选择合适的测点分布方法和测量点数。图 5-60 是常见的测点分布方法，表 5-11 为推荐的测量点数。

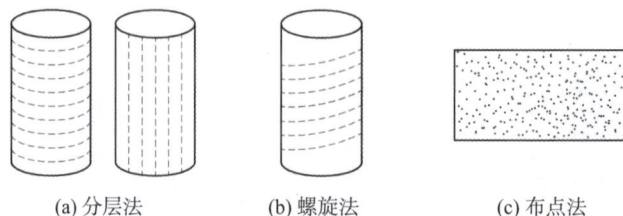

(a) 分层法　　　　(b) 螺旋法　　　　(c) 布点法

图 5-60　常见的测点分布方法

表 5-11　推荐的测量点数

| 几何特征类型 | 推荐测点数<br>（尺寸位置） | 推荐测点数<br>（形状） | 说明 |
|---|---|---|---|
| 点（一维点或三维点） | 1 点 | 1 点 | 手动点为一维点，矢量点为三维点 |
| 直线（二维） | 3 点 | 5 点 | 最大范围分布测量点（布点法） |
| 平面（三维） | 4 点 | 9 点 | 最大范围分布测量点（布点法） |
| 圆（二维） | 4 点 | 7 点 | 最大范围分布测量点（布点法） |
| 圆柱（三维） | 8 点/2 层 | 12 点/4 层 | 为了得到直线度信息，至少测量 4 层 |
| | | 15 点/3 层 | 为了得到圆柱度信息，每层至少测量 5 点 |
| 圆锥（三维） | 8 点/2 层 | 12 点/4 层 | 为了得到直线度信息，至少测量 4 层 |
| | | 15 点/3 层 | 为了得到圆度信息，每层至少测量 5 点 |
| 球（三维） | 9 点/3 层 | 16 点/4 层 | 为了得到圆度信息，测点分布为 4+4+4+4 |

## 5.2.8　知识拓展

3-2-1 法建立空间直角坐标系的原理：测取 3 点确定平面，取其法向矢量作为第一轴向；测取 2 点确定直线，取直线方向（起始点指向终止点）作为第二轴向；测取 1 点或点元素作为坐标系零点。

在空间直角坐标系中，任意零件均有 6 个自由度，即分别绕 $X$ 轴、$Y$ 轴、$Z$ 轴旋转和分别沿 $X$ 轴、$Y$ 轴、$Z$ 轴平移，如图 5-61 所示。

建立零件坐标系的
意义和方法

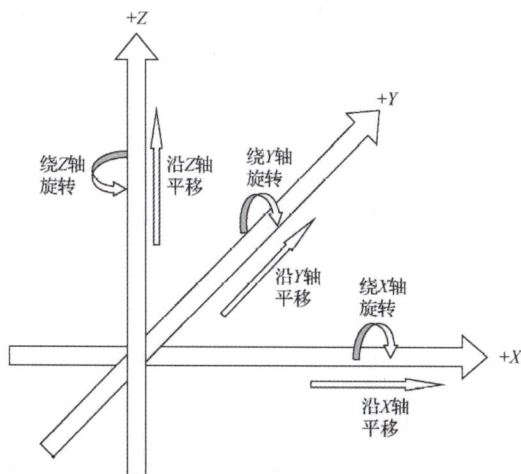

图 5-61　空间直角坐标系下的 6 个自由度

建立零件坐标系就是要确定零件在机器坐标系下的 6 个自由度。3-2-1 法建立空间直角坐标系分为以下 3 个步骤。

### 1. 找正

确定零件在空间直角坐标系下的 3 个自由度，即 2 个旋转自由度和 1 个平移自由度。

使用一个平面的矢量方向找正到坐标系的＋$Z$ 方向。这时就确定了该零件围绕 $X$ 轴和 $Y$ 轴的旋转自由度，同时确定了零件在坐标系 $Z$ 轴方向的平移自由度。另外，零件还有围绕 $Z$ 轴旋转的自由度和沿 $X$ 轴和 $Y$ 轴平移的自由度。

### 2. 旋转

确定零件在空间直角坐标系下的 2 个自由度，即 1 个旋转自由度和 1 个平移自由度。

使用与＋$Z$ 方向垂直或近似垂直的一条直线旋转到＋$X$ 方向，这时就确定了零件围绕 $Z$ 轴旋转的自由度，同时确定了零件沿 $Y$ 轴平移的自由度。此时，零件还有沿 $X$ 轴平移的自由度。需要注意的是，在确定旋转方向时需要进行一次投影计算，将第二基准的矢量方向投影到第一基准找正方向的坐标平面上，计算与找正方向垂直的矢量方向，用该计算的矢量方向作为坐标系的第二个坐标系轴向。这个过程应该由测量软件在执行旋转命令时自动完成。

### 3. 原点

确定零件在空间直角坐标系下的 1 个自由度，即 1 个平移自由度。使用矢量方向为＋$X$ 或 －$X$ 的一个点就能确定零件沿坐标系 $X$ 轴平移的自由度。

经过以上 3 个步骤，就能建立一个完整的零件坐标系。除以上 3 个步骤外，测量软件还应该具备坐标系的转换功能。我们可以指定坐标系的 1 个轴作为旋转中心，让坐标系的另外 2 个轴围绕该轴旋转指定的角度，或是坐标系原点沿某个坐标轴平移指定的距离。

零件坐标系的建立是否正确，可以通过观察软件中的坐标值来判断。方法：①将软件显示坐标置于零件坐标系方式，查看当前探针所处的位置是否正确，或用操纵杆控制测量机运动，使宝石球尽量接近零件坐标系零点，观察坐标显示。②按照设想的方向转动测量机的某个轴，观察坐标值是否有相应的变化。如果偏离比较大或方向相反，就要找出原因，重新建立坐标系。

现在已经出现了多种建立坐标系的方式，如可以用轴线或线元素建立第一轴和其垂直的平面，用其他方式和方法建立第二轴等。需要注意的是，不一定非要用 3-2-1 法的固定步骤来建立坐标系，可以单步进行，也可以省略其中的步骤。例如，回转体的零件(圆柱形)可以不用进行第二步，用圆柱轴线确定第一轴并定义圆心为零点即可；第二轴使用机器坐标，用点元素来设置坐标系零点，即平移坐标系，也就是建立新坐标系。

## 5.2.9　练习与思考

1. 简述如何通过 3-2-1 法建立顶板坐标系。

2. 根据所学知识对图 5-62 所示的顶板进行测量，并填写尺寸检测表(表 5-12)。

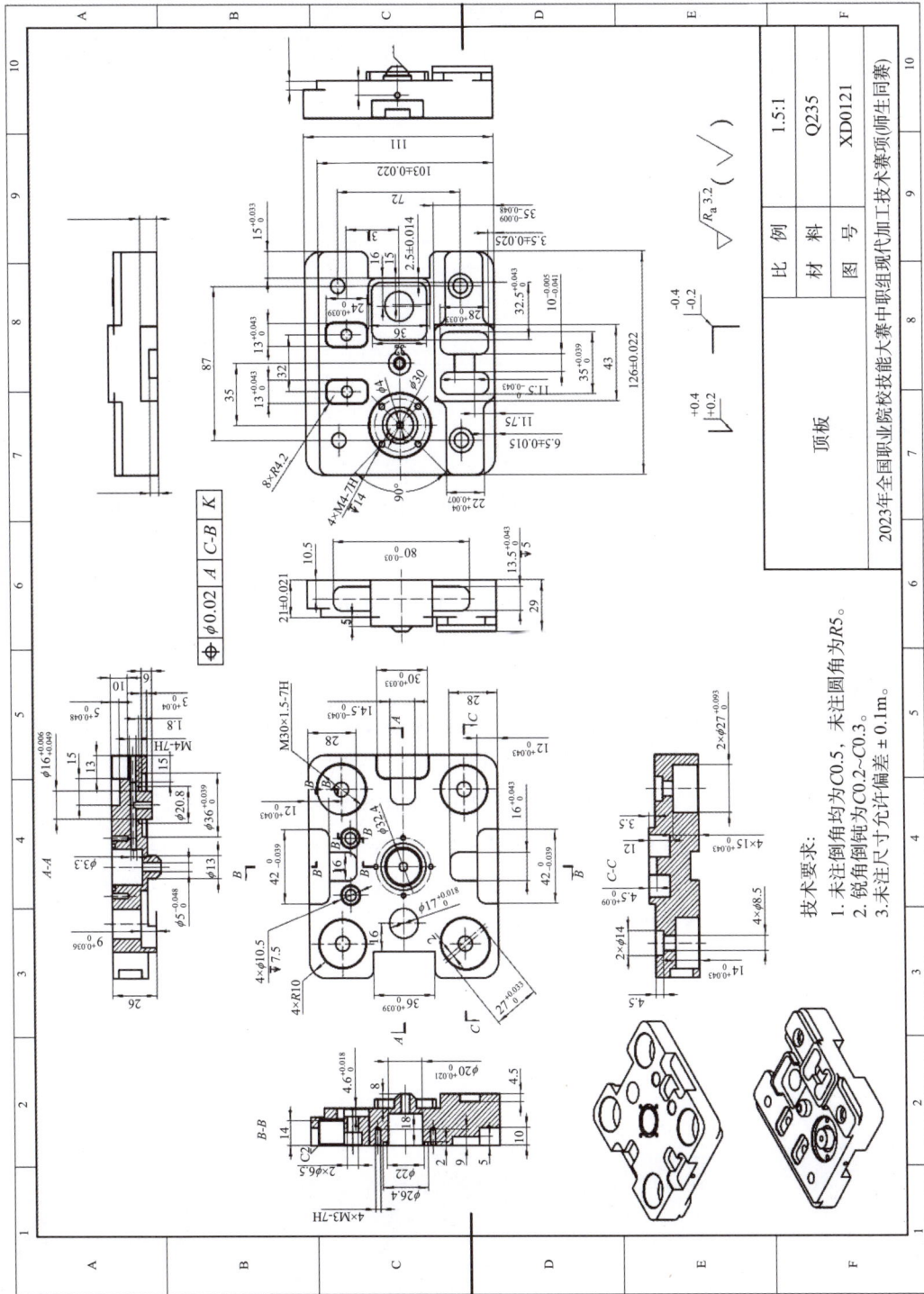

图5-62 顶板零件图纸

技术要求：
1. 未注倒角均为C0.5，未注圆角为R5。
2. 锐角倒钝为C0.2～C0.3。
3. 未注尺寸允许偏差±0.1m。

| 比　例 | 1.5:1 |
| 材　料 | Q235 |
| 图　号 | XD0121 |

顶板

2023年全国职业院校技能大赛中职组现代加工技术赛项(师生同赛)

表 5-12　顶板尺寸检测表(单位：mm)

| 序号 | 位置 | 尺寸类型 | 公称尺寸 | 上偏差 | 下偏差 | 实测值 | 是否合格 |
|------|------|----------|----------|--------|--------|--------|----------|
| A | C3 | $\phi$ | 17 | 0.018 | 0 | | |
| B | C2 | $\phi$ | 20 | 0.021 | 0 | | |
| C | A3 | $L$ | 9 | 0.036 | 0 | | |
| D | E8 | $L$ | 126 | 0.022 | −0.022 | | |
| E | B4 | $L$ | 42 | 0 | −0.039 | | |
| F | B6 | $L$ | 21 | 0.021 | −0.021 | | |
| 检测组 | | | | 检测人 | | | |

# 精技弘德

## 从现代测量技术——神舟飞船翱翔宇宙的坚实后盾看科技强国与精益求精

在神舟飞船的制造过程中，现代测量技术是确保零部件精度和质量的关键。三坐标测量机在飞船零(部)件制造中得到了广泛应用。以飞船的发动机部件为例，其制造精度要求极高。三坐标测量机能够对发动机叶片的形状、尺寸进行精确测量，测量精度可达微米级。通过与设计标准进行比对，能够及时发现制造过程中的偏差，并进行调整和修正，保证发动机叶片的空气动力学性能符合要求，从而确保发动机的高效稳定运行。

此外，激光测量技术也在飞船制造中发挥着重要作用。在飞船的对接机构制造过程中，激光跟踪仪可以实时测量对接机构的关键尺寸和位置精度，确保对接机构在对接过程中能够准确无误地完成对接动作，实现飞船与空间站等其他航天器的可靠连接，这对于载人航天任务的顺利进行至关重要。

# 附　　表

附表 1　轴的基本偏差数值表

附表 2　孔的基本偏差数值表

附表 3　轴的极限偏差表

附表 4　孔的极限偏差表

# 参 考 文 献

[1] 国家市场监督管理总局，国家标准化管理委员会 . 产品几何技术规范(GPS)线性尺寸公差 ISO 代号体系 第 1 部分：公差、偏差和配合的基础：GB/T 1800.1—2020 [S]. 北京：中国标准出版社，2020.

[2] 国家市场监督管理总局，国家标准化管理委员会 . 产品几何技术规范(GPS)线性尺寸公差 ISO 代号体系 第 2 部分：标准公差等级和孔、轴极限偏差表：GB/T 1800.2—2020 [S]. 北京：中国标准出版社，2020.

[3] 中华人民共和国国家质量监督检验检疫总局 . 一般公差 未注公差的线性和角度尺寸的公差：GB/T 1804—2000 [S]. 北京：中国标准出版社，2000.

[4] 国家市场监督管理总局，国家标准化管理委员会 . 产品几何技术规范(GPS)几何公差 形状、方向、位置和跳动公差标注：GB/T 1182—2018 [S]. 北京：中国标准出版社，2018.

[5] 国家市场监督管理总局，国家标准化管理委员会 . 产品几何技术规范(GPS)基础 概念、原则和规则：GB/T 4249—2018 [S]. 北京：中国标准出版社，2018.

[6] 国家市场监督管理总局，国家标准化管理委员会 . 产品几何技术规范(GPS)几何公差 最大实体要求(MMR)、最小实体要求(LMR)和可逆要求(RPR)：GB/T 16671—2018 [S]. 北京：中国标准出版社，2018.

[7] 张瑾，饶静婷，巩芳 . 公差配合与技术测量[M]. 北京：机械工业出版社，2019.

[8] 万春芬，雷黎明，邹桦 . 公差配合与机械测量[M]. 2 版 . 北京：高等教育出版社，2019.

[9] 周文玲 . 互换性与测量技术[M]. 北京：机械工业出版社，2019.

[10] 李尤举 . 零件测量与质量控制[M]. 北京：机械工业出版社，2020.